高等职业教育农学园艺类“十三五”规划教材
四川省优质高等职业院校建设成果
现代学徒制试点种子专业教材

种子生产技术

主　编　张彭良　欧阳丽莹
副主编　蒋维明

西南交通大学出版社
·成　都·

内容简介

本书是高等职业教育农学园艺类“十三五”规划教材。全书分为两部分，第一部分为理论知识，较详细地介绍了种子生产与管理基础，自交作物、异交或常异交作物种子生产技术，无性系品种及蔬菜种子生产技术和种子检验技术。每一项目前面有该部分内容要求学生达到的知识目标和技能目标，便于教师教学与学生学习有的放矢；每一项目后面有该部分内容小结和必要的思考与练习题，便于学生进行知识总结与检查。第二部分为技能训练，列出了13个常用种子生产实践技能训练，供不同单位根据教学季节和适宜地方进行选用。

本书可作为高职高专院校、本科院校举办的职业技术学院、五年制高职、成人教育生物技术类及相关专业的教材，也可供从事相关专业工作的人员参考。

图书在版编目（CIP）数据

种子生产技术 / 张彭良，欧阳丽莹主编. —成都：西南交通大学出版社，2018.1（2024.7 重印）
高等职业教育农学园艺类“十三五”规划教材
ISBN 978-7-5643-6017-7

Ⅰ. ①种… Ⅱ. ①张… ②欧… Ⅲ. ①作物育种 – 高等职业教育 – 教材 Ⅳ. ①S33

中国版本图书馆 CIP 数据核字（2018）第 012740 号

高等职业教育农学园艺类“十三五”规划教材

种子生产技术

主编 张彭良 欧阳丽莹

责任编辑	牛 君
封面设计	何东琳设计工作室
出版发行	西南交通大学出版社 （四川省成都市金牛区二环路北一段 111 号 西南交通大学创新大厦 21 楼）
营销部电话	028-87600564 028-87600533
邮政编码	610031
网址	http://www.xnjdcbs.com
印刷	成都蓉军广告印务有限责任公司
成品尺寸	185 mm × 260 mm
印张	14
字数	348 千
版次	2018 年 1 月第 1 版
印次	2024 年 7 月第 8 次
书号	ISBN 978-7-5643-6017-7
定价	42.00 元

课件咨询电话：028-81435775
图书如有印装质量问题 本社负责退换

《种子生产技术》编审人员名单

主　编　张彭良（成都农业科技职业学院）

欧阳丽莹（成都农业科技职业学院）

副主编　蒋维明（成都农业科技职业学院）

参　编　王　彬（成都农业科技职业学院）

高德才（金色农华成都分公司）

肖洪舟（四川邡牌种业有限公司）

王　金（四川川单种业有限责任公司）

吴德彬（四川川单种业有限责任公司）

雷小芳（四川川单种业有限责任公司）

曹艳红（四川崇州农发局农技服务中心）

前　言

本书是高等职业教育农学园艺类“十三五”规划教材，根据教育部《关于加强高职高专教材建设的若干意见》和《关于全面提高高等职业教育的若干意见》的相关精神，结合我们进行“作物专业全国重点专业建设”“国家职业教育种子生产与经营专业教学资源库建设”和“现代学徒制试点种子专业建设”的需要，参考目前国内外的最新研究进展和成果，集合国内外“种子生产技术”相关教材的优点，编写而成。

本书在内容的组织安排上，根据高职高专教育的要求和专业特点，以项目为单位，力求实现理论与实训相结合，教、学、生产三者相结合，满足“必要、够用”的基本立足点。为达到理论与实训相结合，在教材内容的组织上，突破了传统“遗传+育种”的作物专业知识架构，突出以实际生产技术为主线，把现代种子生产技术作为高职高专教育种子类专业教育的核心技能；同时在教材内容的深度和广度上，重点落实生产实践所需要的主要种子生产关键技术，而对于小类种子和非主要作物种子生产技术，进行了必要的取舍和归类；并且在内容深度上强调技术性，淡化学术性，遵循由浅入深、循序渐进的总体思路，从而加强对学生实践动手能力的培养，达到“必要、够用”的目的。

本书由张彭良、欧阳丽莹任主编，蒋维明任副主编，绪论、项目一（种子生产与管理基础）和项目三（异交或常异交作物种子生产技术）由张彭良、王彬编写，项目四（无性系品种种子生产技术）和项目六（种子检验技术）由欧阳丽莹编写，项目二（自交作物种子生产技术）和项目五（蔬菜种子生产技术）由蒋维明编写，参编的各单位专家包括高德才（金色农华成都分公司）、肖洪舟（四川邡牌种业有限责任公司）、王金（四川川单种业有限责任公司）、吴德彬（四川川单种业有限责任公司）、雷小芳（四川川单种业有限责任公司）、曹艳红（四川崇州农发局农技服务中心），他们参与了相应种子生产技术的校稿和修正。全书由张彭良统稿。

本书在编写过程中，得到了张世鲜老师的大力支持，广泛参阅和引用了许多单位及学者的著作、论文和教材，在此一并致以诚挚的谢意。

囿于编写人员水平，书中疏漏和错误之处在所难免，恳请广大读者批评并提出宝贵意见，以便作者及时勘误完善。

本书的相关课程资源（动画、教学视频、教案、课件、课程标准、课程导学，习题及答案等）见网址：www.icve.com.cn/zz。

编 者

2017年8月

目　录

第一部分　理论知识

第二部分　技能训练

第一部分 理论知识

绪 论

一、种子生产

种子作为农业生产最基本的生产资料，是农业再生产的基本保证和农业生产发展的重要条件。农业生产技术水平高低在很大程度上取决于种子质量的优劣，只有生产出高质量的种子供农业生产使用，才可以保证丰产丰收。优质种子的生产需要优良品种和先进的种子生产技术。

种子生产是作物育种工作的延续，是育种成果在实际生产中进行推广转化的重要技术措施，是连接育种与农业生产的核心技术。没有科学的种子生产技术，育种家选育的优良品种的增产特性将难以在生产中得到发挥。因此，一个优良品种要取得理想的经济效益，在具有良好的符合农业生产需要的遗传特性和经济性状的同时，还必须有数量足、质量高的大田用种。种子生产就是将育种家选育的优良品种，结合作物的繁殖方式与遗传变异特点，使用科学的种子生产技术，在保持优良品种种性不变、维持较长经济寿命的条件下，迅速扩大繁殖，为农业生产提供足够数量的优质种子。

种子生产是一项极其复杂和严格的系统工程。广义的种子生产包括新品种选育和引进、区试、审定、育种家种子繁殖、大田用种种子生产、收获、清选、包衣、包装、贮藏、检验和销售等环节。狭义的种子生产包括两方面：一是加速生产新选育或新引进的优良品种种子，以替换原有的老品种，实行品种更换；二是对已经在生产中大量使用的品种，有计划地利用原种生产出遗传纯度变异最小的生产用种，进行品种更换。

本课程的主要目的是使学生在学习遗传学、作物育种学和作物栽培学的基础上，进一步了解不同作物的开花与繁殖特性，学习和掌握种子生产的基本原理、生产技术及各类作物优良品种生产的技能。

二、种子与品种

（一）种 子

种子是指能够生长出下一代个体的生物组织器官。从植物学概念上理解，种子是指有性繁殖的植物经授粉、受精，由胚珠发育而成的繁殖器官，主要由种皮、胚和胚乳三部分组成。

种皮是包围在胚和胚乳外部的保护构造，其结构及内部不同组分的化学物质对种子的休眠、寿命、发芽，种子处理措施及干燥、贮藏等均产生直接和间接的作用，种皮上的色泽、花纹、茸毛等特征可用来区分作物的种类和品种；胚是种子的最核心部分，在适宜的条件下能迅速发芽，生长成正常植株，直到形成新的种子；胚乳是种子营养物质的贮藏器官，有些植物种子的胚乳在种子发育过程中被胚吸收，成为无胚乳种子，其营养物质贮藏于胚内，特别是子叶内最多。

从农业生产的实际应用来理解，凡可用作播种材料的任何植物组织、器官或其营养体的一部分，能作为繁殖后代用的都称为种子。农业意义上的种子具有比较广泛的含义，为了区别于植物学意义上的种子，亦可称其为“农业种子”。农业种子一般可归纳为三种类型：①真种子，即植物学上所称的种子，它是由母株花器中的胚珠发育而来。如豆类、棉花、油菜、烟草等作物的种子。②植物学中的果实，内含一粒或多粒种子，外部则由子房壁发育的果皮包围。如禾本科作物的小麦、黑麦、玉米、高粱和谷子的种子都属颖果，荞麦、向日葵、苎麻和大麻等的种子是瘦果，甜菜的种子是坚果等。③营养器官，主要包括根、茎及茎变态物的自然无性繁殖器官，如甘薯的块根，马铃薯的块茎，甘蔗的茎节芽和葱、蒜的鳞茎，某些花卉的叶片等。

（二）品　种

品种是人类长期以来根据特定的经济需要，将野生植物驯化成栽培植物，并经长期的培育和不断的选择而形成的，或利用现代育种技术所获得的具有经济价值的作物群体。品种是农业生产上用以区分同一作物不同类型的特有名称，而不是植物分类学上的分类单位，不能将两者混为一谈。一般情况下，同一作物的不同品种，同属于植物分类学上的某一种或某一变种。

品种一般具有三个基本要求，即特异性、一致性和稳定性。特异性是指同一品种具有不同于其他品种的形态特征和生理特性；一致性是指同一品种内不同植株性状整齐、一致；稳定性是指繁育品种时，品种的特异性和一致性能保持不变。

品种根据其来源（自然变异或人工变异）可分为农家品种（farmers' variety，FV）与现代品种（modern variety，MV），或者传统品种（traditional variety，TV）与高产品种（high yielding variety，HYV）。一般而言，农家品种与传统品种均是指在当地的自然和栽培条件下，经过长期的自然进化而来或者经农民长期选择和培育而来的品种；现代品种与高产品种则是通过人工杂交等各种育种方法选育的、符合现代农业生产需要的品种。现代品种一般具有高产、抗病、优质等特点。

（三）优良品种

优良品种与品种的概念不同。一般的标准认为，优良品种是经过审定定名品种的符合一定质量等级标准的种子。优良品种和优质种子是密切相关的。优良品种是生产优质种子的前提，一个生产潜力差、品质低劣的品种，繁殖不出优质的种子，不会有生产价值；一个优良品种倘若不能繁殖生产出优质的种子，如种子混杂、成熟度不好、不饱满或感染病虫害等，这个优良品种就无法充分发挥其生产潜力和作用。

从目前我国各地的农业生产及国民经济的发展来看，一个优良品种应具备高产、稳产、优质、多抗、成熟期适当、适应性广和易于种植、栽培管理等特点。高产是一个优良品种必须具备的基本条件。但单纯认为产量高就是好品种的看法也不全面。随着生产和人民生活水平的提高，人们对农产品，不仅要求其数量多，还要求质量好。因此，优良品种除应具备稳定的产量、品质优良特性外，还要具备较强的抵抗各种自然灾害（如病虫害、霜冻害及旱、涝、盐、碱等）的能力和对当地及不同地区的自然条件（气候条件、土壤条件、耕作制度和栽培条件）的适应能力。品种的抗逆性、适应性以及稳定性是充分发挥良种高产、稳产和优质潜力的必要条件和保证。

优良品种必须具备的条件是多方面的，而且各方面是相互联系的。一定要全面衡量，不能片面地强调某一性状，性状间要能协调，以适应自然、栽培条件。但是，要求一个优良品种的各个性状都十全十美也是不现实的。优良品种只是在主要经济性状和适应性方面是好的，而在另一些性状上还是会有缺点，但这些缺点的程度轻，或属于次要的性状，而且可以通过栽培措施予以克服或削弱。要着眼于它在整个农业生产或国民经济中的经济效益。比如，有些品种特别早熟，能给后季安排一个早茬口，增加全年的总产量；又如在麦棉两熟地区，选育早熟、优质的棉花品种，作为麦后棉或麦套棉，即使棉花本身的产量稍低些，但可缓解粮、棉争地的矛盾，也会受到欢迎。目前各地都在推广优质小麦品种，这些优质品种的产量可能稍低，但人们对优质麦的需求量增加，优质小麦可以以较高价销售，同样也受到了农民的欢迎。又如，优质的油菜、大豆、花生、向日葵等油料作物品种的籽粒产量可能稍低，但其籽粒的含油量高，相对经济效益还是较高，这样的品种也一定会受到欢迎。

良种是优良品种的繁殖材料——种子，应符合纯、净、壮、健、干的要求。

① 纯，指的是种子纯度高，没有或很少混杂有其他作物种子、其他品种或杂草的种子。特征特性符合该品种种性和国家种子质量标准中对品种纯度的要求。

② 净，指的是种子净度好，即清洁干净，不带有病菌、虫卵，不含有泥沙、残株和叶片等杂质，符合国家种子质量标准中对品种净度的要求。

③ 壮，指的是种子饱满充实，千粒重[①]和容重高。发芽势、发芽率高，种子活力强，发芽、出苗快而健壮、整齐，符合国家种子质量标准中对种子发芽率的要求。

④ 健，指的是种子健康，不带有检疫性病虫害和危险性杂草种子。符合国家检疫条例对种子健康的要求。

⑤ 干，指的是种子干燥，含水量低，没有受潮和发霉变质，能安全贮藏。符合国家种子质量标准中对种子水分的要求。

为了使生产上能获得优质的种子，国家技术监督局发布了《农作物种子检验规程》和《农作物种子质量标准》。根据种子质量的优劣，将常规种子和亲本种子分为育种家种子、原种和大田用种，大田用种划分为大田用种一代、大田用种二代。杂交种子分为一级、二级。各级原种、大田用种均必须符合国家规定的质量标准。

① 实为质量，包括后文的容重、重量、称重等。但现阶段在农林等行业的生产和科研实践中一直沿用，为使学生了解、熟悉本行业实际情况，本书予以保留。——编者注

三、种子生产在农业生产中的意义

国内外现代农业发展史生动地说明：良种在农业生产发展中的作用是其他任何因素都无法取代的。近20年来，世界粮食产量较20年前翻了一番，其中优良品种增产的份额占30%～35%。我国的农业生产发展也深刻地说明了这一点。近20年来，在人口持续增长，人民生活水平不断提高，可耕地面积不断缩小的前提下，各类农产品的持续供给能力大幅度增长，主要农产品的生产总量已出现结构性剩余。我国的农业生产取得这样的成就，种子的贡献功不可没。

种子在农业生产发展中的重要作用集中表现在以下几个方面：

1．大幅度提高单产和总产

优良品种的基本特征之一是具备丰产性，增产潜力较大。丰产性是一个综合性状，它要求品种在资源环境条件优越时能获得高产，在资源环境条件欠缺时能获得丰产。因此，优良品种的科学使用和合理搭配是大幅度提高单产和总产的根本措施。

2．改善和提高农产品品质

推广优质品种是提高农产品品质的必由之路。近十几年来，我国品质育种已取得重大进展，不仅大宗作物如水稻、小麦、玉米、油菜等有了高产优质品种，小杂粮（油）作物亦有了高产优质品种，如山西省农业科学院育成的晋黍3号、晋亚6号、晋谷21号等，对推动我国北方杂粮区的农业生产发展发挥了积极作用。

3．减轻和避免自然灾害的损失

推广抗病、虫和抗逆能力强的品种，能有效减轻病、虫害和各种自然灾害对作物产量的影响，实现稳产、高产。棉花是病、虫害发生较多的作物之一，近20年来，棉花育种工作者选育出晋棉11号、中棉12等抗病品种，基本上消除了枯萎病、黄萎病对棉花的威胁。随着转Bt基因抗虫棉的产生和推广，棉铃虫的威胁也将成为历史。

4．有利于耕作改制，促进种植业结构调整，扩大作物栽培区域

在我国中、高纬度地带，热量不足常常制约其他农业资源的高效利用。选择合适的作物种类和品种予以组合，实施间作、套种，进行2年3收、1年2收等耕作制，可有效地提高资源利用率。如黄淮海地区实施的小麦、玉米1年3收，亩（1亩 = 666.7 m^2）产过吨的例子就是著名的典型，生动地说明种子在种植制度改革中能发挥重要作用。

5．促进农业机械化发展，大幅度提高劳动生产率

实现大田作物作业机械化，要求配置适合机械化作业的品种及其种子。例如，在棉花生产中，一些先进的国家已培育出株型紧凑、适于密植、吐絮早而集中、苞叶能自动脱落的新品种，基本符合机械化收获的要求，有力地促进了棉花机械化生产。

6．提高农业生产经济效益

在农业增产的各因素中，选育推广良种是投资少、经济效益高的技术措施。据资料介绍，美国对玉米种子研究工作的投资效益为 1 : 400。陕西省农业科学院选育推广玉米杂交种的经济效益为 1 : 450。种子在提高农业生产经济效益中的作用由此可见一斑。

四、中国种子生产体系的发展

中国是一个农业大国，也是一个农业古国，早在西汉年间的《氾胜之书》中即记载了对种子的处理方法。《齐民要术》也有关于种子的叙述。《农事私议》（罗振玉著，1900）中对种子的重要性进行了介绍："郡、县设售种所议"，建议从欧美引进玉米良种，并设立种子田"俾得繁殖，免求远之劳，而收倍徒之利。"中华人民共和国成立前，国家设有中央农业推广委员会、中央农业实验所，省设有农业改进所，地方上设有农事试验场，形成种子生产体系的雏形。但是由于当时科技水平的局限性，只有少数单位从事主要农作物引进示范推广工作，农业生产中使用的种子多为当地农家品种，类型繁多，产量较低。新中国成立后，随着中国农村经济体制改革和商品经济的发展以及农业科技水平的快速提高，中国的种子生产体系取得了很大的进步。种子生产体系的发展大致经历了以下四个不同的发展时期。

1．"家家种田，户户留种"时期（1949—1957 年）

新中国成立初期，我国的种子生产基本处于家家种田、户户留种的局面。广大农村地区使用的品种和种子多、乱、杂，常常粮种不分，以粮代种。同时，由于技术和生产设施条件简陋以及自然灾害的影响，许多农户在春季播种时没有足量的种子。农业部根据当时的农业生产情况，要求广泛开展群选群育的活动，选出的品种就地繁殖，就地推广，在农村实行家家种田，户户留种，以保证农户的基本用种需求。但是这种方式只适用于较低生产水平的农业生产，由于户户留种，邻里串换，易造成粮种不分，以粮代种，很难大幅度提高单位面积产量。

2．"四自一辅"时期（1958—1977 年）

随着生产的发展，农业合作化后，集体经济得到发展，农业部于 1958 年 4 月提出我国的种子生产推行"四自一辅"的方针，即农业生产合作社自繁、自选、自留、自用，辅之以国家调剂。同时种子管理机构得到充实，各级种子管理站实施行政、技术、经营三位一体。山东省栖霞的"大队统一供种"和黑龙江呼兰县"公社统一供种"走在了全国种子生产"四自一辅"的前列，并被作为典型在全国推广。这种生产大队（或公社）有种子生产基地、种子生产队伍、种子仓库，统一繁殖、统一保管和统一供种的"三有三统一"措施，基本解决了农村用种的问题。

在"四自一辅"的方针指导下，种子生产有了很大的发展。但是由于强调种子生产的自选、自繁、自留、自用，农业生产中品种多、乱、杂的情况虽然有所改变，但仍未能彻底解决。农村地区种子生产依然处于多单位、多层次、低水平状态。

3．“四化一供”时期（1978—1995 年）

1978 年 5 月，国务院批转了农林部《关于加强种子工作的报告》，批准在全国建立各级种子公司，继续实行行政、技术、经营三位一体的种子工作体制，并且提出我国的种子工作要实行“四化一供”的要求，即品种布局区域化、种子生产专业化、种子加工机械化、种子质量标准化，以县为单位有计划地组织统一供种。种子工作由“四自一辅”向“四化一供”转变是当时中国农村实行家庭联产承包责任制及商品经济发展的必然结果。以生产队为基础的三级良种繁育推广体系自然解体。种子生产的专业化、社会化以及商品化的应用体系应运而生。在这一时期，有关部门制定了一系列的种子工作法规，国务院于 1989 年 3 月发布了《中华人民共和国种子管理条例》，条例包括总则、种质资源管理、种子选育与审定、种子生产、种子经营、种子检验和检疫、种子贮备、罚则及附则共 9 章。1989 年 12 月农业部颁布了《全国农作物品种审定委员会章程》（试行）和《全国农作物品种审定办法》（试行）。这一系列法规条例的发布，极大地促进了我国种子工作的开展，为我国种子产业的现代化发展奠定了基础。

4．实施“种子工程”，加速建设现代化种子产业时期（1996 年至今）

随着我国经济体制由计划经济向市场经济转变，“四化一供”“三位一体”的种子生产体系虽然在提高种子质量、规范品种推广、促进农业生产方面发挥了巨大的作用，但是已经不能够适应新的经济体制下农业生产对种子的需要，急需一个适应现代农业要求的种子生产新体系。为了真正把中国的种子推上国际商品竞争的舞台，在 1995 年召开的全国种子工作会议提出了推进种子产业化、创建“种子工程”的集体意见。随后“种子工程”被写入中共中央关于制定国民经济和社会发展的“九五计划”和 2010 年远景目标。

党的“十五”大和十五届六中全会将“种子工程”列入农业生产发展的重点。“种子工程”明确提出了我国的种子生产体系要实现四大根本转变，由传统的粗放型向集约型大生产转变，由行政区域的自给性生产经营向社会化、国际化、市场化转变，由分散的小规模生产经营向专业化的大中型或集团化转变，由科研、生产、经营相互脱节向育种、生产、销售一体化转变。形成结构优化、布局合理的种子产业体系和科学的管理体系，建立生产专业化、经营集团化、管理规范化、育繁销一体化、大田用种商品化的适应市场经济的现代化种子生产体系。

当前，在种子工程的推动下，我国的种子生产体系发生了深刻的变化。2000 年 12 月 1 日《中华人民共和国种子法》（以下简称《种子法》）施行，近年来《植物新品种保护条例》实施的力度逐步加强，国有各级种子公司已经和政府种子管理部门脱离。一大批具有市场竞争力的种子公司蓬勃发展。目前国内种业市场现有的种业竞争者大体上分为：国有种子公司、科研机构附属种子公司、民营种业公司、外资种业公司和相对独立的乡镇分销机构 5 种类型。到 1999 年，全国有各种类型的种子经营单位 6 万 ~ 7 万个，其中县级以上国有种子经营单位 4 402 个，民营种业公司 1 万余家，外资种业公司 69 家，其余是乡镇种子生产经销单位。

这些数量庞大的种子公司，在种子市场化日益完善的发展历程中基本分化为三大战略集团：第一战略集团是种业上市公司，有丰乐种业、秦丰农业、隆平高科、亚华种业、花冠科技和禾嘉股份等。第二战略集团是获得农业部育、繁、销一体化全国性种子经营资格的种业企业，截止到2002年4月农业部发放全国性的种子经营执照共计48份。第三战略集团是县级地区级的现存国有种子公司、民营小公司，随着种子产业的快速发展，这一部分种业企业将逐步成为第一或第二战略集团的分销机构或逐步退出种业市场。

当前，我国种子产业市场不能忽视迅猛发展的外国独资、合资种子企业。世界十大种业巨头中的杜邦（Dupout）、孟山都（Monsanto）、先正达（Syngenta）、利马格兰（Limagrain）、圣尼斯（Seminis）等公司已进入中国，并将在今后的中国种子市场中占有一席之地。

项目一　种子生产与管理基础

【知识目标】

- 理解作物繁殖方式与种子的类别；
- 掌握纯系学说与种子生产的关系；
- 掌握种混杂退化的原因与防止方法；
- 掌握杂种优势的利用与杂交种生产。

【技能目标】

- 能够进行种子生产基地建设与选择；
- 会区分种子类别；
- 熟练掌握不同作物种子繁殖类型。

【项目导入】

新中国成立以后，我国种子流通体制发生了一些变化，主要可以归纳为三个时期。第一个时期，是新中国成立后到改革开放前。由于生产技术的落后和当时农村社会结构的原因，那时的种子流通主要是村村留种，集中供种的方式。特别是在1956—1976年，“一大二公”的体制要求生产资料的全部公有化和集体化，种子的集体配给也是必然的选择，这段时期也称为“四自一辅”时期，种子工作主要依靠农业合作社自繁、自选、自留，自用，辅之以调剂。第二个时期，是改革开放至20世纪末，国家出台了“四化一供”方针，种子工作逐步实现品种布局区域化、种子生产专业化、种子加工机械化和种子质量标准化，实行以县为单位统一供种，这标志着种子生产由传统农业向现代农业转化。第三个时期是2000年《种子法》颁布实施至今，我国种子产业全面进入市场化阶段。在国家相关农业政策的大环境的影响下，各地种子产业已经成为现代农业领域中最值得关注的行业之一，良好的发展前景、巨大的市场潜力、高额的利润回报使得私有资本和基金资本纷纷介入种业。各类种子企业纷纷自主研发或从科研部门购得品种开发经营权，形成品种研发渠道的多元化，种业主体多元化格局基本形成。

【思考】

为什么现代农业生产上，种子在使用了一段时间后要进行种子的更新与更换？为什么种子使用上有的可以自己留种，有的不能留种？有的种子称之为原种，有的又称之为大田用种或良种？

模块一　种子生产基本理论

种子是农业生产最基本的生产资料，也是农业再生产的基本保证和农业生产发展的重要条件。

一、作物繁殖方式与种子类别

（一）有性繁殖与种子生产

1．自花授粉作物

在生产上，这类作物通常是由遗传基础相同的雌雄配子相结合所产生的同质结合体。由于自花授粉作物异交率很低，高度的天然自交使群体内部的遗传基础比较简单，基本上是同质结合的个体。同质结合的个体经过不断的自交繁殖，便可形成一个遗传性相对稳定的纯合品系，而且长期的自交和自然选择，逐渐淘汰了自交有害的基因型，形成自交后代生长正常，不退化或耐退化的有利特性。

自花授粉作物在生产上主要利用纯系品种，也可以通过品种（系）混合，利用混合（系）品种；配制杂交种时，一般是品种间的杂交种。纯系品种的种子生产比较简单，对原种进行一次或几次扩繁即可作为生产用种，也可采用单株选择、分系比较、混系繁殖的方法，用“三圃制”生产原种。在种子生产中，保持品种纯度，主要是防止各种形式的机械混杂，田间去杂是主要的技术措施。其次是防止生物学混杂，但对隔离条件要求不严，可采取适当隔离。

2．异花授粉作物

在生产上，异花授粉作物通常是由遗传基础不同的雌雄配子结合而产生的异质结合体。其群体的遗传结构是多种多样的，包含有许多不同基因型的个体，而且每一个体在遗传组成上都是高度杂合的。因此，异花授粉作物的品种是由许多异质结合的个体组成的群体。其后代产生分离现象，表现出多样性，故优良性状难以稳定的保持下去。这类作物自交强烈退化，表现为生活力衰退，产量降低等；异交有明显的杂种优势。

异花授粉作物最容易利用杂种优势，在生产上种植杂交种。但在亲本繁育和杂交制种过程中，为了保证品种和自交系的纯度及杂交种的质量，除防止机械混杂外，还必须采取严格的隔离措施和控制授粉，同时要注意及时拔除杂劣株，以防止发生不同类型间杂交。

3．常异花授粉作物

这类作物虽然以自花授粉为主，在主要性状上多处于同质结合状态，但由于其天然异交率较高，遗传基础比较复杂，群体则多处于异质结合状态，个体的遗传性和典型性不易保持稳定。

在种子生产中，要设置隔离区、及时拔除杂株，防止异交混杂，同时要严防各种形式的机械混杂。在杂种优势利用上，可利用品种间杂交种，但最好利用自交系间杂交种。

（二）无性繁殖与种子生产

以营养繁殖或组织培养方式生产的无性繁殖后代叫无性繁殖系（即无性系）。由于后代品种群体来源于母本的体细胞，遗传物质只来自母本一方，所以不论母本遗传基础的纯或杂，其后代的表现型与母本完全相似，通常不发生分离现象。同一无性系内的植株遗传基础相同，而且具有原始亲本（母本）的特性。同样道理，无融合生殖所获得的后代，只具有母本或父本一方的遗传物质，表现母本或父本一方的性状。

无性繁殖作物品种的个体虽基因型杂合，但其后代群体表现型一致。因而易于保持品种的稳定性。可采用有性杂交与无性繁殖相结合的方法来改良无性繁殖作物。当前无性繁殖作物的病毒病是引起品种退化减产的主要原因，所以在种子生产过程中，除了要注意去杂选优，防止混杂退化以外，还应采取以防治病毒病为中心的防止良种退化的各种措施。

【思考】

玉米、大豆、水稻、小麦、马铃薯等作物，哪些是自花授粉作物，哪些是异花授粉作物，哪些是常异花授粉作物，哪些又是无性繁殖作物？

（三）种子特性与种子类别

1. 种子特性

品种一般都具有3个基本需求或属性，即特异性（distinctness）、一致性（uniformity）和稳定性（stability），简称DUS三性。特异性是指本品种具有一个或多个不同于其他品种的形态、生理等特征；一致性是指同品种内个体间植株性状和产品主要经济性状的整齐一致程度；稳定性是指繁殖或再组成本品种时，品种的特异性和一致性能保持不变。在市场经济条件下，栽培植物的优良品种具有如下特性：

（1）经济性：品种是根据生产和生活需要而产生的植物群体，具有应用价值，能产生经济效益，是具有经济价值的群体。

（2）时效性：品种在生产上的经济价值是有时间性的。若一个优良品种没有做好提纯复壮工作，推广过程中发生了混杂退化，或不能适应变化了的栽培条件、耕作制度及病虫分布，或不能适应人类对产量、品质需求的不断提高，都可使其失去在农业生产上的应用价值而被新品种所替代。新品种不断替代老品种，是自然规律，因此，品种使用是有期限的。

（3）可生产性：一个品种，一般至少应符合优良性、稳定性、纯合性和适应性的需求。在适宜的自然或栽培条件下，能利用有利的生长条件，抵抗和减轻不利因素的影响，表现高产、稳产、优质和高效。

（4）地域性：品种是在一定自然、栽培条件下被选育的，其优良性表现具有地域性，若自然、栽培条件因地域不同而改变，品种的优良性就可能丧失，这是品种区域试验和引种试验的理论基础。

（5）商品性：在市场经济中，品种的种子是一种具有再生产性能的特殊商品，优良品种的优质种子能带来良好的经济效益，使种子生产和经营成为农业经济发展的最活跃生长点。

2．种子级别分类

种子级别的是实质可以说是质量的级别，他主要是以繁殖的程序、代数来确定。不同的时期，种子级别的内涵也不同。1996 年以前，我国种子级别分三级，即原原种、原种和良种。从 1996 年起按新的种子检验规程和分级标准，目前我国主要粮食作物（禾谷类）种子分类级别也是分三级，即育种家种子、原种与大田用种。

（1）育种家种子：育种家种子指育种家育成的遗传性状稳定的品种或亲本种子的最初一批种子。育种家种子是用于进一步繁殖的种子。

（2）原种：原种指用育种家种子繁殖的第一代至第三代，经确认达到规定质量要求的种子。

（3）大田用种：大田用种指用原种繁殖的第一代至第三代或杂交种，经确认达到规定质量要求的种子。

【思考】

大豆作物种子分级标准也是育种家种子、原种与大田用种三个级别吗？

二、纯系学说与种子生产关系

1．纯系学说

纯系学说是丹麦植物学家 W. L. Johanson 于 1903 年提出的。其主要论点是：

（1）在自花授粉植物的天然混杂群体中，通过单株选择，可以分离出许多基因型纯合的家系。表明原始群体是各个纯系的混合体，通过个体选择能够分离出各种纯系，选择是有效的。

（2）在纯系内继续选择无效。因为纯系内各个体的基因型相同，它们之间的差异只是环境因素影响的结果，是不能稳定遗传的。

关于纯系的定义，Johanson（1903）原先认为是“绝对自交单株的后代”，后来改为“从一个自交的纯合单株所衍生的后代”。而现代书刊对纯系的定义是：“由于连续近交或通过其他手段得到的在遗传相对纯的生物品系。”自交作物单株后代是纯系，异交作物人工强制自交的单株后代也是纯系。

纯系学说的理论意义在于，它区分了遗传的变异和不遗传的变异，指出了选择遗传变异的重要性，对选择的作用也进行了精辟的论述。因此，它为自花授粉作物的选择育种和种子生产提供了理论基础。

2．纯系学说在种子生产中的指导意义

（1）保纯防杂　种子生产的中心任务是保纯防杂，所以在种子生产中，在品种真实性的基础上，纯度的高低是检验种子质量的第一标准。我们在扩大种子生产时，所有的农业技术措施重点之一，就是要保持纯度。在种子生产中，虽然有大量的自花授粉作物，但是绝对的完全的白花授粉几乎是没有的。由于种种因素的影响，总有一定程度的天然杂交，从而引起基因的重组，同时也可能发生各种自发的突变。这也是我们在种子质量定级时，纯度不能要求 100% 的原因。但是，这种理解和实际情况不能成为我们生产不合格种子的理由，恰恰相反，这应当是我们防止混杂退化的技术路线的关键。

我们知道，大多数作物的经济性状都是数量性状，是受微效多基因控制的。所以，完全的纯系是没有的。所谓“纯”只能是局部的、暂时的和相对的，它随着繁殖的扩大必然会降低后代的相对纯度。因此，在现代种子生产中，提出了尽可能的较少生产代数的要求。

（2）在原种生产中单株选择的重要性　纯系学说在育种和种子生产的最大影响是，在理论和实践上提出自花授粉作物单株选择的重大意义。在自交作物三年三圃制原种生产体系中，要按原品种的典型性，采取单株选择，单株脱粒，对株系进行比较，一步步进行提纯复壮。

【思考】

大豆作物种子生产中，纯系学说有无指导意义？

三、品种混杂退化原因及防止方法

（一）品种混杂退化的现象

一个优良品种，在生产上可以连续几年发挥其增产作用。但任何一个品种的种性都不是固定不变的。随着品种繁殖世代的增加，往往由于各种原因引起品种的混杂退化，致使产量、品质降低。

品种混杂是指一个品种群体内混进了不同种或品种的种子或上一代发生了天然杂交或基因突变，导致后代群体中分离出变异类型，造成品种纯度降低。品种退化是指品种遗传基础发生了变化，使经济性状变劣，抗逆性减退，产量降低，品质下降，从而，丧失原品种在农业生产上的利用价值。

品种的混杂和退化有着密切的联系，往往由于品种发生了混杂，才导致了品种的退化。因此，品种的混杂和退化虽然属于不同概念，但两者经常交织在一起，很难截然分开。一般来讲，品种在生产过程中，发生了纯度降低，种性变劣，抗逆性减退，产量下降、品质变劣等现象，就称为品种的混杂退化。

品种混杂退化是农业生产中的一种普遍现象。主干品种发生混杂退化后，会给农业生产造成严重损失。一个良种种植多年，总会发生不同变化，混入其他品种或产生一些不良类型，出现植株高矮不齐，成熟早晚不一，生长势强弱不同，病、虫危害加重，抵抗不良环境条件的能力减弱，穗小、粒少等现象。

此外，品种混杂退化还会给田间管理带来困难，如植株生长不整齐等。品种混杂退化，还会增加病虫害传播蔓延的机会。如小麦赤霉病菌是在温暖、阴雨天气，趁小麦开花时侵入穗部的。纯度高的小麦品种抽穗开花一致，病菌侵入的机会少；相反，混杂退化的品种，抽穗期不一致，则病菌侵入的机会就增多，发病严重。可见，品种的混杂退化是农业生产中必须重视并及时加以解决的问题。

（二）品种混杂退化的原因

引起品种混杂退化的原因很多，而且比较复杂。有的是一种原因引起的，有的是多种原因综合作用造成的。不同作物、同一作物不同品种以及不同地区之间混杂退化的原因也不尽相同。归纳起来，品种的混杂退化主要有以下几种类型。

1．机械混杂

机械混杂是在种子生产过程中人为因素造成的混杂。如在种子处理（晒种、浸种、拌种、包衣）、播种、补种、补栽、收获、脱粒、贮藏和运输等作业过程中人为疏忽或不按种子生产操作规程，使繁育的品种内混入了其他种、品种的种子，造成机械混杂。此外，由于留种田选用连作地块，前作品种自然落粒的种子和后作的不同品种混杂生长，也会引起机械混杂。由于施用未腐熟的有机肥料，其中混有其他具有生命力的种子，也可能导致机械混杂。对已经发生机械混杂的品种如不采取有效措施及时处理，其混杂程度就会逐年增加，致使该品种退化，直至丧失使用价值。

机械混杂有两种情况，一种是混进同一作物其他品种的种子，即品种间的混杂。由于同种作物不同品种在形态上比较接近，田间去杂和室内清选较难区分，不易除净。所以，在良种繁育过程中应特别注意防止品种间混杂的发生。第二种是混进其他作物或杂草的种子。这种混杂不论在田间或室内，均易区别和发现，较易清除。品种混杂现象中，机械混杂是最主要的原因，所以，在种子生产工作中，应特别重视防止机械混杂的发生。

2．生物学混杂

生物学混杂是由于天然杂交而造成的混杂。在种子生产过程中，未将不同品种进行符合规定的隔离，或者繁育的品种本身发生了机械混杂，从而导致不同品种间发生天然杂交，引起群体遗传组成的改变，使品种的纯度、典型性、产量和品质降低。有性繁殖作物均有一定的天然杂交率，尤其异花、常异花授粉作物，天然杂交率较高，若不注意采取有效隔离措施，极易发生天然杂交，致使后代产生分离，出现不良单株，导致生物学混杂，而且混杂程度发展很快。例如一个玉米自交系繁殖田内，混有少数杂株，若不及时去掉，任其自由授粉，只要两三年的时间，这个自交系便会面目全非，表现为植株生长不齐，成熟不一致，果穗大小差别很大，粒型、粒色等均有很大变化，丧失了原来的典型性。因此，生物学混杂是异花、常异花授粉作物混杂退化的主要原因。自花授粉作物天然杂交率较低，但在机械混杂严重的情况下，天然杂交机会增多。也会因一定数量的天然杂交而产生分离，使良种种性变劣。

生物学混杂一般是由同种作物不同品种间发生天然杂交，造成品种间的混杂。但有时同种作物在亚种之间也能发生天然杂交。

3．品种本身的变异

一个品种在推广以后，由于品种本身残存杂合基因的分离重组和基因突变等原因而引起性状变异，导致混杂退化。品种可以看成是一个纯系，但这种“纯”是相对的，个体间的基因组成总会有些差异，尤其是通过品种间杂交或种间杂交育成的品种，虽然主要性状表现一致，但次要性状常有不一致的现象，即有某些残存杂合基因存在。特别是那些由微效多基因控制的数量性状，难以完全纯合，因此，就使得个体间遗传基础出现差异。在种子繁殖过程中，这些杂合基因不可避免地会出现分离、重组，导致个体性状差异加大，使品种的典型性、一致性降低，纯度下降。

在自然条件下，品种有时会由于某种特异环境因子的作用而发生基因突变。研究表明，大部分自然突变对作物本身是不利的，这些突变一旦被留存下来，就会通过自身繁殖和生物学混杂方式，使后代群体中变异类型和变异个体数量增加，导致品种混杂退化。

4．不正确的选择

在种子生产过程中，特别是在品种提纯复壮时，如果对品种的性状不了解或了解不够，不能按照品种性状的典型性进行选择和去杂去劣，就会使群体中杂株增多，导致品种的混杂退化。如在间苗时，人们往往把那些表现好的，具有杂种优势的杂种苗误认为是该品种的壮苗加以选留、繁殖，结果造成混杂退化。在品系繁殖过程中，人们也经常把较弱品系的幼苗拔掉而留下壮大的杂交苗，这样势必加速混杂退化。

在提纯复壮时，如果选择标准不正确，而且，选株数量又少，那么，所繁育的群体种性失真就越严重，保持原品种的典型性就越难，品种混杂退化的速度就越快。

5．不良的环境和栽培条件

一个优良品种的优良性状是在一定的环境条件和栽培条件下形成的，如果环境条件和栽培技术不适宜品种生长发育，则品种的优良种性得不到充分发挥，导致某些经济性状衰退、变劣。特别是异常的环境条件，还可能引起不良的变异或病变，严重影响产量和品质。如水稻生育后期和成熟期的温度不合适，谷粒大小和品质就会发生变化。

6．不良的授粉条件

对异花、常异花授粉作物而言，自由授粉受到限制或授粉不充分，会引起品种退化变劣。

7．病毒浸染

病毒浸染是引起某些无性繁殖植物混杂退化的主要原因。病毒一旦侵入健康植株，就会在其体内扩繁、传输、积累，随着无性繁殖，会使病毒由上一代传到下一代。一个不耐病毒的品种，到第4～5代就会出现绝收现象；即使是耐病毒的品种，其产量和品质也严重下降。

总之，品种混杂退化有多种原因，各种因素之间又相互联系、相互影响、相互作用。其中机械混杂和生物学混杂较为普遍，在品种混杂退化中起主要作用。因此，在找到品种混杂退化的原因并分清主次的同时，必须采取综合技术措施，解决防杂保纯的问题。

（三）防止品种混杂退化的方法

品种发生混杂退化以后，纯度显著降低，性状变劣，抗逆性减弱，最后，导致产量下降，品质变差，给农业生产造成损失，品种本身亦会失去利用价值。因此，在种子生产中必须采取有效措施，防止和克服品种的混杂退化现象的发生。

品种混杂退化有多方面的原因，因此，防止混杂退化是一项比较复杂的工作。它的技术性强，持续时间长，涉及种子生产的各个环节。为了做好这项工作，必须加强组织领导，制定有关规章制度，建立健全良种繁育体系和专业化的工作队伍，坚持“防杂重于除杂，保纯重于提纯”的原则。在技术方面，需做好以下几方面的工作：

1．建立严格的种子生产规则，防止机械混杂

机械混杂是品种混杂退化的主要原因之一，预防机械混杂是保持品种纯度和典型性的重要措施。从繁种田块安排、种子准备、播种到收获、贮藏的全过程中，必须认真遵守种苗生产规则，合理安排繁殖田的轮作和耕种，注意种苗的接收和发放手续，认真执行种、收、运、脱、晒、藏的操作技术规程，从各个环节杜绝机械混杂的发生。

（1）合理安排种子繁殖田的轮作和布局：种子繁殖田一般不宜连作，以防上季残留种子在下季出苗而造成混杂，并注意及时中耕，以消灭杂草。在作物布局上，种子生产一定要把握规模种植的原则，建立集中连片的繁育基地，切忌小块地繁殖；要把握同一区域内不繁殖相同作物不同品种的原则，杜绝机械混杂的途径。

（2）认真核实种子的接收和发放手续：在种子的接收和发放过程中，要认真核实，严格检查种子的纯度、净度、发芽力、水分等，鉴定品种真实性和种子等级，如有疑问，必须核查解决后才能播种。

（3）做好种子处理和播种工作：播种前的种子处理，如晒种、选种、浸种、催芽、拌种、包衣等，必须做到不同品种，不同等级的种子分别处理，种子处理和播种时，用具必须清理干净，并由专人负责。

（4）严格遵守单收、单运、单脱、单晒、单藏等各环节的操作规程：不同品种不得在同一个晒场上同时脱粒、晾晒；贮藏时，不同品种以及同一品种不同等级的种子必须分别存放。种子要装袋，并在种子袋内外各放一标签，标明品种名称、产地、等级、生产年代、重量等。各项操作的用具和场地，必须清理干净，并由专人负责，认真检查，以防混杂。

2．采取隔离措施，严防生物学混杂

对于容易发生天然杂交的异花、常异花授粉作物，必须采取严格的隔离措施，避免因风力或昆虫传粉造成生物学混杂。自花授粉作物也要进行隔离。隔离的方法有空间隔离、时间隔离、自然屏障隔离、高秆作物隔离等，对量少而珍贵的材料，也可用人工套袋法进行隔离。

（1）空间隔离：各种植物由于花粉数量、传粉能力、传粉方式等不同，隔离的距离也不一样。玉米制种一般隔离区距离为 300 m，自交系繁殖隔离区距离为 500 m。小麦、水稻繁殖田也要适当隔离，一般 50 ~ 100 m；番茄、豆角、菜豆等自花授粉蔬菜作物生产原种，隔离区距离要求 100 m 以上（表 1-1-1）。

（2）时间隔离：通过播种时间的调节，使繁殖种子的开花时间与其他品种错开。一般错期 25 ~ 30 d 即可实现时间隔离。

（3）自然屏障隔离：利用山丘、树林、果园、村庄等进行隔离。

（4）高秆作物隔离：采用高秆的其他作物进行隔离。

（5）套袋隔离：是最可靠的隔离方法，一般在提纯自交系、生产原原种，以及少量的蔬菜制种时使用。

表 1-1-1　主要作物授粉方式和留种时隔离距离参考表

授粉方式		作物种类	隔离距离/m	
			原种	大田用种
异花授粉	虫媒花	十字花科蔬菜：大白菜、小白菜、油菜、薹菜、芥菜、萝卜、甘蓝、花椰菜、苤蓝、芜青、甘蓝等	2 000	1 000
异花授粉	虫媒花	瓜类蔬菜：南瓜、黄瓜、冬瓜、西葫芦、西瓜、甜瓜等	1 000	500
异花授粉	虫媒花	伞形花科蔬菜：胡萝卜、芹菜、芫荽、小茴香等	2 000	1 000
异花授粉	虫媒花	百合科葱属蔬菜：大葱、圆葱、韭菜	2 000	1 000
异花授粉	风媒花	藜科蔬菜：菠菜、甜菜	2 000	1 000
异花授粉	风媒花	玉米　自交系 500 以上，单交种 400 以上，双交种 300 以上		
常异花授粉		茄科蔬菜：甜椒、辣椒、茄子	500	300
自花授粉		茄科蔬菜：番茄	300	200
自花授粉		豆科蔬菜：菜豆、豌豆	200	100
自花授粉		菊科蔬菜：莴苣、茼蒿	500	300
自花授粉		水稻	20	20

3．严格去杂去劣，加强选择

种子繁殖田必须坚持严格的去杂去劣措施，一旦繁殖田中出现杂劣株，应及时除掉。杂株指非本品种的植株；劣株指本品种感染病虫害或生长不良的植株。去杂去劣应在熟悉本品种各生育阶段典型性状的基础上，在植物不同生育时期分次进行，务求去杂去劣干净彻底。

加强选择，提纯复壮是促使品种保持高纯度，防止品种混杂退化的有效措施。在种子生产过程中，根据植物生长特点，采用块选、株选或混合选择法留种可防止品种混杂退化，提高种子生产效率。

4．定期进行品种更新

种子生产单位应不断从品种育成单位引进原原种，繁殖原种，或者通过选优提纯法生产原种，始终坚持用纯度高、质量好的原种繁殖大田生产用种子，是保持品种纯度和种性、防止品种混杂退化、延长品种使用寿命的一项重要措施。此外，要根据社会需求和育种科技发展状况及时更新品种，不断推出更符合人类要求的新品种，是防止品种混杂退化的根本措施。因而，在种子生产过程中，要加强引种试验，密切与育种科研单位联系，保证主要推广品种的定期更新。

5．改变生育条件

对于某些植物可采用改变种植区生态条件的方法，进行种子生产，以保持品种种性，防止混杂退化。如马铃薯，因高温条件会使其退化加重，故平原区一般不进行春播留种，可在高纬度冷凉的北部或高海拔山区进行种子生产，或采取就地秋播留种。

6．利用低温低湿条件贮存原种

利用低温低湿条件贮存原种是有效防止品种混杂退化、保持种性、延长品种使用寿命的一项先进技术。近年来，美国、加拿大、德国等许多国家都相继建立了低温、低湿贮藏库，用于保存原种和种质资源。我国黑龙江、辽宁等省采用一次生产、多年贮存、多年使用的方法，把“超量生产”的原种贮存在低温、低湿种子库中，每隔几年从中取出一部分原种用于扩大繁殖，使种子生产始终有原原种支持，从繁殖制度上，保证了生产用种子的纯度和质量。这样减少了繁殖世代，也减少了品种混杂退化的机会，有效保持了品种的纯度和典型性。

7．脱毒技术的应用

利用脱毒技术生产脱毒种。通过茎尖分生组织培养，获得无病毒植株，进而繁殖无病毒种，可以从根本上解决品种退化问题。另外，研究表明，大多数病毒不能浸染种子，即在有性繁殖过程中，植物能自动汰除毒源。因此，无性繁殖作物还可通过有性繁殖生产种子，再用种子生产无毒种，汰除毒源，培育健康种苗。

【思考】

大豆与玉米作物种子生产中，品种混杂退化的原因与防止方法是否相同？

四、杂种优势利用与杂交种子生产

（一）杂种优势的概念

杂种优势是生物界的一种普遍现象，是指两个性状不同的亲本杂交产生的杂种 F_1，在生长势、生活力、抗逆性、繁殖力、适应性以及产量、品质等性状方面超过其双亲的现象。

（二）杂种优势的遗传理论

1．显性假说（有利显性基因假说）

显性假说是 1910 年由 Bruce 提出的，受到了 Jones 等的支持。

基本论点：杂种 F_1 集中了控制双亲有利性状的显性基因，每个基因都能产生完全显性或部分显性效应，由于双亲显性基因的互补作用，从而产生杂种优势。由于双亲显性基因的互补作用，从而产生杂种优势。

2．超显性假说

超显性假说是 1908 年 Shull 提出的，受到了 East 和 Hull 等的支持。

基本论点：杂合等位基因的互作胜过纯合等位基因的作用，杂种优势是由双亲杂交的 F_1 的异质性引起的，即由杂合性的等位基因间互作引起的。等位基因间没有显隐性关系，杂合的等位基因相互作用大于纯合等位基因的作用，按照这一假说，杂合等位基因的贡献可能大于纯合显性基因和纯合隐性基因的贡献。

（三）杂交种子生产途径

在配制杂交种时首先要解决的问题是去雄，即两个亲本中作为母本的一方，采用何种方式去掉其雄花的问题。不同的作物，由于花器构造和授粉方式的不同，去雄的方式也就不同，这也就决定了采用何种途径来生产杂交种。目前主要有下列途径：

1．人工去雄

人工去雄配制杂交种是杂种优势利用的常用途径之一。采用这种方法的作物需具备以下三个条件：① 花器较大、去雄容易；② 人工杂交一朵花能够得到较多的种子；③ 种植杂交种时用种量较小。

2．利用理化因素杀雄制种

原理：雌雄配子对各种理化因素反应的敏感性不同，用理化因素处理后，能有选择性的杀死雄性器官而不影响雌性器官，以代替去雄。它适应于花器小，人工去雄困难的作物。如水稻、小麦等。

3．标志性状的利用

用某一对基因控制的显性或隐性性状作为标志，来区别杂交种和自交种，可以用不进行人工去雄授粉的方法获得杂交种。可以用作标志的性状，有水稻的紫色对绿色叶枕、小麦的红色对绿色芽鞘、棉花的绿苗对芽黄苗和有腺体对无腺体等。具体做法是：给杂交父本转育一个苗期出现的显性标志性状，或给母本转育一个苗期出现的隐性标志性状，用这样的父母本进行不去雄放任杂交，从母本上收获自交和杂交两类种子。播种后根据标志性状，在间苗时拔除具有隐性性状的幼苗，即假杂种或母本苗，留下具有显性性状的幼苗就是杂种植株。

4．自交不亲和性的利用

自交不亲和是指同一植株上机能正常的雌雄两性器官和配子，因受自交不亲和基因的控制，不能正常交配的特性。表现为自交或兄妹交不结实或结实极少，具有这种特性的品系称为自交不亲和系，如十字花科、豆科、蔷薇科、茄科、菊科等。配制杂交种时，以自交不亲和系做母本，与另一自交亲和系做父本按比例种植，就可以免除人工去雄的麻烦，从母本上收获杂交种。如果双亲都是自交不亲和系，对正反交差异不明显的组合，就可互做父母本，最后收获的种子均为杂交种，供大田使用。目前生产上使用的大白菜、甘蓝等的杂交种就是此种类型。

5．利用雄性不育性制种

（1）利用雄性不育系的意义　可以免去人工去雄的工作，且雄性不育性可以遗传，可从根本上免去人工去雄的麻烦。另外可以为一些难于进行人工去雄的作物提供了商业化杂种优势利用的途径。

（2）雄性不育性的概念　雄性不育性：雄蕊发育不正常，不能产生有功能的花粉，但它的雌蕊发育正常，能够接受正常花粉而受精结实。

质核型不育性用于生产，必须选育出“配套的三系”，即雄性不育系、雄性不育保持席和雄性不育恢复系。

【思考】

大豆与玉米作物种子生产中，杂种优势利用方法是否相同？在杂交种子生产途径中，哪些作物适合于哪种途径？

五、种子生产基地建设

建立种子生产基地是商品种子生产的重要保证。

1. 现代种子生产基地的要求

向专业化、规模化、产业化的方向发展：专业化是每一种商品种子要建立专门的生产基地，要有专业技术人员，严格按照种子生产技术规程进行种子生产。规模化是每个基地要有相当规模的面积，要连片单一种植；产业化是种子生产基地实行产、供、销一体化，组织机构和配套设施齐全，生产的种子商品性好，在市场上的竞争力强。

2. 基地建设

（1）地域选择。

自然条件是基地建设的首要条件；生产水平和经济状况也是要考虑的重要因素。

（2）基地的建设。依据基地建设要求进行规划，设计并实施建设。

（3）基地的管理。按照功能分类、分区块布局并形成管理制度。

（4）基地的扩大完善。初步建成后，根据企业发展需要，适时扩大规模，完善相关配套设施建设。

模块二　种子管理基础

一、品种区域试验与生产试验

品种布局区域化是合理利用良种，充分发挥其增产作用的一项重要措施，也是品种推广的基础。育种单位育成的新品种要在生产上推广种植，必须先经过品种审定机构统一布置的品种区域化试验鉴定，确定其适宜推广区域范围、推广价值和品种适宜的栽培条件。品种区域化鉴定是通过品种的区域试验、生产试验、栽培试验，对品种的利用价值、适宜范围及适宜栽培条件等做出全面的评价，为品种布局区域化提供依据。

（一）区域试验

品种区域试验是鉴定和筛选适宜不同生态区种植的丰产、稳产、抗逆性强、适应性广的优良作物新品种，并为品种审定和区域布局提供依据。

1. 区域试验的组织体系

我国农作物品种区域试验分为国家和省（市、自治区）两级。国家级区域试验是跨省的，由国家农业部种子管理部门或全国农作物品种审定委员会与中国农科院负责组织；省（市、自治区）级区域试验由各省（市、自治区）的种子管理部门或品种审定委员会与同级农业科学院负责组织。除有条件的地区受省品种审定委员会委托可以组织区域试验外，地、县级一般不单独组织区域试验。

参加全国区域试验品种，一般由各省（市、自治区）的区域试验主持单位或全国攻关联合试验主持推荐；参加省（市、自治区）区域试验品种，由各育种单位所在地区品种管理部门推荐。申请参加区域试验品种（或品系），必须有二年以上育种单位的品种（或品系）比较试验结果，以及自己设置的品系多点试验结果，一般要求比对照增产 10% 以上，或具有某些特异性状，产量、品质等性状又不低于对照品种。

2. 区域试验任务

（1）客观鉴定参试品种的主要特征特性，如丰产性、稳产性、适应性和品质等性状，并分析其增产效果和增产效益，以确定其利用价值。

（2）确定各地区适宜推广的主栽品种和搭配品种。

（3）为优良品种划定最适宜的推广区域，做到因地制宜种植优良品种，恰当地和最大限度地发挥优良品种的增产潜力。

（4）了解新品种适宜的栽培技术，做到良种良法相结合。

（5）向品种审定委员会推荐符合审定条件的新品种。

3. 区域试验方法和程序

（1）划区设点：根据作物分布范围的农业区划或生态区划，以及各种作物的种植面积等选出有代表性的科研单位或良种场作为试验点。试验点必须有代表性，且分布要合理。试验地要求土地平整、地力均匀，还要注意茬口和耕作栽培技术的一致性，以提高试验的精确度。

（2）试验设计：区域试验在小区排列方式、重复次数、记载项目和标准等方面都要有统一的规定。一般采用完全随机区组设计，重复 3～5 次，小区面积十几平方米到几十平方米，稀植作物面积可大些，密植作物可适当小些。参试品种 10～15 个，一般只设一个对照，必要时可以增设当地推广品种作为第二对照。

（3）试验年限：区域试验一般进行 2～3 年，其中表现突出品系可以在参加第二年区试时，同时参加生产试验。个别品系第一年在各试验点普遍表现较差时，可以考虑淘汰该品系。

（4）田间管理：试验地的各项管理措施，如追肥、浇水、中耕除草、病虫害防除等应当均匀一致，并且每一项措施要以重复为单位，在一天内完成，以减少误差。在全生育期内注意加强观察记载，充分掌握品系的性状表现及其优缺点。观察记载项目也要以重复为单位在一天内完成。

（5）总结评定：每年由主持单位汇总各试验点的试验材料，对供试品系做出全面评价后，提出处理意见和建议，报同级农作物品种审定委员会，作为品种审定的重要依据。

（二）生产试验和栽培试验

参加生产试验的品种，应是参试第一、二年在大部分区域试验点上表现性状优异，增产效果在 10% 以上，或具有特殊优异性状的品种。参试品种除对照品种外一般为 2～3 个，可不设重复。生产试验种子由选育（引进）单位提供，质量与区域试验用种要求相同。在生育期间尤其是收获前，要进行观察评比。

生产试验原则上在区域试验点附近进行，同一生态区内试验点不少于 5 个，进行 1 个生产周期以上。生产试验与区域试验可交叉进行。在作物生育期间进行观察评比，以进一步鉴定其表现，同时起到良种示范和繁殖的作用。

生产试验应选择地力均匀的地块，也可一个品种种植一区，试验区面积视作物而定。稻、麦等矮秆作物，每个品种不少于 660 m^2，对照品种面积不少于 300 m^2；玉米、高粱等高秆作物 1 000 ~ 2 000 m^2。

在生产试验以及优良品种决定推广的同时，还应进行栽培试验，目的在于摸索新品种的良种良法配套技术，为大田生产制定高产、优质栽培措施提供依据。栽培试验的内容主要有密度、肥水、播期及播量等，视具体情况选择 1 ~ 3 项，结合品种进行试验。试验中也应设置合理的对照，一般以当地常用的栽培方式作对照。当参加区试的品种较少，而且试验的栽培项目或处理组合又不多时，栽培试验可以结合区域试验进行。

【思考】

新品种选育时，在审定程序中，哪些程序最能直接反映生产实际？

二、品种审定和登记

（一）品种审定概念

品种审定就是根据品种区域试验结果和生产试验的表现，对参试品种（系）科学、公正、及时地进行审查、定名的过程。实行主要农作物品种审定制度，可以加强主要农作物的品种管理，有计划、因地制宜地推广优良品种，加强育种成果的转化和利用，避免盲目引种和不良播种材料的扩散，防止在一个地区品种过多、种子混杂等“多、乱、杂”现象，以及品种单一化、盲目调运等现象的发生。这些都是实现生产用种良种化、品种布局区域化，合理使用优良品种的必要措施。

（二）品种审定组织体制和任务

农业部发布的《主要农作物品种审定办法》规定：我国农作物品种实行国家和省（市、自治区）两级审定制度。农业部设立全国农作物品种审定委员会（简称全国评审会），各省（市、自治区）人民政府农业主管部门设立省级农作物品种审定委员会[简称省（市、自治区）评审会]，市（地、州、盟）人民政府农业主管部门可设立农作物品种审查小组。全国评审会与省级评审会是在农业部和省级人民政府农业主管部门领导下，负责农作物品种审定的权力机构。

品种审定是对品种的种性和实用性的确认及其市场准入的许可，他是建立在公正、科学的试验、鉴定和检测基础上，对品种的利用价值、利用程度和利用范围的预测和确认。他主要是通过品种的多年多点区域试验、生产试验或栽培试验，对其利用价值、适应范围、推广地区及栽培条件的要求等做出比较全面的评价。一方面为生产上选择应用最适宜的品种，充分利用当地条件，挖掘其生产潜力。另一方面为新品种寻找最适宜的栽培环境条件，发挥其应有的增产作用，给品种布局区域化提供参考依据。我国现在和未来很长一段时期内，对主要农作物实行强制审定，对其他农作物实行自愿登记制度。《中华人民共和国种子法》明确规定，主要农作物品种和主要林木品种在推广应用前应当通过审定。我国主要农作物品种规定为稻、小麦、玉米、棉花、大豆、油菜和马铃薯共七种。各省、自治区、直辖市农业行政主管部门可根据本地区的实际情况再确定1～2种农作物为主要农作物，予以公布并报农业部备案。

（三）品种审定方法和程序

1. 报审条件

申请品种审定的单位和个人，可以直接申请国家审定或省级审定，也可以同时申请国家和省级审定，还可以同时向几个省（直辖市、自治区）申请审定。

申请审定的品种应当具备下列条件：

（1）人工选育或发现并经过改良。

（2）与现有品种（本级品种审定委员会已受理或审定通过的品种）有明显区别。

（3）遗传性状相对稳定。

（4）形态特征和生物学特性一致。

（5）具有适当的名称。

2. 申报材料

申请品种审定的单位或个人，应当向品种审定委员会办公室提交申请书。申请书包括以下内容：

（1）申请者名称、地址、邮政编码、联系人、电话号码、传真、国籍。

（2）品种选育的单位或个人全名。

（3）作物种类和品种暂定名称。品种暂定名称应当符合《中华人民共和国植物新品种保护条例》的有关规定。

（4）建议的试验区域和栽培要点。

（5）品种选育报告，包括亲本组合以及杂交种的亲本血缘、选育方法、世代和特性描述。

（6）品种（含杂交种亲本）特征描述以及标准图片。

转基因品种还应当提供农业转移基因生物安全证书。

3. 申报程序和时间

申请者提出申请（签章）→申请者所在单位审查、核实（加盖公章）→主持区域试验和生产试验单位推荐（签名盖章）→报送品种审定委员会。向国家级申报的品种须有育种者所在省（市、自治区）或品种最适宜种植的省级品种审定委员会签署意见。

按照现行规定，申报国家级审定的农作物品种的截止时间为每年3月31日，各省审定农作物品种的申报时间由各省自定。

凡是申报审定品种，申报者必须按申报程序处理，未按申报程序办理手续者，一般不予受理。

4．种子审定与命名

对于完成品种试验程序的品种，品种审定委员会办公室一般在3个月内汇总结果，并提交品种审定委员会专业委员会或者审定小组初审。专业委员会（审定小组）在2个月内完成初审工作。

专业委员会（审定小组）初审品种时召开会议，到会委员应达到该专业委员会（审定小组）委员总数2/3以上的，会议有效。对品种的初审，根据审定标准，采用无记名投票表决，赞成票数超过该专业委员会（审定小组）委员总数1/2以上的品种，通过初审。

初审通过的品种，由专业委员会（审定小组）在1个月内将初审意见及推荐种植区域意见提交主任委员会审核，审核同意的，通过审定。主任委员会在1个月内完成审定工作。

审定通过的品种，由品种审定委员会编号、颁发证书，同级农业行政主管部门公告。编号为品种审定委员会简称、作物种类简称、年号、序号，其中序号为三位数。

省级品种审定公告，要报国家品种审定委员会备案。

审定公告在相应的媒体上发布。审定公告公布的品种名称为该品种的通用名称。

审定通过的品种，在使用过程中如发现有不可克服的缺点，由原专业委员会或者审定小组提出停止推广建议，经主任委员会审核同意后，由同级农业行政主管部门公告。

审定未通过的品种，由品种审定委员会办公室在15日内通知申请者。申请者对审定结果有异议的，在接到通知之日起30日内，可以向原品种审定委员会或者上一级品种审定委员会提出复审。品种审定委员会对复审理由、原审定文件和原审定程序进行复审，在6个月内做出复审决定，并通知申请者。

【思考】

国家在新品种审定中有哪些规定？

三、植物新品种保护与推广

（一）植物新品种保护

为了保护植物新品种权，鼓励培育和使用植物新品种，促进农业、林业的发展，我国于1997年3月发布了《中华人民共和国植物新品种保护条例》，1997年10月1日起实施。1999年3月23日，我国正式向国际植物新品种保护联盟（UPOV）递交了《国际植物新品种保护公约（1978年文本）》加入书，成为UPOV的成员国。

植物新品种保护目的是通过有关法律、法规和条例，保护育种者的合法权益，鼓励培育和使用植物新品种，促进植物新品种的开发和推广，加快农业科技创新步伐，扩大国际农业科技交流与合作。被授予品种权的新品种选育单位或个人享受生产销售和使用该品种繁殖材料的独有权，同专利权、商标权和著作权一样，也是知道产权的主要组成部分。我国植物新品种保护对象是经过人工培育或者发现的野生植物加以开发，具有新颖性、特异性、一致性和稳定性，并有适当命名的植物新品种。农业植物和林业植物分别由农业部和国家林业部门负责植物新品种权申请受理、审查，并对符合条例的植物新品种授予植物新品种权。1999年4月20日，农业部植物新品种保护办公室公布了首批农业植物新品种权申请代理机构和申请人名单，并开始正式受理国内外单位和个人在中国境内的植物新品种权申请。1999 年 9 月 1 日，由农业部植物新品种保护办公室为配合《中华人民共和国植物新品种保护条例》实施而创办的集法律、技术和信息于一体的期刊《植物新品种保护公报》第一期正式发行。

植物新品种保护有利于在我国育种行业中建立一个公正、公平的竞争机制。这个机制可以最大限度地调动育种者培育新品种的积极性，进一步激励育种者积极投入植物品种创新活动，从而培育出更多更好优育品种。通过植物新品种保护，育种者可以获得应得的利益。这样育种者不仅可以收回自己投入的育种资本，还可以将这部分资本再投入到新的植物品种培育中，同时还可以吸引社会投资用于育种事业。由此往复，可以使植物新品种的培育机制更好地适应市场经济，从而使能够培育出大量优良品种单位得以充实发展，使在育种上无所作为的育种单位自行解体转向。

植物新品种保护有利于种子繁殖经营部门在相应的法律制度保护下进行正常种子繁殖经营活动。一旦出现低劣品种滥繁或假冒种子销售，用户、种子繁育经营部门和育种者均可以从维护自身利益出发而诉诸法律。植物新品种保护还有利于促进国际间品种交流合作。

（二）品种推广

新品种审定通过后，一般种子的数量很少，必须采用适当的方式，加速繁殖和推广，使之尽快地在生产中应用和普及。新品种在生产过程中必须采取有效的方式推广、合理使用。尽量保持其纯度，延长其寿命，使之持续地发挥作用。

1. 植物新品种推广的方式

（1）分片式　按照生态、耕作栽培条件，把推广区域划分成若干片，与县级种子管理部门协商分片轮流供应新品种的原种及其后代种子方案。自花授粉作物和无性繁殖作物自己留种，供下一年度生产使用；异花授粉作物分区组织繁种，使一个新品种能在短期内推广普及。

（2）波流式　先在推广区域选择若干个条件较好的乡、村，将新品种的原种集中繁殖后，通过观摩、宣传，再逐步推广。

（3）多点式　将繁殖出的原种或原种后代，先在各区县每个乡镇，选择 1 ~ 2 个条件较好的专业户或承包户，扩大繁殖，示范指导，周围的种植户见到高产增值效果后，第二年即可大面积普及。

（4）订单式　对于优质品种、有特定经济价值的作物，先寻找加工企业（龙头企业）开发新产品，为新品种产品开辟消费渠道。在龙头企业支持下，新品种的推广采取与种植户实行订单种植。

2. 品种区域化和良种合理布局

任何一种农作物新品种都是育种者在某一个区域范围内，在一定的生态条件下，按照生产的需要，通过各种育种手段选育而成的优良生态类型，以致各有其生态特点，对外界环境都具有一定的适应性。这种适应性就是该品种在生产上的局限性和区域性。不同农作物品种适应不同的自然条件、栽培和耕作条件，必须在适宜其生长发育的地区种植，因此对农作物品种应该进行合理的布局。品种区域化就是依据品种区域试验结果和品种审定意见，使一定的品种在适宜地区范围内推广的措施。在一个较大的地区范围内，配置具有不同特点的品种，使生态条件得到最好的利用，将品种的生产潜力充分地发挥出来，使之能丰产、稳产。

3. 良种合理搭配

在一个地区应推广一个主栽品种和 2 ~ 3 个搭配品种，防止品种的单一化给生产造成重大损失，也要防止品种过多而造成品种混杂。主栽品种的丰产性、稳定性、抗逆性要好，适应性要强，能获得较为稳定的产量。搭配相应的品种可以调节农机和劳力的分配。同时从预防病虫害流行传播方面看，也应做到抗原的合理搭配，否则单一品种的种植，会造成相连地块同一病虫害的迅速蔓延，导致大流行，结果造成产量和品质降低。对于棉花等异交率高、容易造成混杂退化的经济作物，最好一个生态区或一个县只种植一个品种。

本项目内容小结

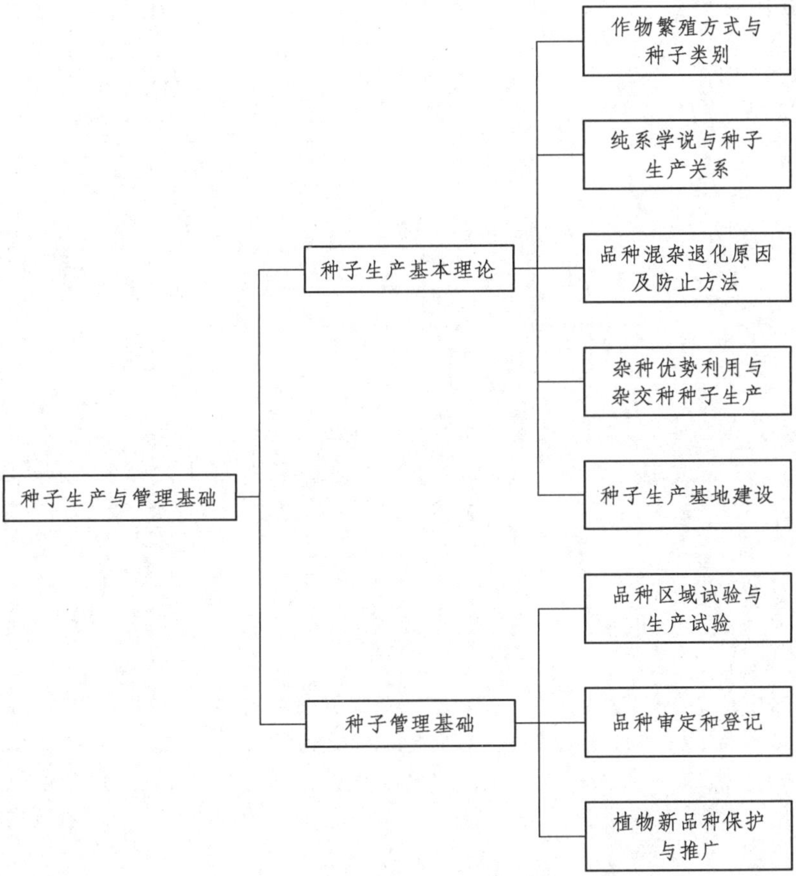

图 1-1-1　项目一内容小结

思考题

1. 名词解释

DUS 三性　育种家种子　原种　大田用种　纯系学说　品种混杂　品种退化　品种杂种优势　布局区域化　生产试验　栽培试验　品种审定　品种保护　品种推广

2. 简答题

（1）作物种子繁殖方式有哪些？

（2）目前我国种子类别有哪些？

（3）品种混杂退化原因有哪些？如何防止品种混杂退化。

（4）杂种优势理论基础是什么？杂种优势利用途径有哪些？

（5）植物新品种推广的方式有哪些？

（5）报审条件有哪些？

（6）申报程序有哪些？

项目二　自交作物种子生产技术

【知识目标】

- 理解自交作物概念
- 能概述自交作物常规品种原种生产的几种方法；
- 能概述小麦常规种和杂交种种子生产的方法；
- 能概述水稻常规种和杂交种种子生产的方法；
- 能概述大豆原种和大田用种生产的方法。

【技能目标】

- 掌握小麦常规种和杂交种种子生产技术；
- 掌握水稻常规种和杂交种种子生产技术；
- 掌握大豆原种和大田用种种子生产技术。

凡在自然条件下，雌蕊接受同一花朵内的花粉进行授粉而繁殖后代的作物称为自花授粉作物，又称自交作物。如小麦、水稻、大麦、大豆、豌豆、绿豆、花生、烟草、茄子、番茄等。这类作物一般雌雄同花，雌雄蕊基本同期成熟，花瓣没有鲜艳的颜色和香味，有的在开花前就已经完成授粉（闭花授粉）。自然异交率一般低于1%，最高不超过4%。自交作物种子生产，品种保纯相对较容易，主要是防止各种形式的机械混杂，田间去杂是主要的技术措施，其次是防止生物学混杂，但对隔离条件要求不太严格。本项目主要介绍小麦、水稻、大豆的种子生产技术。

模块一　基本知识

一、我国现行的种子级别分类

根据2008年中华人民共和国国家标准（以下简称国标）《农作物种子质量标准》（GB4404.1—2008）和《农作物种子标签通则》（GB20464—2006），我国现行的种子级别分为育种家种子、原种和大田用种（曾称良种）。

1．育种家种子

指育种家育成的遗传性状稳定、特征特性一致的品种或亲本的最初一批种子，可用于进一步繁殖原种。这里的育种家可以是单位或集体，也可以是个人。

2．原　种

指用育种家种子繁殖的第一代至第三代或按原种生产技术规程生产的达到原种质量标准的种子，可用于进一步繁殖大田用种。原种在种子生产中起到承上启下的作用，所以，各个国家对它的繁殖代数和商品质量都有一定的要求。我国各类作物原种的质量标准，国家有明确的规定，主要是以纯度、净度、发芽率、水分和杂草种子等五个方面确定的。

3．大田用种

指用原种繁殖的第一代至第三代或杂交种，经确认达到规定质量要求的种子。大田用种是供大面积生产使用的种子，是种子市场交易的种子，是主要商品化的种子。

根据国标《农作物种子标签通则》（GB20464—2006），不同类别的种子使用不同颜色的种子标签。育种家种子使用白色并有紫色单对角条纹的种子标签，原种使用蓝色的种子标签，亲本种子使用红色的种子标签，大田用种使用白色的种子标签或者蓝红以外的单一颜色的种子标签。

【思考】

我国的种子级别分类与日本、美国及欧洲各国的种子级别分类有何异同？

二、常规品种原种生产

这里所述的常规品种是指除了一代杂交品种及其亲本和无性系品种以外的品种，包括自交作物的纯系品种、多系品种，常异交作物的天然授粉品种，异交作物的开放授粉品种。

（一）自交和常异交作物常规品种的原种生产

在发达国家常用低温贮藏繁殖法生产，在我国常用循环选择繁殖法。近年来，为提高原种生产效率，还发展了应用于自交作物的株系循环繁殖法和应用于常异交作物的自交混繁法。

1．低温贮藏繁殖法

低温贮藏繁殖法是指在育种家的监控下，一次性繁殖够用 5～6 年的育种家种子贮藏于低温条件下，以后每年从中取出一部分种子进行繁殖，繁殖 1 代得原原种，繁殖 2 代得原种，繁殖 3 代得生产用种（日本的分类），年年重复上述繁殖过程的方法（图 1-2-1）。当低温贮藏的育种家种子的数量只剩下够一年使用时，如果该品种还没有被淘汰，则在该品种的选育者（或指定的代表）直接监视下再生产少量育种家种子用于补充冷藏。

采用这种方法，原原种由专门的繁育单位生产。美国有专门的原原种公司，原种和生产用种由各家种子公司隶属的种子农场生产。日本原原种和原种是由都道府县生产。品种育成后到多少代为止可以生产原原种和原种还没有确定。由于繁殖世代增加品种退化的危险性就会增大，所以要尽量减少世代数。低温贮藏繁殖法由于繁殖世代少，突变难以在群体中存留，自然选择的影响很小，不进行人工选择，也不进行小样本保留，所以品种的优良特性可以长期保持，种子的纯度也有充分保证，但要求良好的设备条件和充分的贮运能力。

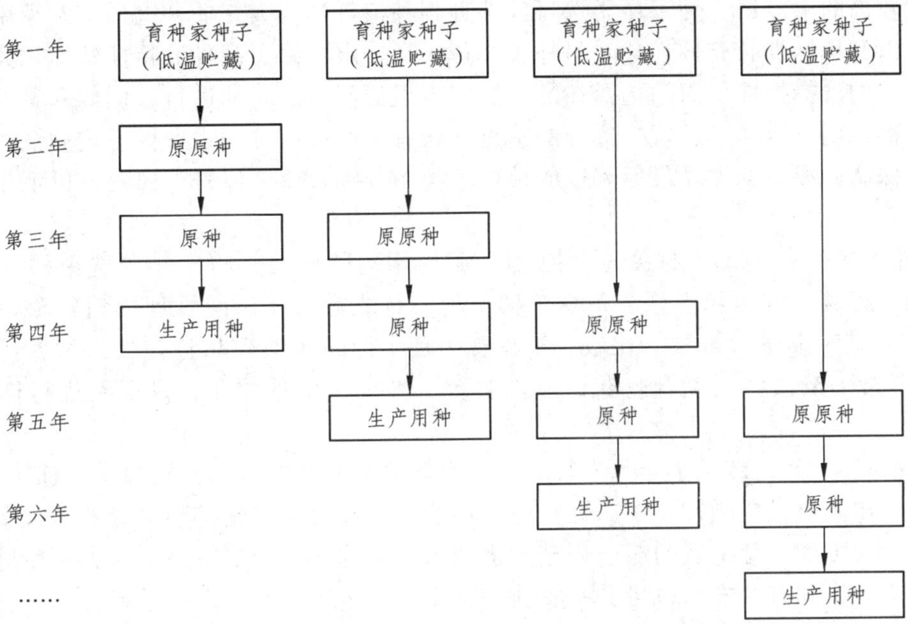

图 1-2-1　低温贮藏繁殖法生产原种程序图

2．循环选择繁殖法

（1）循环选择的基本程序

循环选择繁殖法实际上是一种改良混合选择法，即当一个品种混杂退化后，从其原种群体或其他繁殖田中选择单株，通过“单株选择、分系比较、混系繁殖”，生产原种种子，然后扩大繁殖大田用种，如此循环提纯大田用种。根据比较过程的长短，又有二年二圃制和三年三圃制之分。三年三圃制生产原种的程序如图 1-2-2 所示。二年二圃制就是在三年三圃制生产程序中省掉一个株系圃，适用于混杂退化较轻的品种。

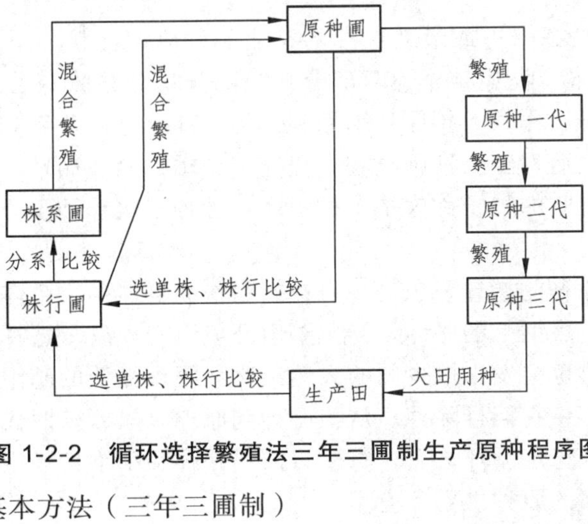

图 1-2-2　循环选择繁殖法三年三圃制生产原种程序图

（2）循环选择的基本方法（三年三圃制）

① 单株（穗）选择。单株选择是原种生产的基础，选择符合原品种典型性、丰产性好的单株，是保持原品种种性的关键。选种圃可以是原种圃、株系圃、原种繁殖的种子生产田，甚至纯度较高的丰产田。为了便于选择，选种圃种植群体要大，播种宜稀，并采用优良的栽培技术，以利植株性状充分表达。另外，选择人员一定要熟悉品种的特征特性和典型性，掌握准确统一的选择标准。田间选择在品种性状表现最明显的时期进行，例如禾谷类作物可在幼苗期、抽穗期、成熟期进行，选择的重点性状有丰产性、株间一致性、抗病性、抗逆性、抽穗期、株高、成熟期等。最后入选的单株（穗）分别收获、编号、保存，供下年进行株行鉴定。

② 株（穗）行鉴定。选择地势平坦、肥力均匀的田块，将上年入选单株（穗）稀植于株（穗）行圃，或单粒点播，每株（穗）种一行或数行。田间管理均匀一致，在作物生长的各个关键时期进行观察、比较，根据株（穗）行的典型性和整齐度汰劣存优，入选株（穗）行严格去杂去劣、混合收获，分别脱粒、考种、单独贮藏，供下年进行株（穗）系比较试验。

③ 株（穗）系比较。上年入选株（穗）行各成为一个单系，分别稀植于株（穗）系圃，每系一区。田间对其典型性、丰产性、适应性等进一步比较试验，栽培管理和观察评比与株行圃相同。根据株（穗）系的综合表现选优汰劣。入选各系经严格去杂、去劣后进行混合收获、贮藏。若系间有差异，也可分系收获，经室内鉴定决选后，入选系混合。

④ 混系繁殖。将上年混合收获的种子种于原种圃，扩大繁殖，生产原种。原种圃要注意隔离，并严格去杂去劣。可通过稀植、加强肥水管理等措施来提高繁殖系数。由此生产的种子即原种。

采用这种方法生产原种时，经过多次循环选择，汰劣存优，这对防止和克服品种的混杂退化，保持生产用种的某些优良性状有一定的作用。但也存在一些弊端，主要表现在：程序繁琐，生产成本高；种子生产周期长，跟不上品种更换的步伐；如果选择群体小，易导致群体发生遗传漂变，破坏品种的遗传稳定性。因此，近年来对稻、麦等自花授粉作物发展了株系循环繁殖法生产原种。

3．株系循环繁殖法

株系循环繁殖法是把引进或最初选择的符合品种典型性状的单株或株行种子分系种于保种圃，建立基础群体，收获时分为两部分：一部分是分系收获若干符合品种典型性的单株，系内单株混合留种，作为下年保种圃用种；另一部分是将各系剩余单株去杂后全部混收留种，称为核心种。以后每年保种圃收获方法同上一季，照此循环。核心种次季种于基础种子田，从基础种子田混收的种子称为基础种子。基础种子次季种于原种田，收获的种子为原种（图 1-2-3）。

株系循环法生产原种的指导思想是：自花授粉作物群体中，个体基因型是纯合的，群体内个体间基因型同质，表型上的些许差异主要由环境引起，反复选择和比较是无效的。从理论上讲，自花授粉作物也会发生极少数的天然杂交和频率极低的基因位点自然突变，但在株系循环过程中完全能够将它们排除掉。从核心种到原种，只繁殖两代，上述变异也难以在群体中存留。因此，进入稳定循环之后，每季只需在保种圃中维持一定数量的株系，就能源源不断地提供遗传纯度高的原种供生产应用。

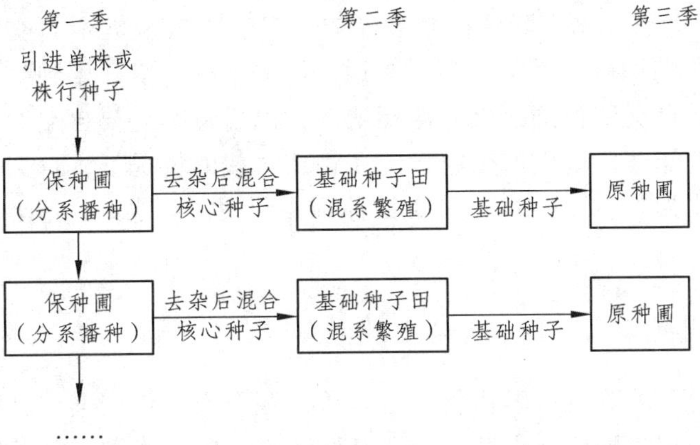

图 1-2-3　株系循环繁殖法生产原种程序图

4．自交混繁法

常异花授粉作物如棉花、甘蓝型油菜等，其品种群体中至少包含三种基因型，一种是自交产生的品种基本群体的纯合基因型，另一种是天然异交产生的杂合基因型，第三种是天然异交产生的杂合基因型分离出来的非基本群体的纯合基因型。后两种基因型是随机产生，不能预知的。为保持这类品种的遗传一致性，近年发展了“分系自交留种，隔离混系繁殖”的方法，即自交混繁法生产原种（图 1-2-4）。其指导思想是：通过多代连续自交和选择，获得一个较为纯合一致的多系群体（自交株系）；再利用常异交的繁殖特点，开放授粉建立一个优良的遗传平衡群体。由于自交株系的遗传稳定性，遗传平衡群体有较可靠的重复性。基本方法如下：

（1）建立自交留种圃

从育种单位提供的原种群体中根据典型性状选择一定数量的单株自交，次季将自交单株分行种植，初花期在形态整齐、长势正常的株行中继续选株自交，经田间决选和室内考种，当选株行的自交种子次季分系种植于自交留种圃。以后每季就在自交留种圃中按株系分别选株进行自交，提供下一季的自交留种圃用种。

（2）混系繁殖

把自交留种圃中各系开放授粉的种子混合组成核心种（相当于育种家种子）。核心种次季种于基础种子田，任其自由授粉，收获的种子称为基础种子（相当于原原种）。基础种子在原种田繁殖一代获得原种。

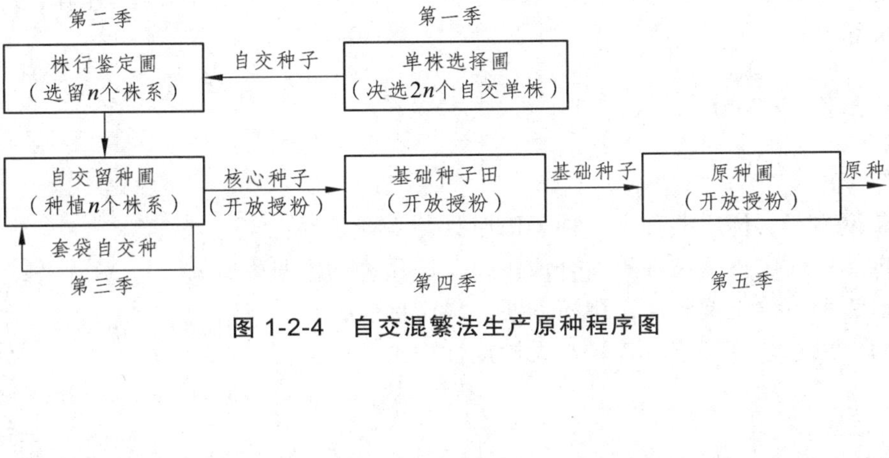

图 1-2-4　自交混繁法生产原种程序图

图 1-2-4 中 n 的大小根据实际用种量来确定。假定建立 667 m^2 自交留种圃，每个株系种植 30 株，则 n 可以等于 100。对某一品种来说，从选单株自交开始到生产出原种需要 5 季时间，但从第四季开始自交留种圃已进入循环状态，以后每季只要自交留种圃、基础种子田和原种田同时存在，就能够每季生产出原种。在育苗移栽的情况下，自交留种圃、基础种子田和原种田的面积之比为 1：20：500。自交留种圃要利用空间隔离，基础种子田可用原种生产田隔离。

（二）异交作物常规品种的原种生产

以子粒为收获对象的异花授粉作物如玉米等，现今大多使用杂交品种，常规品种在生产上使用的范围不大。在我国西南山区和西北高原还有一些玉米常规品种和白菜型油菜常规品种种植。异花授粉作物常规品种原种生产，主要掌握选择大量表型优良的个体（单株或单穗），将其种子混合起来在隔离区内种植，让这些单株随机交配，从隔离区收获的种子为基础种子（原原种），然后再在隔离条件下种植原原种，任其自由授粉，收获的种子为原种。

以茎叶为收获对象的异花授粉作物如牧草等，大多使用常规品种。原种生产的方法之一是表型混合选择隔离繁殖。原品种若是通过自交后代鉴定后由母株种子混合繁殖而来的，原种生产可采用选择典型母株自交，自交种子的一半用于后代鉴定，另一半自交种子在隔离区内自由授粉，收获的种子为原原种，原原种种植在隔离区内自由授粉繁殖，收获的种子为原种。原品种若是由多个品系在隔离区内自由授粉形成的合成品种，则在隔离条件下分别繁殖各个系，再在隔离区内混合种植各个系任其自由授粉，收获的自由授粉第一代种子为原原种，原原种种植在隔离区内自由授粉，收获的自由授粉第二代种子为原种。

【思考】

小麦原种生产中采用什么方法？大豆原种生产和小麦一样吗？

三、常规品种大田用种生产

在我国，常规品种在获得原种后，由于原种数量有限，一般需要用原种再繁殖 1～3 代，以供生产使用。大田用种需求量大，需要由种子公司建立的种子繁殖基地来生产，才能保证大田用种的数量和质量。其生产程序相对原种要简单很多，一般是在适当隔离条件下，防杂保纯，扩大繁殖。

（一）建立种子田

1. 种子田选择

为了获得高产、优质的种子，种子田应具备下列条件：

（1）自然气候、土壤条件等适合该作物、该品种的生长发育；

（2）地势平坦，土壤肥沃，排灌方便，旱涝保收；

（3）病、虫、杂草等危害较轻，无检疫性病虫害；

（4）对于忌连作的作物，可以轮作倒茬；

（5）集中连片，交通方便，有较好的隔离条件。

2．种子田种类

常规品种大田用种生产的种子田有一级种子田和二级种子田两类（图 1-2-5、图 1-2-6）。

一级种子田程序简单，适于繁殖系数高的油菜、谷子、烟草等小粒作物。除了定期用原种更新外，每年只在种子田中进行单株选择，入选株混合脱粒作为下年度种子田用种，其余植株经严格去杂去劣后混合脱粒作为生产田用种。一级种子田具有占地少，繁殖世代少，生产种子少，品种混杂退化几率低等特点。

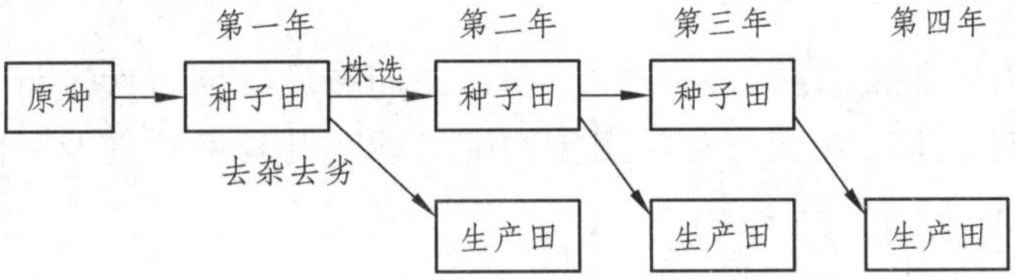

图 1-2-5　一级种子田生产程序图

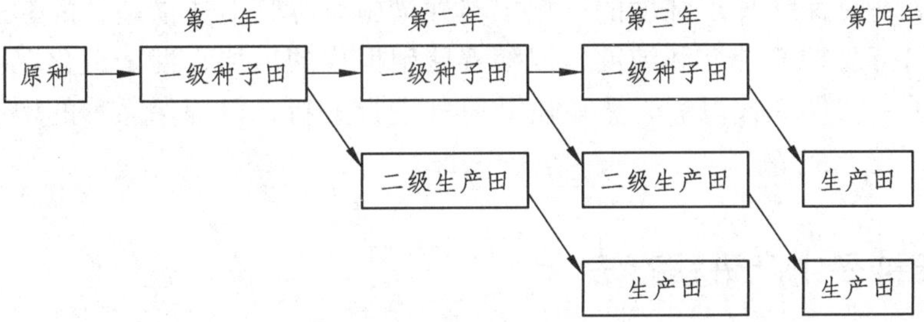

图 1-2-6　二级种子田生产程序图

二级种子田适于繁殖系数较小的棉花、小麦、花生等作物。第一年在一级种子田中进行单株选择，入选株混合脱粒作为下年一级种子田用种，其余植株经严格去杂去劣后混收，作为下年二级种子田用种。第二年在一级种子田中继续进行单株混合选择，重复上年过程，二级种子田经严格去杂去劣后混合收获，作为生产田用种。与一级种子田相反，二级种子田具有用地较多，繁殖世代增加，混杂退化几率较高的缺点。但提供的生产用种较多，且由于进行两次扩繁，所以比一级种子田选择的单株数量可适当减少，从而在选择质量上可精益求精。

在生产过程中要特别注意，种子田中原种的繁殖世代不得超过三代，否则生产的大田用种的质量将难以保证。

3．种子田面积

种子田面积主要根据种子生产计划和品种的繁殖系数确定。其计算公式如下：

$$种子田面积=\frac{计划收购量+自由量}{平均产量}$$

为了充分保证供种计划，在具体安排种子田面积时，要在按上述公式计算的基础上留有一定富余面积，常见作物种子田富余面积可参考以下比例：油菜 0.3%～2%、水稻 5%～10%、麦类 7%～10%、玉米 3%～5%、棉花 15%～20%、谷子 1%～2%、薯类 8%～10%。

（二）防杂保纯

做好防杂保纯工作是大田用种生产最基本的要求。在生产过程中，除了防止机械混杂和对种子田进行合理的隔离以防止外来花粉串粉外，还应认真抓好以下环节：

1．搞好单株混合选择

单株混合选择的方法与原种生产相似，主要是根据原品种的特征特性，兼顾生长健壮、成熟一致、籽粒饱满、无病虫害等方面，在选纯的基础上选优。与原种生产中选择的区别在于选择数量较多。因此，要坚持标准，确保选择质量。

2．严格去杂去劣

种子田中去杂去劣非常重要，一般在苗期、花期和成熟期多次进行。自交作物以形态特征充分表现的成熟期为主，异交与常异交作物则必须在开花散粉前及时除去杂劣株，避免造成生物学混杂。

3．定期进行种子更新

种子定期更新是保证种子纯度的一项根本性措施。尽管上述措施的配套进行可以在一定程度上有效地保持品种的种性和纯度，但随着繁殖世代的增加，混杂退化在所难免。因此，种子田中的种子一般经 3 代以后，应该用其原种进行更新，以确保品种的增产潜力，延长品种的使用年限。

四、加速种子生产进程方法

新育成或新引进品种，种子数量很少，为了加速优良品种的普及和推广，必须采取适当的措施，加速优良品种的种子生产进程，迅速扩繁种子数量。加速种子繁殖常用的方法有两种：一是提高繁殖系数；二是异地、异季加代繁殖，以增加繁殖次数。

（一）提高繁殖系数

繁殖系数指种子繁殖的倍数，用收获量与播量的关系表示，具体措施有：采用稀播繁殖、剥蘖分植、组织培养等提高繁殖系数法。

1．稀播繁殖

包括精量点播、稀播、单株栽植等方法。稀播繁殖一方面可以节约用种量，提高种子利用率；另一方面可以扩大个体的生长空间和营养面积，提高单株产量，从而提高繁殖系数。如小麦采用稀播繁殖的方法，每亩播种量可由 10 kg 降至 2 ~ 2.5 kg，繁殖系数可提高 4 ~ 5 倍；棉花采用育苗移栽的方法，每亩播种量 0.4 ~ 0.5 kg，繁殖系数可提高 6 ~ 7 倍。

2．剥蘖分植

具有分蘖特性的作物，如水稻等分蘖作物，可以提早播种，利用稀播培育壮秧、促进分蘖，再经多次剥蘖插植大田，加强田间管理，促使早发分蘖，可进行一次或多次剥蘖分植，扩大种植面积，提高繁殖系数。

3．营养繁殖

马铃薯、甘薯等无性繁殖作物可采用切块、分株（芽、苗）、分丛、扦插或多次分枝的方法，扩大种植面积，提高繁殖系数。

（1）切块法。马铃薯、甘薯等无性繁殖作物，可以通过切块法将块茎、块根分割成多个小块（每个小块至少保留一个芽眼），再通过育苗或直播，来提高繁殖系数。

（2）扦插法。即利用枝条、茎蔓等作为繁殖材料，通过扦插来扩大种植面积，提高繁殖系数。如甘薯、马铃薯等根茎类无性繁殖作物，除采用切块育苗增加苗数外，也可采用多级育苗法增加采苗次数，即采用多次切割、扦插繁殖的方法。

4．组织培养快速繁殖

植物的细胞具有全能性的特点，在人工培养条件下，可以把根、茎、叶、花、果实甚至种子的胚培养成完整的植株。采用组织培养技术，可以对许多植物进行快速无性繁殖。如甘薯、马铃薯可以利用茎尖脱毒培养进行快繁。利用组织培养还可以获得胚状体，制成人工种子，使繁殖系数大幅度提高。

（二）异地、异季加代繁殖

1．异地加代繁殖

利用我国幅员辽阔、地势复杂、气候差异较大的有利自然条件，进行异地加代，一年可繁殖多代。即选择光、热条件可以满足作物生长发育所需的某些地区，进行冬繁或夏繁加代。如我国常将玉米、水稻、棉花、豆类、薯类等春播作物（4～9 月份），收获后到海南省等地进行冬繁加代（10 月份至翌年 4 月份）的“北种南繁”；油菜等秋播作物，收获后到青海等高海拔高寒地区夏繁加代的“南种北育”；北方的冬麦到黑龙江等地春繁加代；北方的春小麦 7 月份收获后在云贵高原夏繁，10 月份收获后再到海南岛冬繁，一年可繁殖三代。

2．异季加代繁殖

利用当地不同季节的光、热条件和温室或人工气候室，在当地进行异季加代。例如南方的早稻“翻秋”（或称“倒种春”）和晚稻“翻春”；福建、浙江和两广等省把早稻品种经春种夏收后，当年再夏种秋收，一年种植两次，加速繁殖速度。广东省揭阳市用 100 粒国际 8 号水稻种子，经过一年两季种植，获得了 2 516 kg 种子。

【思考】

多次继代快速繁殖会产生什么不良的效应？试举例说明。

模块二　自交作物种子生产技术

一、小麦种子生产技术

小麦属于禾本科小麦属，自花授粉作物，其自交率在96%以上。小麦喜冷凉湿润气候，主要分布在北纬20°～60°及南纬20°～40°。小麦属于低温长日照作物，需经过一定条件的低温春化阶段和长日照条件的光照阶段才能开花结实。由于长期栽培，小麦对温光反应的类型较多，按照小麦品种通过春化作用所要求的温度和时间的不同，可分为冬性品种、半冬性品种和春性品种三类。根据对日照长短的反应可分为反应迟钝、反应敏感和反应中等三种类型。

（一）小麦花器构造和开花结实习性

1. 小麦花器构造

小麦为复穗状花序，由许多互生的小穗组成。穗长一般为7～12 cm。穗轴有明显的节段，每一节段上着生1个小穗。小穗由2个护颖和3～9朵小花组成，无柄，一般基部2～4朵小花发育良好，正常结实，上部小花退化。每朵小花有1枚内颖和1枚外颖，外颖的顶端有芒或无芒，中间有1枚雌蕊、3枚雄蕊。雌蕊由柱头、花柱和子房3部分构成，基部有两片鳞状浆片（图1-2-7）。柱头成熟时呈羽毛状分叉，容易接受花粉。雄蕊由花丝和花药两部分组成，花药未成熟时呈绿色，成熟时呈黄色。

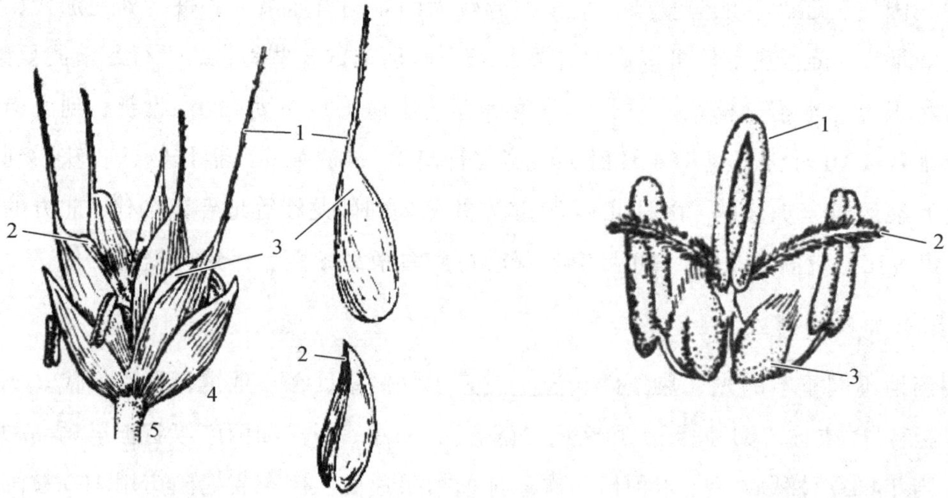

（a）

1—芒；2—内颖；3—外颖；4—护颖；5—穗轴节片

（b）

1—雄蕊；2—柱头；3—浆片

图1-2-7　小麦花器结构

2. 小麦开花结实习性

在正常情况下，小麦一般在抽穗后2～5 d开始开花，也有抽穗当天开花或抽穗5～10 d

才开花的品种。同一单株的开花顺序一般为先主茎后分蘖，分蘖穗按分蘖发生的先后次序开花；同一穗上，中上部的小穗先开花，然后向上向下依次开放；同一小穗上，基部的小花先开，然后向上相继开放。每朵小花从颖壳张开到闭合的时间为 15 ~ 30 min，单株开花时间持续 4 ~ 6 d，在花期内第二、三天开花最多。小麦的花昼夜均可开放，但上午 9:00 ~ 11:00 和下午 3:00 ~ 5:00 为开花高峰期。

小麦开花时，浆片迅速膨大，使内外颖张开，张开角度一般为 10° ~ 40°。在开颖的同时，花丝迅速伸长，把花药推出内外颖之外，此时花药开裂，部分花粉落在自己的花内进行授粉。开花后，浆片因失水而皱缩，内外颖闭合而至原来的位置，花药留在内外颖之外而柱头保持在花内。授粉后 1 ~ 2 h 花粉粒开始萌发，24 ~ 40 h 即可完成受精过程。在正常情况下，柱头保持生活力可达 8 d，但以开花后 2 ~ 3 d 受精能力最强。花粉寿命较短，一般在散粉后 3 ~ 4 h 就失去发芽能力。

小麦开花的最适温度为 20 ~ 25 °C，最适空气相对湿度为 70% ~ 80%。温度过高，或伴有干热风，受精结实率明显降低；雨水多、湿度大，则会延迟开花；空气湿度过大，花粉易吸水膨胀而破裂，失去受精能力。小麦从开花到成熟需 40 ~ 60 d。

【思考】

根据小麦的花器构造和开花结实习性分析，小麦适合杂交吗？

（二）小麦常规种子生产技术

小麦是典型的自花授粉作物，其后代群体遗传结构简单，基因型和表现型基本一致，繁育技术难度较小。种子生产中最主要的问题就是保持品种纯度，防止品种混杂退化。小麦品种混杂退化的原因主要有 5 个方面：机械混杂、生物学混杂、品种群体内残存异质基因型的分离、选择不当及自然突变等。品种发生混杂退化后，典型性降低，生长发育不一致，整齐度差，导致产量降低，品质下降。

1. 小麦原种生产

我国 2011 年颁布的《小麦原种生产技术操作规程》（GB/T 17317—2011），规定了小麦原种生产技术要求。该规程规定可利用育种家种子、三圃制、两圃制和株系循环法生产原种。近年来，又提出四级种子生产程序等方法，下面分别予以介绍。在实际种子生产中可根据原始种子来源、种子纯度和具体生产条件灵活运用。

（1）利用育种家种子直接生产原种

由育种家提供种子，将育种家种子通过精量点播的方法播于原种圃，进行扩大繁殖。育种家可一次扩繁 5 年用的种子，贮存于低温库中，每年提供相应的种子量，或由育种家按照育种家种子标准每年进行扩繁，提供种子。这种方法适用于刚开始推广的品种，由育成单位在保存育种家种子的同时，直接生产原种。该方法简单可靠，可以有效地保证种子纯度；但生产的种子数量一般较少，原种生产面积较大时，育种者很难提供足够多的种子。

（2）三圃制生产原种

三圃制是我国小麦原种生产的传统方法，也是目前小麦原种生产中应用最广泛的方法。

采用三圃制生产原种主要经过“单株（穗）选择、株（穗）行鉴定、株（穗）系比较、混系繁殖”四个环节，需经过“株（穗）行圃、株（穗）系圃、原种圃”三年时间完成，所以又称为三年三圃制。如果一个品种在生产上利用时间较长，品种发生性状变异、退化或机械混杂较严重，且又没有新品种代替时，可采用较严格的三年三圃制原种生产方法。

① 单株（穗）选择

a. 材料来源。单株（穗）选择是原种生产的基础，可在原种圃、入选的株（穗）行圃和株（穗）系圃、纯度较高的种子繁殖田、专门设置的稀条播种植的选择圃里进行单株（穗）选择，一般以原种圃为主。

b. 单株选择标准。小麦单株选择包括株选和穗选，株选分两步进行：抽穗至灌浆阶段，根据株型、株高、叶形、叶色、抗病性和抽穗期等进行初选，做好标记；成熟期再根据穗部性状、抗病性、抗逆性和成熟期等进行复选，淘汰不典型的单株。穗选在成熟阶段根据上述综合性状只进行一次选择。

c. 选株数量。选择数量由所建株行（穗）圃的面积而定，冬麦区每公顷需 4 500 个株行或 15 000 个穗行，春麦的选择数量可适当增多。田间初选数量应考虑复选、决选和其他损失，一般来说初选株数要比决选数多 50%。

d. 室内考种。对入选单株（穗）分株（穗）脱粒、考种，考查穗型、芒、护颖、粒形、粒色、粒质、籽粒饱满度七个项目，有一项不合格即行淘汰。中选单株（穗）按株（穗）编号保存。

② 株（穗）行圃

a. 种植方法。将上年入选单株（穗）的种子，在同一条件下按单株（穗）分行种植，建立株（穗）行圃。采用单粒点播或稀条播，单株播 4 行区，单穗播 1 行区，行长 2 m，行距 20 ~ 30 cm，株距 4 ~ 6 cm，按行长划排，排间及四周留 50 ~ 60 cm 的田间走道。每隔 9 或 19 个株行设一对照，四周设保护行和 25 m 以上的隔离区，对照和保护区均采用同一品种的原种。播前绘制田间种植图，按图编号、插牌、种植，严防错乱。

b. 田间鉴定选择。在整个生育期要固定专人，按规定的标准统一做好田间鉴定和选择工作。幼苗期初选，主要依据幼苗生长习性、叶色、生长势、整齐度、抗病性、耐寒性等进行；抽穗期复选，主要依据株型、叶形、抽穗期、抗病性、整齐度进行；成熟期决选，鉴定株高、穗部性状、植株整齐度、抗病性、抗倒伏性、成熟期、落黄性等。对不同时期发生的病虫害、倒伏等要记明程度和原因。

c. 收获、考种。在收获前，根据各期的观察记载资料进行田间综合评定，严格淘汰杂劣株（穗）行，选择符合原品种典型性的株（穗）行分别收获、打捆、挂牌。风干后按株（穗）行分别进行考种、脱粒。在室内考种时考查粒形、粒色、籽粒饱满度和粒质四个项目，符合原品种典型性的，分别称重。最终决选的株（穗）行分别装袋贮存。

③ 株（穗）系圃

将上年入选的株（穗）行种子按株（穗）行分别种植，建立株（穗）系圃。每个株（穗）行的种子播一小区，小区长宽比以 3 ~ 5 : 1 为宜，小区面积根据种子生产需要可设置 15 ~ 30 m^2 不等，基本苗在 8 万 ~ 12 万株每亩为宜。播种方法采用等播量、等行距、稀条播，每 9 个小区设一对照区。其他要求同株行圃。

田间观察记载和鉴定方法同株行圃。对典型性状符合要求但杂株率小于 0.1% 的株系，进行严格去杂后可以入选。各当选株系单独收获、脱粒、称重，并考察粒形、粒色、籽粒饱满度、粒质、千粒重和容重，分区计产，淘汰产量低于对照和籽粒性状不典型的株系。当选株系种子混合保存。

④ 原种圃

将上年入选株（穗）系的种子混合稀播于原种圃，进行扩大繁殖。一般行距 20 ~ 25 cm，播量 60 ~ 75 kg/hm^2，采用空间隔离时，原种圃四周 25 m 内禁止种植其他小麦品种。在抽穗期和成熟期依据品种的典型特征特性进行田间去杂去劣工作。在播种、收获、运输、晾晒和脱粒等过程中，严防机械混杂。收获的种子即为原种。

（3）二圃制生产原种

由于三圃制生产原种周期长，许多单位将三圃制简化为二圃制，省去了三圃制中的株系圃。采用二圃制生产原种，只经过单株（穗）选择、株（穗）行圃和原种圃，株行圃不单收单脱，而是严格去杂去劣，当选株行混合收获脱粒，直接种于原种圃生产原种。二圃制由于少繁殖一代，因此要生产同样数量的原种，二圃制就必须要增加单株选择的数量和株行圃的面积。二圃制生产原种时间短，但由于省去了一次分系比较的机会，所获原种纯度不及三圃制好。因此，二圃制只适用于混杂退化不严重的品种的提纯。

（4）株系循环法生产原种

“株系循环法”以育种单位的原种为材料，以株系（行）的连续鉴定为核心，品种的典型性和整齐度为主要选择标准，在保持优良品种特征特性的同时，稳定和提高品种的丰产性、抗病性和适应性。具体程序如图 1-2-8 所示。

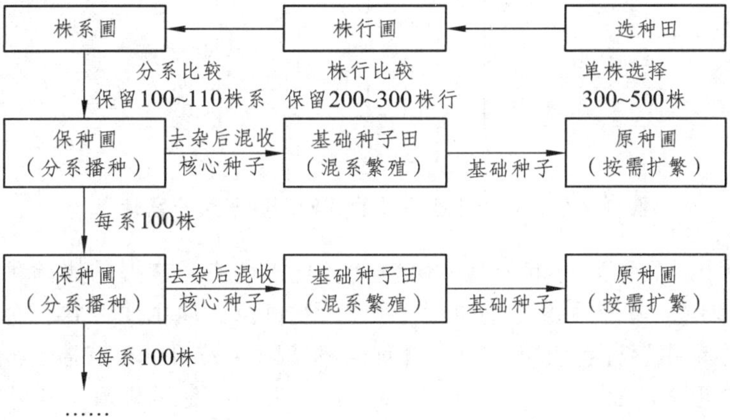

图 1-2-8　株系循环法生产小麦原种

① 建立株系圃。从新品种通过审定开始推广第一年起，就根据其特征特性进行单株选择。按育种单位提供的品种标准，从选种田选择株型、穗型、叶色、叶形、壳色、粒色、粒形、株高、成熟期等一致的单株 300 ~ 500 株；将当选单株分别种成株行，在出苗、分蘖、抽穗、成熟等不同生育时期进行田间观察，淘汰出现分离变异、整齐度差、生育期不一致、病虫害重及有其他明显缺陷的株行。成熟期进行田间决选，保留 200 ~ 300 个株行，分别收获、保存。

将上年当选株行分系播种，从苗期开始按照上年程序进行选择，对不符合要求的株系整系淘汰，成熟期进行决选，保留具有该品种典型特性、整齐度好、株高、生育期等一致的纯系 100～110 个，淘汰其余株系。

② 株系循环生产原种。将中选的 100 个左右纯系按品种典型性要求，每系保留 100 株左右，系内单株混合留种，作为下年保种圃用种；将各系剩余单株去杂后全部混收留种，称为核心种子。以后每年保种圃收获方法同上一季，照此循环。核心种子次季种于基础种子田，从基础种子田混收的种子称为基础种子。基础种子次季种于原种田，收获的种子即为原种。

株系循环法的优点：一是能保持种性，提高种子质量；二是能缩短生产周期，提高繁殖系数；三是能简化工序，提高经济效益。

（5）四级种子生产程序

“四级种子生产程序”是由河南省首创，并由国家小麦工程技术研究中心、中国农业科学院、中国农业大学和天津市种子管理站等先后参与并协作研究提出的。这种方法借鉴了世界上发达国家种子生产的“重复繁殖法”，并结合我国的种子生产实践，提出了“育种家种子→原原种→原种→良种”的四级种子生产程序。其技术操作规程如图 1-2-9 所示。

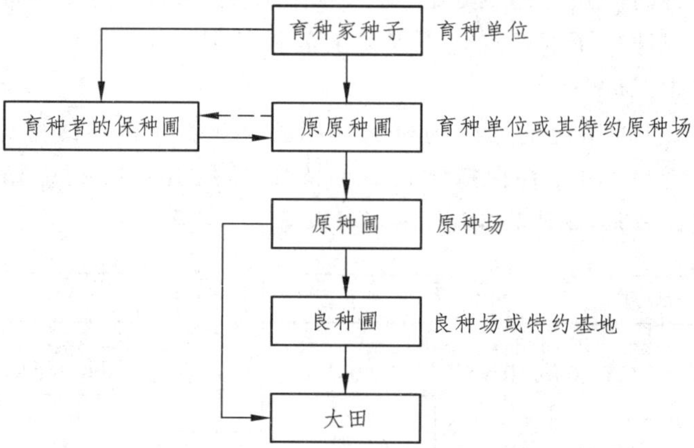

图 1-2-9　小麦常规品种的“四级种子生产程序”

① 育种家种子。品种通过审定时，由育种者直接生产和掌握的原始种子，世代最低，具有该品种的典型性，遗传性稳定，纯度 100%，产量及其他主要性状符合确定推广时的原有水平。其种子生产由育种者负责，通过育种家种子圃，采用单粒点播、分株鉴定、整株去杂、混合收获等规程生产而来。种子生产利用方式分为一次足量繁殖、多年贮存、分年利用，或将育种家种子的上一代种子贮存，再分次繁殖利用等。

育种家种子圃周围应设 2～3 m 隔离区。点播，株距 6～10 cm，行距 20～30 cm。每隔 2～3 m 设人行道，以便鉴定、去杂。此外，要设保种圃，对剩余育种者种子进行高倍扩繁，或对原原种再进行单粒点播、分株鉴定、整株去杂、混合收获的高倍扩繁，其他环节与育种者种子圃相同。

② 原原种。由育种家种子繁殖而来，或由育种者的保种圃繁殖而来，纯度 100%，比育种家种子低一个世代，质量和纯度与育种家种子相同。其生产由育种家负责，在育种单位或特约原种场进行。通过原原种圃，采用单粒点播或精量稀播种植、分株鉴定、整株去杂、混合收获。

点播时，株距 6 cm，行距 20 ~ 25 cm。若精量稀播，播种量每公顷 22.5 ~ 45 kg，每隔 2 ~ 3 m 留出 50 cm 走道，周围设 2 ~ 3 m 隔离区。

③ 原种。由原原种繁殖的第一代种子，遗传性状与原原种相同，质量和纯度仅次于原原种。通过原种圃，采用精量稀播方式进行繁殖。原种的种植由原种场负责，在原种圃精量稀播，每公顷播量为 37.5 ~ 52.5 kg，行距 20 cm 左右，四周设保护区和走道。在开花前的各阶段进行田间鉴定去杂。

④ 良种。现称大田用种，由原种繁殖的第一代种子，遗传性状与原种相同，种子质量和纯度仅次于原种。由基层种子单位负责，在良种场或特约基地进行生产。采取精量稀播，每公顷播量为 45 ~ 75 kg，要求一场一种或一村一种，严防混杂。

四级种子生产程序的优点：一是能确保品种种性和纯度，由育种者亲自提供种子，在隔离条件下进行生产，能从根本上防止种子混杂退化，有效地保持优良品种的种性和纯度，并且可以有效地保护育种者的知识产权；二是能缩短原种生产年限，原种场利用育种者提供的原原种，一年就可生产出原种，大大缩短原种生产时间；三是操作简便，经济省工，不需要年年选单株、种株行，繁育者只需按照原品种的典型性严格去杂保纯，省去了选择、考种等繁琐环节；四是能减少繁殖代数，延长品种使用年限，四级程序是通过育种家种子低温低湿贮藏与短周期的低世代繁殖相结合进行的，每个级别的种子只繁殖一代，能保证大田生产连续用低世代种子，有效地保持优良品种推广初期的高产稳产性能，相应地延长了品种使用年限；五是有利于种子品种标准一致化，以育种家种子为起点，种源统一，减轻因选择标准不一致而可能出现的差异。

2．小麦大田用种生产

小麦大田用种生产的原理和技术与原种生产相近，但其种子生产过程相对简单，可直接繁殖，提供大田生产用种。一般可根据需要建立一级种子田和二级种子田，扩大繁殖。种子田的大小根据所需种子的数量确定。

（1）一级种子田

用原种场提供的原种种子繁殖，或用从外地引入经试验确定为推广品种的种子繁殖。在建立原种圃的地区，除了定期用原种更新外，每年只在种子田中进行单株选择，入选株混合脱粒作为下年度种子田用种，其余植株经严格去杂去劣后混合脱粒作为生产田用种。在没有原种圃的地区，一级种子田也可种植从大田或丰产田中选出的优良单穗混合脱粒的种子。其具体程序如图 1-2-5 所示。

（2）二级种子田

当一级种子田生产的种子数量不能满足全部大田用种时，可建立二级种子田。二级种子田种子来源于一级种子田，其生产面积较大，有利于快速推广优良品种。生产过程中要注意去杂去劣，保证种子质量。其具体程序如图 1-2-6 所示。

小麦大田用种的繁殖和生产任务不亚于大田生产，为了尽快地繁殖大量的优良种子供大田生产使用，大田用种繁殖的栽培管理条件应优于一般大田，尽量增大繁殖系数，并保证种子的质量。适当早播、稀播，以提高种子田繁殖系数，一般实行稀条播，每公顷播种量 60 ~ 75 kg。在小麦的整个生育期中严格去杂去劣，以保证种子纯度。

【思考】

小麦大田用种生产时为什么要严防机械混杂，而不进行空间隔离？

(三)小麦杂交种种子生产技术

杂交小麦种子生产的途径主要有3种，即“三系法”(利用核不育或细胞质不育)、“两系法”(利用环境敏感型雄性不育)和“化杀法”(利用化学药剂杀雄)。目前，我国杂交小麦主要围绕“两系法”和“化杀法”两方面展开研究，且以两系杂交小麦研究最为突出。

1. 三系法

三系即不育系、保持系和恢复系。利用三系生产杂交种子一般需要设置两个隔离区：一个隔离区繁殖不育系和保持系，即以不育系为母本，保持系为父本，相间种植，不育系所结种子下代仍为雄性不育，供不育系继续繁殖或用以配制杂交种；保持系所结种子仍为保持系。另一个隔离区配制杂交种并繁殖恢复系，以不育系为母本，恢复系为父本，相间种植，通过恢复系给不育系授粉，不育系植株上生产的种子即为杂交种；恢复系上所结种子仍为恢复系，供下年配制杂交种用。

到目前为止，国内外先后育成了T型、K型、V型、S型、Q型等多种细胞质雄性不育系材料。其中研究较深入的是T型、K型和V型，对T型不育系的研究利用最为广泛深入，其不育胞质均来自于小麦的亲缘物种，恢复源少，可供筛选的组合有限，强优势组合筛选难度较大，由于细胞质负效应的存在，造成F_1种子皱瘪，发芽率低。经过多年研究，上述缺点已得到不同程度的解决。K型、V型不育系与T型不育系相比，具有育性稳定、恢复源广、不育细胞质效应弱、易保持、易恢复、种子饱满、发芽率高等优点。但是K型、V型不育系及其杂交种常常产生单倍体植株。虽然其恢复源较多，但一般恢复度较低，高恢复度的恢复系较少。由于三系的制备太费时间，在转育后影响配合力，制种成本高，而且杂交小麦新组合选择往往落后于常规育种，所以目前对三系杂交小麦的研究已较少。

2. 两系法

小麦的环境敏感型雄性不育包括细胞质光敏雄性不育、温光敏或光温敏核不育和核质互作光温敏雄性不育三大类。第一类始于20世纪70年代末期山羊草属D^2型细胞质光敏雄性不育材料在日本的发现；第二类始于1992年我国湖南农业大学何觉民等育成的小麦光温敏核不育系ES系列，和重庆市作物研究所谭昌华等育成的小麦温光敏核不育系C49S及C86S；第三类主要由K型不育系改造而来。

利用环境敏感型雄性不育系配制杂交种时，只有不育系和恢复系，所以称为“两系法”。目前，在四川、重庆、云南、湖北等地应用温光敏或光温敏核不育已经选育出了一系列的两系杂交种并在生产上推广，对小麦增产做出了贡献。该技术体系已成为目前进展最快、最有发展前途的小麦杂种优势利用途径之一。

下面介绍光温敏或温光敏两系法杂交小麦种子生产程序，其包括不育系种子和恢复系种子生产及杂交种种子生产。

（1）不育系种子生产

小麦光温敏或温光敏核不育系的种子繁殖按“核心种→原种→大田用种”的程序进行，包括核心种种子生产、原种种子和大田用种种子生产两部分。用育种家种子（核心种）繁殖1～3代的种子为原种，用原种繁殖1～3代的种子作为配制杂交种的大田用种。

① 核心种种子生产

核心种是不育系种子生产的基础。对于新育成的不育系，不育系核心种就是育种家种子。核心种也可通过以下两种方法获得。

a. 表型提纯：在不育系不育性充分表达的条件下，种植1 000株以上不育系原种，开花期选株进行花粉育性镜检，选择花粉败育类型全为典败或圆败型植株［图1-2-10（a）］，剪除主茎和主要分蘖穗，进行浇水、施肥，使植株重新长分蘖穗，收获种子；经一次套袋繁殖后，再次在不育系不育性充分表达的条件下逐株镜检，保留全为典败或圆败型植株，从再生分蘖穗收获种子，混合套袋繁殖后，在长日高温（可育）条件下逐株镜检，保留花粉碘染率高于90%的植株并逐穗套袋，收获的种子即为不育系核心种。

b. 遗传提纯：将表型提纯的不育系核心种通过花药培养或小麦玉米杂交途径培育成单倍体，然后进行染色体加倍得到不育系的双单倍体（DH系）。将DH不育系种子在套袋或严格隔离条件下繁殖成DH株系，对各DH株系分别在不育和可育条件下进行花粉镜检，保留在不育条件下花粉全为典败或圆败、可育条件下花粉碘染率高于90%的DH株系，作为不育系核心种。

两种方法相比，遗传提纯的不育系核心种育性更稳定，可繁殖更多世代，而且一次提纯扩繁后可长期保存，分批使用。

② 原种和大田用种种子生产

选地与种植要求：光温敏或温光敏不育系是短日低温不育、长日高温可育，因此在正季冬播表现不育，而在异地（高温生态区）或异季（夏播或冬播推迟播种）播种育性部分或完全恢复，实现不育系种子繁殖。因此，不育系种子生产过程一定要根据多年试验，选定适合的地区和播种期来进行种子繁殖，除满足育性敏感期育性恢复的温光条件（长日高温）外，还要注意所选地块前茬未种植过小麦及其亲缘植物，繁殖区四周300 m范围内无小麦种植［图1-2-10（b）］。

田间管理：抽穗后开花前严格去杂2次以上，收获前再去杂1～2次；收、脱、晒、贮、运过程中严防混杂。

（2）恢复系种子生产

恢复系的种子生产，除注意隔离和严格去杂去劣外，其他程序和技术要求与常规品种种子生产完全相同。

（3）杂交种种子生产

① 安全制种区和制种点选择。根据温光敏或光温敏核不育系对温度和光照的要求，首先参照各地多年的气象资料确定候选制种区，然后在这些区域进行连续2年以上的不育系分期播种试验，明确不育系在各区域的不育期，不育期达到25～30 d以上的区域才能作为安全制种区；安全制种区确定后再选择适宜的制种点，制种点要求地势开阔、平坦，土壤肥力中等以上，前茬未种过小麦及其近缘作物，有良好的排灌条件和隔离条件。制种田最好采用空间隔离，或者制种田周围100 m以内禁止种植除恢复系以外的其他小麦品种。

② 确定最佳播种期。根据不育系连续 2 年以上的分期播种试验结果，套袋自交结实率 < 5% 的起止播期范围即为该区域制种的适宜播期。最佳播期的确定有两种方案：一是以适宜播期范围的中间值为界，中间值以前的适宜播期范围即为最佳播期，如昆明的适宜播期为 10 月 15 日至 11 月 10 日共 26 d，其中值为 13 d，则昆明制种的最佳播期即为 10 月 15 日至 10 月 28 日，另外 13 d 作为育性“缓冲期”，以保证制种中极少数不育系植株因出苗或栽培管理等原因而产生的过多分蘖穗的不育度≥95%；二是根据分期播种结果，以能保证 99% 以上的分蘖穗的不育度≥95%的播期为界限，在此之前的适宜播期即为最佳播期，之后为育性“缓冲期”。如不育系 K78S 第 6 个分蘖穗的抽穗期与主穗相差 6 ~ 7 d，因此在制种中要求育性“缓冲期”，至少为 10 d 以上。

③ 确定行比、行向。不同杂交小麦品种由于涉及的不育系和恢复系综合性状及生态类型的差异，最佳行比要根据实际情况确定。根据杨木军（2006）对杂交小麦云杂 5 号制种研究发现，不育系和恢复系行比为 6∶2 时制种产量最高［图 1-2-10（c）］。任勇等（2011）对绵杂麦 168 制种时发现不育系和恢复系最佳行比为 5∶1 或 6∶1 时制种产量最高。

为充分利用自然风辅助授粉，播种时尽可能使种植行向与当地开花时最常见的风向垂直。

④ 确定父母本的播种量和群体结构。主要根据制种区自然生态条件下每 667 m^2 最终所能容纳的有效穗数、父母本的分蘖成穗情况、父本的花粉量等来确定。例如，对云南省近 20 年的小麦区域试验结果分析表明，除丽江高海拔地区外，云南的自然生态条件能容纳的小麦有效穗数极少超过 $30 \times 10^4/667\ m^2$，因此制种时母本和父本的基本苗一般分别为 $(8 \sim 9) \times 10^4/667\ m^2$ 和 $(3 \sim 4) \times 10^4/667\ m^2$；最终有效穗数分别为 $(20 \sim 25) \times 10^4/667\ m^2$ 和 $(7 \sim 8) \times 10^4/667\ m^2$。任勇等（2011）研究发现，四川绵杂麦 168 在不育系基本苗为 14 万株/667 m^2 时制种产量最高。

目前杂交小麦制种中均为父母本同期播种。在播种时要牢记不育系行种植不育系种子、恢复系行种植恢复系种子，慎防出错。

⑤ 人工辅助授粉。当 10% 以上的母本穗处于开花期时，每天安排专人进行人工赶粉［图 1-2-10（d）］。赶粉在露水干后进行，一般在上午 9:00 ~ 11:00、下午 14:00 ~ 15:00 各赶粉 1 ~ 2 次，持续 5 ~ 7 d，具体时间根据父本开花习性确定。

⑥ 肥水管理。播种后及时浇灌出苗水，确保一次性齐苗，以后除施肥结合灌水外，视苗情、墒情而定，但母本始穗期最好灌水一次，以促进柱头外露，延长柱头生活力，提高异交结实率和制种产量。

⑦ 去杂。抽穗前严格去杂 2 次，收获前再去杂 1 ~ 2 次。

⑧ 收获。九成黄十成收。先收父本，后收母本。父母本分收、分脱、分晒、分贮，严防混杂。

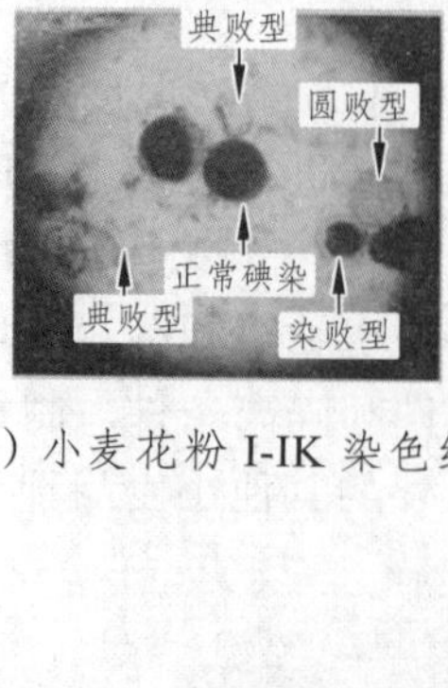

（a）小麦花粉 I-IK 染色结果

（b）温光敏不育系 K78S 大田用种种子生产

（c）杂交小麦云杂5号制种田，不育系和恢复系行比为6∶2

（d）两系法制种时人工辅助赶粉（昆明，2010年）

图1-2-10　小麦花粉和亲本繁殖及杂交种制种（云南省农业科学院杨木军提供）

3．化学杀雄法

小麦化学杀雄是指利用适当浓度的某种化学药剂，在小麦的一定生育时期对母本穗部进行处理，杀伤雄蕊而不损雌蕊，从而产生雄性不育。用来杀伤农作物雄配子或阻碍雄性花器发育的化学药物，称为化学杀雄剂。其原理是雌雄配子对各种化学药剂有不同的反应，雌蕊比雄蕊抗药性强，利用适当的药物浓度和药量可以杀伤雄蕊而对雌蕊无害。受到药物抑制的雄蕊，一般表现花药变小，不能开裂，花粉皱缩空秕，内部缺乏淀粉，没有精核，失去受精能力。通过化学杀雄技术利用小麦杂种优势的优点在于：① 不需要培育不育系和恢复系。生产杂交种时只需要将父母本材料相间种植，在生长发育的一定时期用化学杀雄剂处理母本植株，再进行授粉，就可以得到杂交种。② 亲本选配自由，出强优势组合快。常规育种中出现的强优势组合可直接用来配制化学杀雄杂交种，迅速用于生产，几乎无时间上的滞后。③ 能确保稳产、高产。由于化学杀雄法是直接利用当地或异地推广品种组配杂交种，不涉及复杂的恢保关系，因而杂交组合不存在因恢复力不强而影响杂种一代结实率的问题。化学杀雄强优势组合亲本多是常规品种大田用种，即使诱导的雄性不育性不十分彻底，以致杂种纯度不高，但其母本至少也保持原品种的产量而不致减产；即使出现花期不遇，根据情况也可将父母本对调使用或者不喷药，也可得到原品种的收成，作为粮食生产。因此，小麦化学杀雄法的风险性小。④ 种子生产程序简单。与三系法相比，该方法简便、环节少，易于掌握；与光温敏两系法相比，该方法在当地小麦正常生育季节进行即可，不需要异地或异季的特殊环境条件。因而，只要选择出配合力高、性状互补的强优组合，就可以在短时间内生产足够数量的F_1代种子。化学杀雄法的种子生产程序如图1-2-11所示。

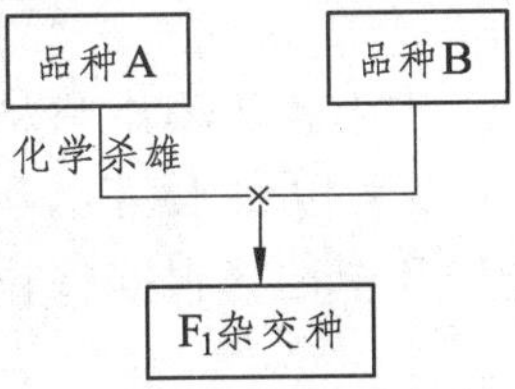

图1-2-11　化学杀雄法生产小麦杂交种示意图

由于小麦的分蘖力较强，其用药时期的把握有一定难度，不同品种和用药时的环境条件对杀雄效果也有一定的影响，因此化学杀雄法制种的关键在于化学杀雄剂的筛选和使用。一种理想的化学杀雄剂应具备以下特点：① 能导致完全或近于完全的雄性不育，而不影响雌蕊的正常发育和育性，不产生其他不良效应。② 与基因型和环境的互作效应小，即对不同品种在不同地点和年份均能诱导雄性不育。③ 具有较长的有效施用时期，即主穗和分蘖穗发育不同步时，一次施用均可诱导雄性不育，便于生产上大面积施用。④ 无药害，无残留，使用安全，价格低廉等。目前国内外研究的杀雄药剂很多，如国外的小麦化学杀雄剂RH0007、WL84811、LY195259、SC2053、GENESIS、MON21200和HYBREX，国内的小麦化学杀雄剂BAU-1、

BAU-2、EK、ES、XN8611 等。目前使用较广泛的小麦杀雄剂有 SC2053、GENESIS 和 BAU-2。

采用化学杀雄剂配制杂交种时，其花期相遇技术、父母本行比的确定、人工辅助授粉等措施基本上与两系法相同，去杂保纯技术也可参照两系法，但还要注意拔除杀雄不彻底的植株和分蘖穗。采用化学杀雄剂配制杂交种，其关键技术是化学杀雄剂的使用，不仅要选择最佳喷药时期，同时要考虑药剂对不同品种的敏感性，以提高杂种纯度。以下分别介绍 SC2053、GENESIS 和 BAU-2 的使用。

（1）SC2053。SC2053 是美国 Sogetal 公司和天津市农作物研究所合作筛选的一种新型化学杀雄剂，1994 年 1 月 SC2053 在中国农业部农药检定所获准登记，为我国第一个小麦化学杀雄剂，商品名称为“津奥啉”，登记号：LS94001。天津市农作物研究所利用津奥啉，以“津麦 2 号”为母本，“北京 837”为父本配制出杂交小麦“津化 1 号”，1997 年通过天津市品种审定委员会审定，成为我国第一个通过审定的化杀杂交小麦新品种。SC2053 的喷药时期为小麦雌雄蕊形成期至药隔期（此时期形态指标为主茎幼穗长 1 cm 左右），用量 0.5 ~ 0.7 kg/hm^2，杀雄率可达到 100%，并且杀雄后母本异交特性改善，异交结实率可高达 80% 以上。缺点是喷药操作要求很严格，否则会引起药害。

（2）GENESIS。GENESIS 是美国 Monsanto 公司的产品，该杀雄剂的优点是喷药浓度弹性较大，不易造成药害，且杀雄彻底。其缺点是喷药时期较晚（孕穗期），不便于机械化作业。

（3）BAU-2。由中国农业大学研制，适宜喷药期为雌雄蕊原基分化至花粉母细胞形成时期（此时期外部形态为基部第 2、3 节间伸长期），适宜的喷药剂量为 1 ~ 2 kg/hm^2。中国农业大学的研究结果表明，BAU-2 的杀雄率可达 95% ~ 100%，最高自然授粉结实率可达 60%，最高人工授粉结实率可达 78.5%，并且可在植株体内各分蘖间进行运输。其缺点是对种子有一定影响，如果喷药处理不当，尤其喷药量偏高，会明显降低结实种子的千粒重和发芽率。BAU-2 的化学杀雄效果取决于品种、施药量和施药时期，且三者之间存在显著的互作效应。

【思考】

目前在生产上推广的小麦品种，是常规品种多还是杂交种多？为什么？

二、水稻种子生产技术

水稻属于禾本科稻属，自花授粉作物，自然异交率一般在 1% 左右。根据生态地理分化特征，可以将水稻分为籼稻和粳稻；根据水稻品种对温度和光照的反应特性，可以分为早稻、晚稻和中稻；根据籽粒的淀粉特性，可以分为非糯稻和糯稻。

（一）水稻花器构造和开花结实习性

1. 水稻花器构造

稻穗着生在茎的顶端，为圆锥花序，由主轴、枝梗、小枝梗、小穗组成。每个小穗由基部的两片退化颖片（副护颖）、小穗轴和 3 朵小花构成。3 朵小花中只有顶端一朵能正常发育，其下两朵退化，仅留下外稃，一般称为护颖（颖片）。一朵正常小花由内稃、外稃、2 个浆片、

1 枚雌蕊及 6 枚雄蕊组成（图 1-2-12）。浆片着生在子房和外稃之间，是一对卵形肉质物。雄蕊着生在子房基部，由花丝和花药组成。雌蕊位于小花的中央，由子房、花柱、柱头三部分组成，柱头二裂成羽毛状，无色或呈紫色。

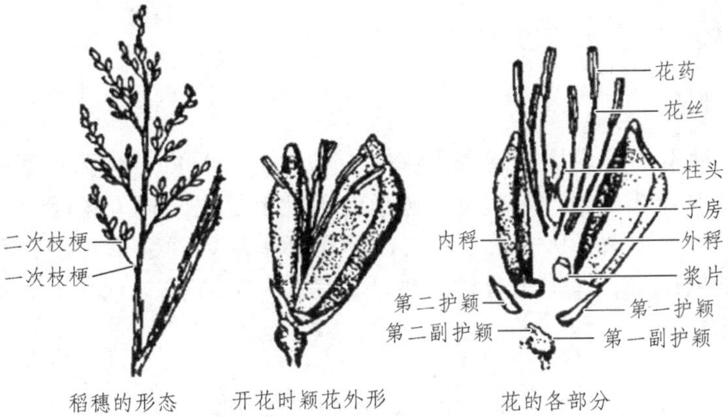

图 1-2-12 水稻的花器结构

2．水稻开花结实习性

每一稻穗自顶端小花露出剑叶叶鞘至全部抽出需 3～4 d 。早、中稻在稻穗抽出叶鞘的当天或 1～2 d 后陆续开花，花期较快而集中，开花后的第 2～3 d 为盛花期；晚稻开花较慢且分散，开花后的第 4～5 d 为盛花期。一个稻穗的花期为 5～7 d。同一植株上一般主茎穗先开花，然后一次分蘖穗、二次分蘖穗依次开花。一个稻穗的开花顺序是最上部枝梗的小花先开，而后依次向下陆续开放。一个枝梗上各小穗的开花顺序是顶端的小花先开，其次是着生在枝梗基部的小花开放，而后由下向上依次开放，即顶端第二朵小花最后开放。

每朵小花自内、外稃开始张开到闭合称为开花。在内、外稃开始张开的同时，花丝快速伸长，花药破裂，大量花粉散落到同一朵花柱头上。一朵花开花的时间在 60～90 min，雄性不育系开花时间可达 180 min 以上。内、外稃开张角度为 18°～30°。开花后一般 2～3 min 花药伸出，5～6 min 花丝伸长，7～8 min 开始散粉，10 min 后散粉完毕。花粉粒落在柱头上 1.5～3 min 花粉管萌发，30 min 后花粉管进入胚囊，1.5 h 左右开始受精，6～7 h 完成受精，子房开始生长。在田间自然条件下，花粉散出后 3 min，生活力降低一半，5 min 后，绝大部分死亡，10～15 min 后完全丧失受精能力。开花时，多数花药可伸出稃壳，羽毛状柱头略微展开，部分柱头可伸到稃壳外面，有的在开花后仍留在外边，称柱头外露。柱头外露的小花占小花总数的百分比称为柱头外露率。水稻不育系柱头外露率的高低与制种产量密切相关。柱头受精能力以开花当日最高，次日明显减退，开花后 3 d 几乎丧失了受精能力。

水稻在一天内的开花时间因品种和地区而异，籼稻早于粳稻，早稻早于晚稻，平原、丘陵地区早于高寒和高海拔地区开花。籼稻开花通常在上午 8:00～12:00，以 9:00～11:00 开花最盛，粳稻开花比籼稻晚 1～2 h。

水稻开花的最适温度为 25～35 °C，最高温度约为 40 °C，最低为 15 °C。最适相对湿度为 70%～80%。在天气晴朗、气温适宜的条件下，有利于开花；而在阴雨连绵、气温偏低的条件下则开花推迟，甚至不开花而闭颖授粉。

【思考】

根据水稻的花器构造和开花结实习性分析，水稻适合杂交吗？试加以说明。

（二）水稻常规种子生产技术

1. 水稻原种生产

根据《水稻原种生产技术操作规程》（GB/T 17316—2011），我国水稻原种生产采用以下三种方法：① 改良混合选择法，即在单株选择的基础上建立三圃（株行圃、株系圃、原种圃）或二圃（株行圃、原种圃）；② 株系循环法，即选择单株、建立保种圃、基础种子田和原种圃；③ 育种家种子繁殖法，即采用育种家种子繁殖第一代至第三代。下面主要介绍改良混合选择法原种生产技术。

（1）单株选择

① 种子来源。在育种家种子繁殖田、株系圃、原种圃或纯度高的种子生产田选取。有条件的可在专门设置的选择圃中选择。

② 选择原则。当选单株应该符合原品种的典型性、一致性、稳定性，包括 “四型”即株型、叶型、穗型、粒型；“五色”即叶色、叶鞘色、颖色、稃尖色、芒色；生育期；稻米外观品种。

③ 选择时期及方法。抽穗期进行初选，成熟期逐株复选，收获后室内决选。

齐穗期初选：主要根据齐穗期、株高、株型、叶型、穗型、叶色、叶鞘色、颖色、稃尖色、芒的有无和芒色等进行初选，做好标记，不在边行或缺株周围选择。

成熟期复选：主要根据成熟期、株高、有效穗、整齐度、株型、叶型、穗型、粒型、叶色、颖色、稃尖色、芒的有无和芒色、抗倒性、熟期转色等进行复选。

室内决选：入选单株连根拔起，分株扎把、挂藏干燥后主要根据株高、穗长、穗粒数、结实率、粒型、千粒重、稻米外观品质等性状进行决选。

④ 当选株处理。当选单株分别编号、脱粒、装袋、晾晒、收藏。严防株间混杂和鼠、虫危害及霉变。

⑤ 选择数量。按照下季计划的株行数量及原种圃面积而定。田间初选数量应比决选数量多一倍。一般每公顷株行圃需决选 2 000 个左右的单株。

（2）株行圃

将上年当选的各单株种子，按编号分系种植，建立株行圃，对后代进行鉴定。

① 田间设计。绘制田间种植图，各单株按编号顺序排列，分区种植，逢 10 设 1 对照。秧田每个单株各播一个小区，小区间留间隔；本田每个单株种植成一个小区，小区长方形，长宽比为 3∶1 左右，各小区面积、移栽时间、栽插密度应一致，确保相同的营养面积，区间留走道，单本栽插，四周设同品种保护行（不少于 3 行）。田间隔离要求亚种内距离不少于 20 m，亚种间不少于 200 m；时间隔离要求扬花日期错开 15 d 以上。

② 田间管理。播种前种子应经药剂处理，所有单株种子（包括对照种子）的浸种、催芽、播种，均应在同一天完成；拔秧移栽时，一个单株秧苗扎一个标牌，随秧运到大田，按田间设计图栽插，并按编号顺序插牌标记，各小区应在同一天栽插。本田期肥水运筹、病虫防治等管理措施应一致。

③ 观察记载。

秧田期：播种期、叶姿、叶色、整齐度。

本田期：分蘖期记载叶色、叶姿、叶鞘色、分蘖力、整齐度、抗逆性；抽穗期记载始穗期、齐穗期、抽穗整齐度、株型、穗型、叶色、叶姿；成熟期记载成熟期、株高、株型、穗数、穗型、粒型、颖色、稃尖色、芒有无、芒的长短、整齐度、抗倒性、熟期转色，目测丰产性。

田间观察记载应固定专人负责，按株行进行记载，做到及时准确。发现有变异的单株要及时去除，有变异的株行要及时淘汰，并做记录。

④ 选择标准。当选株行区应具备本品种的典型性，株行间性状表现一致，齐穗期、成熟期与对照相比，在 ± 1 d 范围内，株高与对照相比，在 ± 1 cm 范围内，植株、穗型整齐度好。

⑤ 收获方法。

根据各期的观察记载资料，在收获前进行田间综合评定。当选株行区确定后，将保护行、对照小区及淘汰株行区先行收割，并逐一对当选株行区进行复核，分区收割。各行区种子单脱、单晒、单藏，挂上标签，严防鼠、虫等危害及霉变。如采用“二圃制”，则将株行区种子混合收割、脱粒、贮藏。

（3）株系圃

将上季当选的各株行种子分区种植，建立株系圃。各株系区的面积、栽插密度应一致，并采取单本栽插，逢 10 设 1 个对照。其他要求及田间观察记载同株行圃。当选株系应具备本品种的典型性、株系间的一致性，整齐度高，丰产性好。各当选株系混合收割、脱粒、收藏。

（4）原种圃

将上季混收的株系（株行）圃种子建立原种圃，扩大繁殖。原种圃要集中连片，隔离要求同株行圃。原种圃主要技术措施是：稀播培育壮秧；大田采取单本栽插；增施有机肥，合理施用氮、磷、钾肥，促进秆壮粒饱；及时防治病、虫、草害，防止倒伏。在各生育阶段进行观察，及时拔除病、劣、杂株，并携出田外。

2. 水稻大田用种生产

育种单位或种子部门提供的原种，一般数量较少，需有计划地扩大繁殖原种各代种子，以迅速生产出大量种子供大田生产。承担生产任务单位应根据需种量，确定采用一级种子田或二级种于田。

（1）建立种子田

建立种子田是水稻防杂保纯的有效措施。种子田应选择阳光充足、土壤肥沃、土质均匀、排灌条件好、耕作管理方便的田块。同一品种的种子田应成片种植，相邻田块种植同一品种。在与其他品种相邻种植时，田边 2 m 范围内的稻谷不得作为种子使用。采用二级种子田繁殖程序的，一级种子田设在二级种子田中间，以防止品种间天然杂交。

① 一级种子田。在原种繁殖田中选择典型单株，混合脱粒，作为第二年种子田用种，余下的去杂去劣，作为第二年大田生产用种。

② 二级种子田。在一级种子田中选株、混合脱粒，供下一年一级种子田用种，其余的去杂去劣，作为二级种子田用种。二级种子田经去杂去劣，供大田生产用种。在需种数量较大、一级种子田不能满足需要时，才采用二级种子田。

水稻繁殖系数在单本栽插的条件下为250～300倍。二级种子田面积占大田面积的2%～3%，一级种子田约占二级种子田的0.4%。

（2）加强田间管理

播前采用晒种、拌药或包衣等种子处理措施。提高播种质量，做到稀播（180～225 kg/hm^2）、匀播，培育多蘖壮秧。加强田间管理，合理施用氮肥，增施磷、钾肥，以提高制种产量。注意防治病虫害。

（3）严格去杂去劣、防止机械混杂

种子田应分期多次去杂去劣。在抽穗期，根据原品种的主要特征特性，成熟期再根据转色、空壳率、抗性等进行复选，淘汰不良单株。选择株数视所需种子量而定，一般供1 hm^{2}种子田繁殖约需要900株。另外，在种子加工、贮藏、销售过程中以及种子处理等工作环节中，均要严防机械混杂。收时做到“五单”，即单收、单运、单打、单晒、单藏，以防止机械混杂，确保种子质量。

【思考】

水稻大田用种生产时为什么要严防机械混杂，而不进行空间隔离？

（三）杂交稻种子生产技术

我国是国际上最先推广应用杂交水稻的国家，在水稻杂种优势利用上处于国际领先地位。我国杂交水稻的研究始于1964年，1973年实现杂交水稻三系配套，近年又成功研制出两系杂交水稻，并逐步完善了两系杂交水稻的种子生产体系。目前，水稻F_1杂交种种子生产主要采用“三系法”和“两系法”。

1．“三系法”杂交水稻种子生产

杂交水稻的三系是雄性不育系（A）、雄性不育保持系（B）、雄性不育恢复系（R）的总称。“三系法”生产F_1种子每年需要2个隔离区，1个用于不育系繁殖，1个用于F_1制种。把不育系与其保持系按一定行比种植，保持系花粉授给不育系，从不育系植株上收获的种子依然为不育系，用于下年F_1制种以及不育系繁殖；把不育系与其恢复系按一定行比种植，恢复系花粉授给不育系，从不育系植株上收获的就是F_1种子，用于大田生产。保持系和恢复系的繁殖一般是单设隔离区进行。“三系”的繁殖与制种过程如图1-2-13所示。

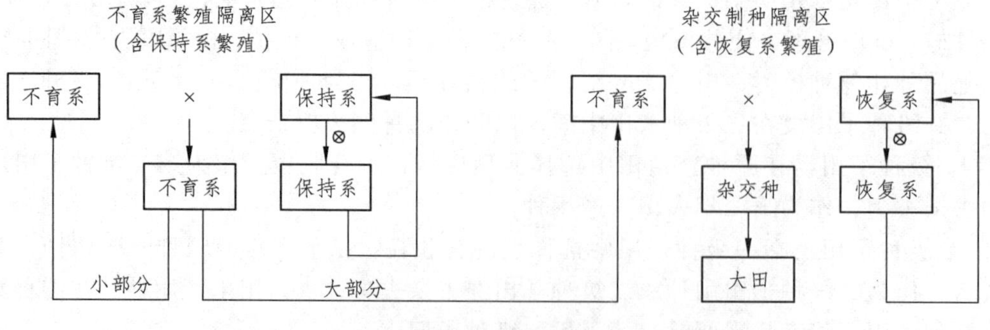

图1-2-13 “三系”的繁殖与制种示意图

（1）制种田选择及安全隔离

制种田应选择集中连片、便于隔离，排灌方便、阳光充足、土壤肥沃，无检疫性水稻病虫害的地块。

采用空间隔离时，制种田周围 50 m 内，除父本外不能种植其他任何水稻品种；在风力较大的平原地区需隔离 100 m。采用时间隔离时，要保证制种田周围其他水稻品种的抽穗扬花期早于制种田 20 d 以上，或晚于制种田 25 d 以上。在繁殖田周围种植同一保持系，在制种田周围种植同一恢复系，这样不仅可以起到隔离作用，而且可以扩大父本花粉的来源，有利于提高异交结实率。

（2）适时播种与花期相遇

杂交稻制种，父母本花期是否相遇和开花时的天气如何，是制种成败的关键。

① 适宜花期

最佳抽穗扬花期一般是根据当地的气候特点、父母本的生育特性及其对气候条件的要求来确定。制种田安全抽穗扬花应具备以下条件：一是父母本抽穗扬花期间日平均温度在 24 ~ 28 °C，昼夜温差 8 ~ 9 °C，同时日照充足，并有微风；二是扬花期每天 11:00 ~ 14:00 的穗部温度在 28 ~ 32 °C，田间相对湿度为 70% ~ 85%；三是不能有连续 3 d 以上平均气温低于 23 °C 或高于 35 °C 的天气，不能有连续 3 d 以上的阴雨天气及长时间的暴风雨。

② 父母本花期相遇

理想的花期相遇，是指双亲“头花不空、盛花相逢、尾花不丢”，其关键是盛花期相遇。安排好父母本播种相差的时间（简称“播种差期”）是保证花期相遇的前提。目前，三系杂交稻制种所用母本不育系大多由我国长江中、下游的早稻品种转育而成，生育期短，而所用恢复系多为中晚稻型，生育期长，两者生育期相差较大。为了使不育系和恢复系同期抽穗开花，就要根据两个亲本从播种到始穗所需时间的差异，适当调节父母本的播种期。通常是先播父本，后播母本。

确定父母本播种差期的方法有时差法、叶差法和温差法。一般原则是差期定大向，积温作参考，叶龄是依据。通常在气温不太稳定的春季制种时，多采用叶差法，参考温差法和时差法；在气温比较稳定的秋季制种时，多采用时差法，参考叶差法和温差法。

a. 时差法。根据历年父母本各自从播种到始穗经历的天数（简称“播始历期”），再以父母本最佳始穗期向前倒推出父母本的播种期。用父本的播始历期减去母本的播始历期所得的差值，即是该组合父母本的播种差期。如汕优 63 组合，在合肥地区制种，始穗期一般在 8 月 10 日为宜。根据历年的资料，父本明恢 63 的播始历期约为 105 d，由此从 8 月 10 日向前推算 105 d，其播种期应在 4 月 27 日前后为宜。母本珍汕 97A 历年播始历期约为 62 d，该组合父母本的播种差期为 105 − 62 = 43（d），即在父本播种后 43 d 左右播种母本，即母本播期在 6 月 9 日前后。

b. 叶差法。叶差即为迟播亲本播种时早播亲本的叶龄，对水稻杂交制种来说，就是母本播种时父本的叶龄数。叶差法是以父母本主茎总叶数及其出叶速度为依据推算播种差期的。父母本主茎总叶数及其出叶速度一般比播始历期更为稳定。在两者主茎总叶数差的基础上，还应考虑因父母本播期不同造成的出叶速度的差异。

$$\text{叶差}=\frac{\text{时差}}{\text{迟播亲本播种前早播亲本的出叶速度（天/叶）}}$$

以汕优 63 组合在合肥地区制种为例，母本珍汕 97A 播种前这段时间，父本明恢 63 平均每出 1 片叶约需 4.6 d，代入上式得出两者的叶差为 9.3 叶左右（43/4.6），即在父本 9.3 叶左右时播母本。在时差和叶差的关系上一般原则是：时到稍等叶，叶到不等时。

采用叶龄法最重要的是要准确观察记载恢复系的叶龄，做到定点、定株、定时和定专人进行观察记载。一般设 3 ~ 5 个点，每个点定株 15 ~ 20 株，从主茎第一片真叶开始记载，每 3 d 观察一次，以第一期父本为准，每次观察记载完后计算平均数，作为代表全田的叶龄。

叶差法对同一组合在同一地域、同一季节基本相同的栽培条件下，不同年份制种较为准确。但同一组合在不同地域、不同季节制种叶差值有差异，因此，叶差法的应用要因时因地而异。

c. 温差法。亲本在不同年份、不同季节种植，尽管生育期有差异，但其播种到始穗期的有效积温相对稳定。温差法就是以父本和母本从播种到始穗所需有效积温的差值来确定播种差期。其方法是：以历年父本与母本从播种到始穗所需的有效积温之差为当年制种父母本播种差期的依据，即当父本播种后达到这一有效积温差数时再播母本。例如在某地，汕优 63 的父本明恢 63 从播种到始穗的有效积温为 1 186 °C，珍汕 97A 从播种到始穗的有效积温为 940 °C，两者之差为 246 °C。在制种时，当父本明恢 63 播种后有效积温达到 246 °C 左右时再播母本珍汕 97A 为宜。

（3）培育适龄分蘖壮秧

制种田的不育系和恢复系都是采用单株种植，特别是不育系，多为早熟品种，营养生长期短，有效分蘖期更短。因此，培育适龄分蘖壮秧，使移栽后能够早生快发，父母本在短时间内能够达到足够苗数，保证将来有较多的有效穗数，对制种高产有十分重要的作用。

① 壮秧的标准

壮秧标准一般为：生长健壮，叶片清秀，叶片厚实不披垂，基部扁薄，根白而粗，生长均匀一致，秧苗个体间差异小，秧龄适当，无病无虫。移栽时，母本秧苗达 4 ~ 5 叶，带 2 ~ 3 个分蘖；父本秧苗达到 6 ~ 7 叶，带 3 ~ 5 个分蘖。

② 培育壮秧的主要技术措施

确定适宜的播种量，做到稀播、匀播。稀播、匀播可使秧苗个体有均匀的营养面积和空间，使秧田通风透光、增多日照，提高秧苗的光合速率。这对促进地上部分和地下部分均衡生长，增加养分积累，群体生长整齐一致，减少个体间的差异都有很明显的作用。

一段育秧：秧田父本播种量为 120 kg/hm^2 左右，母本为 150 kg/hm^2 左右；父本两段育秧：先旱育小苗，苗床宜选在背风向阳的蔬菜地，播种量为 1.5 kg/m^2，小苗在 2 ~ 2.5 叶期寄秧，栽前应施足底肥，寄栽密度为 10 cm × 10 cm 或 13 cm × 13 cm。同时加强肥水管理，推广应用多效唑或壮秧剂，注意病虫害防治等。

（4）合理密植，增加有效穗数

影响杂交水稻制种产量高低的因素很多，其中有效穗数对产量高低的影响很大。不育系的有效穗数，是制种高产的基础。要争取父母本均有较多的有效穗数，固然要靠培育适龄分蘖壮秧、浅插、田间管理得当，花期相遇好等，但也要靠合理密植、适当增加单位面积上父母本的基本苗数。合理密植主要包括适当的行比和株行距等。

① 确定适宜行比及行向

行比是指制种田父本与母本栽插行数的比例。行比的大小基本上决定了单位面积母本与父本群体结构，是决定制种产量的重要基础。常用的行比配制形式（图 1-2-14）：单行父本、假双行父本（即一行父本，采用“之”字形移栽）、大双行父本（两行父本间距较大）和小双行父本（两行父本间距较小）。

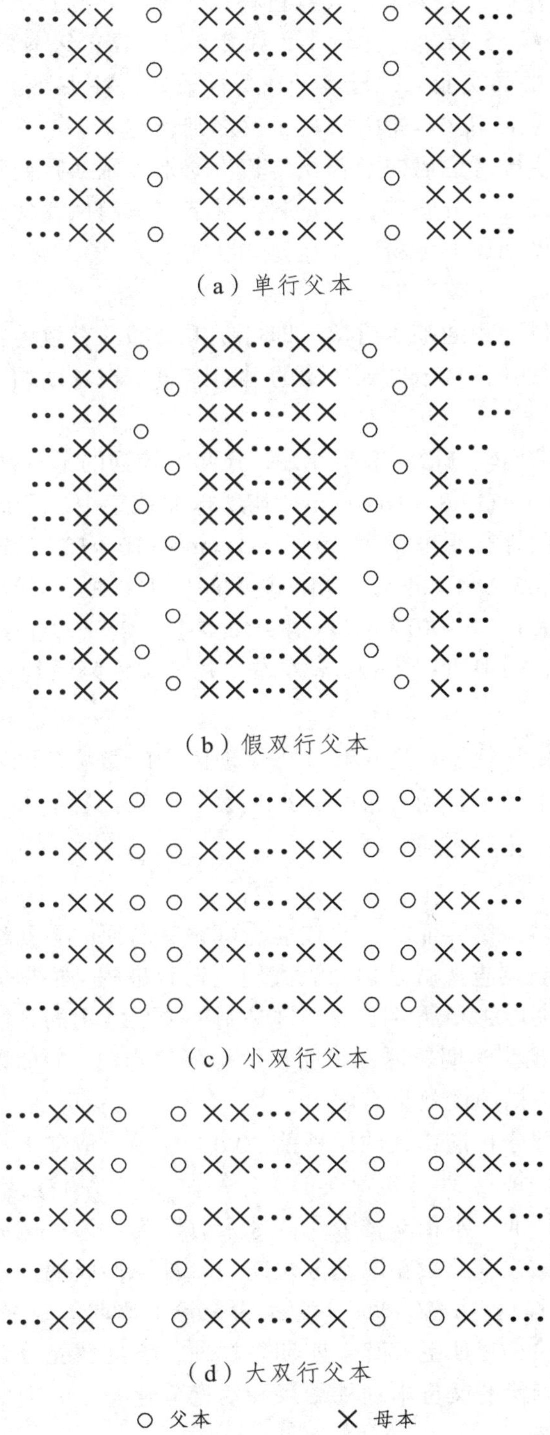

图 1-2-14　父本的 4 种种植方式

确定父母本的行比主要考虑3方面的因素：一是父本的特性，父本生育期长，父母本播种差期大，分蘖能力强且成穗率高，花粉量大且开花授粉期较长，父母本行比大，反之则行比小。二是父本的种植方式，父本采用大双行种植，父母本行比大，如2∶16～20；父本若采用小双行、假双行种植，父母本行比较小，如2∶12～14；父本采用单行种植，行比则小，如1∶8～12。三是母本的异交能力，母本开花习性较好，柱头外露率高，且柱头生活力强，对父本花粉亲和力高，可采用父母本大行比，反之则行比小。

制种田行向的设计主要考虑风向及花粉传粉。通常以东西行向种植为好，一是光照条件好，有利于父母本生长发育，分蘖多；二是制种季节多东南风，父母本东西行向种植，与风向呈一定角度，有利于借助风力传粉，提高异交结实率。

② 合理密植

适当密植，增加单位面积的基本苗数。即可获得足够的有效穗数，又可抑制后期无效分蘖，使亲本抽穗集中、整齐，从始穗到齐穗的时间缩短，在花期相遇的情况下，有利于提高制种产量。

据各地经验，凡用株型较分散、繁茂性好、分蘖力较强的不育系制种，不育系间株行距，一般可采用(10～13.3) cm×(13.3～16.6) cm；凡用株型较集中、繁茂性略差、分蘖力中等的不育系制种的，不育系间株行距可采用(10～13.3) cm×(10～13.3) cm。如采用1∶8的行比，每公顷不育系为30万～45万株。不育系和恢复系间的大行距，一般可用30～33 cm，父本生长量较大的，也可以放大到36～40 cm，以避免父本生长繁茂，对边行不育系造成过度荫蔽，影响产量。恢复系株距，一般可用13.3 cm左右，每公顷恢复系约4.5万～6万株。

（5）花期预测及调节

父母本生长期间，由于气温的变化和栽培管理因素的影响，可能出现花期不遇或相遇不良，因此，必须对父母本的生育动态进行详细观察、记载，及早进行花期预测，以便及时有效地采取调控措施，确保花期相遇。

① 花期预测

花期预测的方法很多，实践证明，比较准确可靠又简便的有幼穗剥查法和叶龄余数法。

a. 幼穗剥查法。幼穗剥查法就是田间剥查幼穗发育进程，根据幼穗发育的8个时期的外部形态来判断父母本花期能否相遇的方法。这是制种中最常用的方法，效果较好，一般误差仅2～3 d。不足之处是预测时期较迟，只能在幼穗分化到2～3期以后才能确定花期，一旦发现花期相遇不好，调节措施的效果有限。

具体方法是：从幼穗分化期（大约始穗前30 d）开始，取父母本主茎剥查，观察其生长点，鉴别幼穗发育时期。每隔3～5 d剥查1次，每次20个左右主茎穗，以40%～50%的幼穗达到某个发育阶段为标准。水稻幼穗分化的8个时期为：第一苞原基分化期、第一次枝梗原基分化期、第二次枝梗原基及颖花原基分化期、雌雄蕊形成期、花粉母细胞形成期、花粉母细胞减数分裂期、花粉内容物充实期（不育系为花粉干瘪期）、花粉完熟期。可简单描述为：一期看不见、二期白毛尖，三期毛茸茸，四期谷粒现，五期颖壳分，六期叶枕平，七期穗定型，八期穗将伸。根据剥检的父母本幼穗结果和幼穗分化各个时期的历程，比较父母本发育快慢，预测花期能否相遇。

不同亲本的幼穗分化历期有别，不同组合的父母本幼穗分化进度对应关系也不同。所以，根据幼穗分化进程推断花期是否相遇的标准因组合而异。如汕优 63 的父本主茎叶片比母本多 4 叶左右，父本幼穗分化历期较长，一般在幼穗分化 3 期前，父本比母本早 1 ~ 2 期；幼穗分化的 4 ~ 6 期，父本比母本早 0.5 ~ 1 期；幼穗分化的 7、8 期，父母本同期或相近，花期基本相遇。而父母本主茎叶片数相当的组合，各期进度要基本一致。

b. 叶龄余数法。根据父母本进入生殖生长阶段后的最后几片叶的出叶速度和叶片余数与幼穗分化各期及始穗期相对恒定的特性来预测和判断花期的方法。叶龄余数就是用主茎总叶片数减去已经长出的叶片数。由于叶龄余数比幼穗分化各期更容易定量测定，叶龄余数在 3 叶以内，对幼穗分化进程的判断，或对始穗时间的判断是比较准确的，不易受品种、地点、年份、栽培等条件影响，因而该方法在制种上经常使用。

使用叶龄余数法，首先要根据外观特征和总叶片数判断出父母本的叶龄余数，再根据它与幼穗分化各期对应关系判断出幼穗分化状态，然后再根据所处幼穗分化时期推算父母本能否同时始穗。一般父母本叶龄余数与幼穗分化各期的对应关系如表 1-2-1 所示。比较直观地表示了最后几片叶与幼穗发育和到抽穗的时间关系。

表 1-2-1　叶龄余数与幼穗分化的关系

幼穗分化期	叶龄余数
Ⅰ. 第一苞原基分化期（看不见）	3.5 ~ 3.1
Ⅱ. 一次枝梗分化期（白毛尖）	3.0 ~ 2.5
Ⅲ. 二次枝梗分化期（毛茸茸）	2.4 ~ 1.9
Ⅳ. 雌雄蕊形成期（谷粒现）	1.8 ~ 1.4
Ⅴ. 花粉母细胞形成期（颖壳分）	1.3 ~ 0.8
Ⅵ. 花粉母细胞减数分裂期（叶枕平）	0.7 ~ 0.2

② 花期调控

当预测到父母本花期相差 3 d 以上，就要采取措施进行调节。调整花期措施以促为主，促控结合，即要促进生长发育较慢的亲本，抑制生度发育较快的亲本。促要稳、控要准，尽量做到早促早控（以幼穗分化三期前促控效果最好），使父母本能同时始穗，达到花期相遇。

a. 水促旱控。利用恢复系在幼穗分化的中、后期对水分反应敏感，而母本对水分反应相对迟钝的特性，对父本进行水促旱控。如父本幼穗分化早，一般采取排水晒田控制幼穗分化；父本幼穗分化晚，则采取灌深水促其提早抽穗（可调节 3 ~ 5 d）。晒田程度或灌水天数，要根据花期相差天数而定，差期长重晒，差期短则轻晒。晒田复水后，看苗情酌情施用速效复合肥，使其恢复正常生长。

b. 偏施氮肥。在幼穗发育 3 期前，对生长较快的亲本偏施氮肥可以促进营养生长，抑制生殖生长，推迟抽穗。一般按实际面积施尿素 105 ~ 150 kg/hm^2，可调节花期 5 d 以上。但若父本生长繁茂，只能用其他办法控制，以免生长过旺，招致病虫害和荫蔽母本。

c. 根外喷施磷钾肥。根外喷施磷、钾肥，能促使提早抽穗。如果父本幼穗分化晚喷父本，母本晚则喷母本。其方法是：用磷酸二氢钾 2.25 ~ 3 kg/hm^2，兑 900 kg 清水，每天或隔天早晚喷，连续 5 ~ 7 d，一般可提早花期 2 ~ 3 d。

d. 化学药物调节。对生长较慢的亲本喷施“九二〇”，可提早开花 2 ~ 3 d。具体方法：在花粉充实期（抽穗前 4 ~ 5 d），一般每公顷用“九二〇”15 g，加水 750 ~ 900 kg，再加磷酸二氢钾 1.5 kg，配成混合液，对抽穗迟的亲本进行叶面喷施，每天喷一次，连喷几次。对抽穗期相差 4 d 以上的亲本，可对幼穗发育较快的亲本喷施多效唑，每公顷用 1.5 ~ 2.3 kg 多效唑兑水 750 kg 喷雾。

e. 机械损伤调节。对生长发育较快的亲本采用提蔸、踩根、割叶等措施，可以调整花期 4 ~ 5 d。采用此法要结合施肥，才能恢复生长。除非不得已时采用，一般不宜采用。

f. 拔苞拔穗。花期预测发现父母本花期相差太大时（5 ~ 10 d），必须拔除过早的穗苞，促使后生分蘖成穗，从而推迟花期。拔苞（穗）应及时，以便使稻株的营养供应尽早地转移到迟发分蘖穗上，从而保证更多的迟发蘖成穗。一般拔苞、拔穗两次，可调节花期 8 ~ 10 d。差期相差少时，拔苞一次即可；反之则可几次拔除，直到花期相遇为止。拔苞前视苗情重施速效肥料，以促进后生分蘖成穗，否则会严重影响产量。

③ 花时调控

花时调控指在一天范围内调节开花时间。母本由于生理上的原因，开花比较分散，同时对穗部温度、湿度和光照等环境条件反应敏感，往往开花时间比父本迟 1 ~ 2 h。为了促使父母本花时相遇，可采用以下措施：

a. 赶露水。即在晴天的上午 6:00 ~ 8:00，用竹竿轻轻推动母本株，抖落露水，以降低穗层湿度，提高穗层温度，促使母本开花提前，能提前 1 h 左右。

b. 母本喷调花灵。母本喷调花灵后，可提前 1 h 左右开花，且使母本花时集中，增加柱头外露率，延长柱头寿命，提高异交结实率。喷施时，可结合喷“九二〇”一起进行，连喷 2 次。

c. 父本喷冷水。特别是在高温低湿的情况下，往往出现父本提早开花，花时缩短，母本开花延迟，开花数量减少，造成父母本花时严重不遇。为了推迟父本花时，使父母本花时相逢，在开花期间，一般在每天 16:00 ~ 17:00 对父本穗部每公顷喷冷水 375 kg，可以增加父本植株湿度，降低穗层温度，延迟父本开花时间。

d. 喷施硼肥。硼肥能使植株生长迅速，生育期提前，对花粉萌发和花粉管的生长有重要作用。喷施硼肥，能增加颖花数，提早开花，同时可提高母本的异交结实率。用法为：每公顷 750 ~ 1 500 g 硼砂，溶于 600 ~ 700 kg 水中，在 15:00 后喷施母本，每隔 3 d 喷一次，直到母本花期结束。此法能使母本提早花时 20 ~ 40 min，提高母本异交结实率 15% 左右。

（6）采取综合措施，提高异交结实率

① 创造有利于开花的小气候。采用东西行向种植，晴天早晨用竹竿赶去母本上的露水，合理密植，正确进行肥水管理等措施，可以创造有利于开花的小气候，提高异交结实率。

② 人工拉花辅助授粉。即通过人为地振动父本植株，促使花药开裂，并向母本行飞散花粉。这是提高异交结实率的一项有效措施，特别是在无风的天气效果更佳。注意晴天开花集中在 10:00 ~ 14:00。上午从 11:00 后开始拉花，但在阴天要推迟。拉花不宜过于频繁，以免损伤穗、叶。每天在父母本开花时进行 2 ~ 4 次，每次相隔 40 min。

③ 割剑叶。始穗期割去父本剑叶的 1/2、母本剑叶的 2/3，可以有效地减少田间花粉传播的障碍，增加受粉机会，提高结实率 10% 左右。

④ 喷施“九二〇”。喷施赤霉素有 3 方面作用：一是促进高位穗颈节伸长，减轻或解除

母本包颈，提高穗粒外露率；二是改善穗层结构，调节株高，改善授粉态势；三是提高柱头生活力和柱头外露率。

（7）严格去杂去劣，确保种子纯度

田间去杂是保证制种质量的关键。田间杂株类型主要有混入的保持系和其他变异株。在母本割叶前反复查找不包茎的保持系，割叶后继续清除变异株，直到达到要求。并组织技术人员抽穗前，抽穗后及成熟期逐田逐户检查验收，达到标准的发放田检合格证。收获时先收父本，后收母本，严防机械混杂。

2．“两系法”杂交水稻种子生产

（1）两系法杂交稻的制种原理

两系杂交稻通常利用光温敏不育系和恢复系配种杂交而成。光温敏不育系通常有 5%～10% 的可育花能自交结实，从而保持雄性不育特性，但其可育与不育特性受温度和光照所控制。这种不育材料，在不育条件下起到雄性不育系的作用，能接受恢复系花粉而产生杂交种；在可育条件下能自交结实，又起到了保持系的作用，能一系两用，所以称为两用不育系。利用两用不育系进行杂交制种如图 1-2-15 所示。

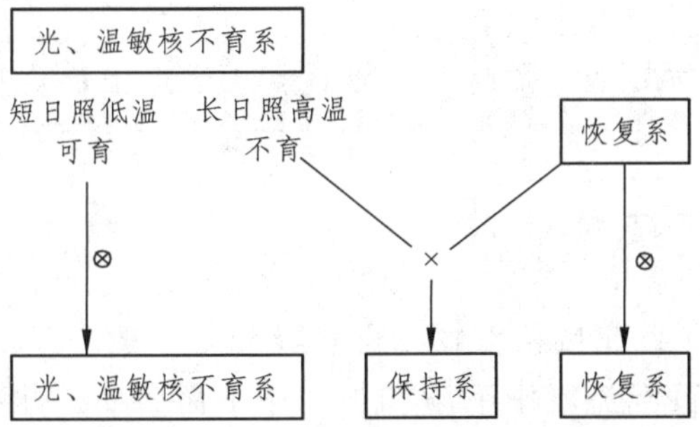

图 1-2-15　两系法（基于光、温敏核不育）杂交制种示意图

（2）两系法杂交稻制种的关键技术

两系杂交稻的制种技术在许多方面与三系相同，但需要注意以下几个关键技术：

① 把握两个安全期

根据两用核不育系育性转换受光、温生态条件制约的情况，必须考虑两个安全期：一个是育性转换安全期，另一个是抽穗扬花安全期。

育性转换安全期，是指两用核不育系在其育性转换的敏感期（温敏核不育水稻育性转换的敏感期一般是指幼穗分化期 4～6 期）日平均气温必须在临界温度以上，才能确保其花粉彻底败育，从而避免其自交结实而导致混杂，保证制种的纯度。一般制种用温敏不育系要求在幼穗分化 4～6 期育性敏感时段的 15 d 内平均气温≥不育系的起点温度，不出现 3 d 低于不育起点温度的天气。现在光温敏核不育系制种，除了对不育起点温度的要求外，制种期间还要求日照长度不少于 14 h。在安排育性敏感期时，首先要根据制种不育系的播种到始穗历期及育性敏感期与幼穗分化的对应关系，准确推算出育性敏感期的预期时段，再对照当地气象部门多年积累的气象资料检查预期的敏感期时段内可能出现能导致不育系育性波动的低温天气发生频率，预期敏感期时段的气象安全保障率应在 90% 以上。如所用的不育系有光敏特性，还要注意不育系敏感期内日照长度的变化，避免因日照时数减少导致光敏核不育系的育性改变。

抽穗扬花安全期，是指选择光照和温湿度适宜的天气，安排亲本的抽穗扬花期。两系杂交稻制种的扬花授粉期对气象条件的要求与三系制种相同。如抽穗安全期的温度指标，对籼型水稻而言，连续 3 d≤23 °C 时，便危及籼稻的抽穗开花受精结实，常常导致花粉不育、结实率下降。

由上述可知，两系法杂交稻与三系杂交稻制种方法主要区别是在所使用的不育系的育性表达形式及其控制机理方面。“三系法”不育系的育性表达是由自身细胞质、核不育基因控制的，一般不受光、温等生态条件的影响，故不受时间和空间的制约均呈雄性不育。而“两系法”制种时对光温生态条件的要求是必须确保两个“安全期”，既要选择确定一个安全的扬花授粉期，以确保制种稳产高产；又要选择确定一个安全的育性转换期，它是制种纯度达标的保障，两者缺一不可。

② 确保花期相遇

准确安排父母本的播种差期、及时预测和调节花期是确保花期相遇的基础和主要手段。

两系杂交制种父母本播种差期的确定，花期预测和调节的方法与三系制种基本相同。

【思考】

水稻杂交制种田为何要进行空间或时间隔离来防止生物学混杂？

三、大豆种子生产技术

大豆属于豆科大豆属，自花授粉作物，自然异交率一般小于 1%。我国的大豆种植范围很广，主要分布在东北、黄淮流域中下游和长江中下游各省。根据栽培区域和播种期主要划分为北方一熟春播区，北方复种夏播大豆区，南方复种多播季大豆区。根据大豆主茎和分枝的生长习性，大豆品种主要分为有限结荚习性、无限结荚习性和亚有限结荚习性 3 种类型。

（一）大豆花器构造和开花结实习性

1. 大豆花器构造

大豆的花序为总状花序，着生在叶腋间或茎顶端。花序的主轴称为花轴，花轴上着生花朵。通常一个花序上的花朵簇生，俗称花簇。在一个花簇内，花的多少因品种而异，少则 3 ~ 5 朵，多的可达 20 朵。

大豆的花较小，由苞片、花萼、花冠、雄蕊和雌蕊 5 部分组成。苞片 2 个，位于花朵最外层，很小，成管形，上着生茸毛，有保护花芽的作用；花萼位于苞片的上部，由 5 个萼片组成，呈绿色，表面有茸毛，下部联合成管状，上部开裂；花冠由 5 枚离生花瓣组成，其中位于外面最大的 1 枚花瓣叫旗瓣，在开花前包围其余的 4 枚花瓣。在旗瓣两侧对称的两瓣为翼瓣；下面两枚花瓣较小，称为龙骨瓣，也呈左右对称。花冠有白、紫两种颜色，五瓣合拢，形状如蝶，故称蝶形花冠。

花冠内有 10 枚雄蕊，1 枚雌蕊。其中 9 枚雄蕊的花丝连在一起成管状，将雌蕊包围，另有 1 枚雄蕊单独分离。花药着生在花丝的顶端，花药 4 室，其中约有 5 000 个花粉粒。雌蕊被雄蕊包围，位于花的最中心，由柱头、花柱、子房 3 部分组成。花柱约为子房的一半长度，弯向雄蕊。其顶端为头状柱头；下方为子房，1 室，内含胚珠 1 ~ 4 个，个别的有 5 个，以 2 ~ 3 个居多。

2．大豆开花结实习性

大豆在开花前 25 ~ 30 d 开始花芽分化，花芽分化的迟早，因品种、结荚习性和环境条件而异，从出苗至开花需 50 ~ 60 d。花芽分化完成后，开始膨大，花萼内显出花瓣痕迹，但花萼仍紧闭。接着花萼略开，花瓣稍露出，但仍被花萼包裹着，此时雄蕊伸长，并逐渐与雌蕊高度接近。不久花瓣伸长，翼瓣、龙骨瓣开放，花冠形如蝶状，并可见到雄蕊，此时称为开花。大豆在开花前一天已授粉受精，即闭花授粉。

大豆开花多在上午。在正常的气候条件下，一般在上午 6:00 ~ 11:00 开花，以 8:00 前后开花最多。大豆从花蕾膨大到花朵开放需 3 ~ 4 d。每朵花开放时间约 2 h。每株开花所需天数，因品种而异；一般无限结荚习性品种比有限结荚习性品种开花时间长，短的约 15 d，长的可达 60 d 左右。授粉后，花粉落在柱头上很快萌发，一般从授粉到双受精在 8 ~ 10 h 以内完成。

大豆开花与外界条件有关，最适宜开花的温度为 20 ~ 26 °C，相对湿度 80% 左右。除此范围的温湿度条件，对大豆开花不利。连续阴雨，可延迟开花，影响授粉受精。

【思考】

根据大豆的花器构造和开花授粉习性分析，大豆适合杂交吗？

（二）大豆原种生产技术

我国大豆原种生产可采用育种家种子直接繁殖的方法，也可采用二年二圃法或三年三圃法。大豆原种包括原种一代和原种二代。

1．利用育种家种子直接生产原种

方法同小麦、水稻等自花授粉作物，由育种家提供种子，进行扩大繁殖，扩繁种子贮存于低温库中，每年提供相应的种子量，或是由育种家按照育种家种子标准每年进行扩繁，提供种子。

2．三圃制生产原种

（1）单株选择

选择分花期和成熟期两期进行。选择标准和方法根据本品种特征特性，选择典型性强、生长健壮、丰产性好的单株。花期根据花色、叶形及病害情况选单株，并给予标记；成熟期根据株高、成熟度、茸毛色、结荚习性、株型、荚形及荚熟色进行复选。选拔时要避开地头、地边和缺苗断垄处。入选植株首先要根据植株的单株荚数、粒数，选择典型性强的丰产单株，单株脱粒，然后根据籽粒整齐度、光泽度、粒形、粒色、脐色、百粒重和感病情况等进行决选。决选的单株在剔除个别病虫粒后分别装袋编号保存。选择数量应根据原种需要量来定，一般每一品种每公顷需决选单株 6 000～7 500 株。

（2）株行圃

将上年入选的每株种子播种一行，密度应较大田稍稀，单粒点播，或二三粒穴播留一苗。各株行的长度应一致，行长 5～10 m，每隔 19 行或 39 行设一对照行，对照为同品种原种。

田间鉴评分 3 期进行。苗期根据幼苗长相、幼茎颜色，花期根据叶形、花色、茸毛色和抗病虫性等，成熟期根据株高、成熟度、株型、结荚习性、茸毛色、荚形和荚熟色来鉴定品种的典型性和株行的整齐度。通过鉴评要淘汰不具备原品种典型性的、有杂株的、丰产性低的和病虫害重的株行，并做明显标记和记载。对入选株行中个别病劣株要及时拔除。收获前要清楚淘汰株行，对入选株行要按行单收、单晾晒、单脱粒、单装袋，袋内外放及拴好标签。在室内要根据各株行籽粒颜色、脐色、粒形、百粒重、整齐度、病虫粒轻重和光泽度进行决选，淘汰籽粒性状不典型、不整齐和病虫粒重的株行，决选出符合原品种典型性状的株行。决选株行种子单独装袋，编号，妥善保管。

（3）株系圃

将上年保存的每 1 株行种子种 1 小区，每小区 2～3 行，行长 5～10 m。单粒点播或二三粒穴播留一苗，密度应较大田稍稀。株系圃面积由上一年株行圃入选行种子量决定。各株系行数和行长应一致，每隔 9 区或 19 区设一对照区，对照应用同品种的原种。周围需要种植 4～6 行同品种的原种作为保护行。

田间鉴评注意观察、比较，鉴定各个小区的典型性、丰产性、抗病性等，若小区出现杂株或不典型/不整齐时，全区应淘汰，同时要特别注意各株系间的一致性。成熟时进行田间决选，入选株系分别收获脱粒测定，最后根据生育期和产量表现及籽粒性状等进行综合评定决选，将产量显著低于对照的株系淘汰，入选株系种子混合装袋，袋内外放、拴好标签，妥善保存。

（4）原种圃

用上年混系种子种植于原种圃，进行高倍繁殖。常采用早播、稀播的方法，以提高繁殖系数，行距 50 cm，株距 10～15 cm，单粒等距点播，播种时要将播种工具清理干净，严防机械混杂。在苗期、花期、成熟期要根据品种典型性严格拔除杂株、病株、劣株。加强栽培管理，提高原种产量，成熟时及时收获。要单收、单运、单脱粒、专场晾晒，严防混杂。

3．二圃制生产原种

采用三年三圃法生产原种的周期较长，有时生产原种的速度还赶不上品种更换的速度，因而可采用二年二圃法，其程序是单株选择、株行比较、混系繁殖，即在三年三圃中省掉株系圃。只要掌握好单株选择这一关键，也可以生产出高质量的原种。因为自花授粉混杂退化的主要原因是机械混杂，经单株选择和株行比较两次选择就可提纯。二年二圃法由于减少了一次繁殖，因而与三年三圃法在生产同样数量原种的情况下，需增加单株选择的数量和株行圃的面积。

【思考】

大豆常规品种的原种生产需要空间隔离吗？为什么？

（三）大豆大田用种生产技术

在种子生产单位，由于原种数量有限，一般需经过扩大繁殖后才能满足大田用种需要。大田用种的生产必须建立相应的种子田，并根据实际情况采用不同的选优提纯方法和程序。

1．种子田选优提纯的方法

（1）株选法

株选法亦称混合选择法，即在大豆成熟时，选择生长健壮、结荚多、无病虫和具有本品种典型性状的单株，混合脱粒，供下年种子田用。选择单株的数量应根据下年种子田面积而定。

（2）片选法

片选法亦称去杂去劣法，即于大豆成熟前在田间进行去杂去劣，然后混合收获，其种子留作下年种子田用。

2．种子田的繁殖程序

种子田的繁殖程序有两种，即一级种子田制和二级种子田制。

（1）一级种子田制

一级种子田制是用原种直接生产原种一代、二代，用株选法从其种子田中选择典型单株，混合脱粒作为第 2 年一级种子田用种，余下的采用片选法去杂去劣，供第 2 年大田生产用种。

（2）二级种子田制

二级种子田制是在一级种子田中采用株选法所收获的种子，供给下一年一级种子田用种，余下的采用片选法，所得种子作为下一年二级种子田用种，二级种子田去杂去劣后的种子应用于大田生产。

必须注意，两种种子田制的一级种子田种子均不能无限期繁殖，在使用一定年限后，必须用上级提供的原种进行更换，以保证生产种子的纯度和种性。

（四）大豆种子生产的主要管理措施

1．种子田选择

大豆种子田应选择肥力均匀、耕作细致的地块，从而易判别杂株，大豆种子田不宜选择重茬地块。

2．适时足墒播种

适当早播、稀播。整地保墒良好，精量点播，保证一次出苗。播前可采用大豆种衣剂进行种子包衣，以防控苗期病虫害。

3．采用隔离，严格去杂去劣

品种间应有一定的防混杂带。原种田 100 ~ 300 m，大田用种生产田 5 ~ 10 m。另外，在播种期进行种子鉴定，将病粒、虫蚀粒、破碎粒以及杂粒剔除。在苗期根据下胚轴色泽及第 1 对真叶形状去杂，花期再按花色、毛色、叶形、叶色及叶大小等去杂，拔除不正常弱小植株。成熟初期，按熟期、毛色、荚色、荚大小、株型及生长习性严格去杂。

4．加强肥水管理

播前施足底肥外，于始花期追施氮肥，花荚期可进行叶面喷施微肥，如钼、硼、锌、锰等。大豆生育期，尤其是花期、鼓粒期遇干旱时，应适当灌水。

5．及时防治病虫草害

应通过中耕除草或施用药剂将杂草消灭在幼小阶段。于结荚期彻底消除杂草，降低种子含草籽率。大豆病害主要有紫斑病、灰斑病、霜霉病、荚枯病、黑点病、炭疽病和花叶病毒病等，虫害主要有大豆食心虫、豆荚螟、豆天蛾和豆蚜等，均应及时防治。

6．适时收获

大豆种子田须于豆叶大部分脱落，进入完熟期，种子水分降至14%～15%时收获。在收获、脱粒、晾晒、贮藏等过程中，应防止机械损伤和混杂。

【思考】

大豆与玉米的种子生产过程中，品种混杂退化的原因与防止措施是否相同？

本项目内容小结

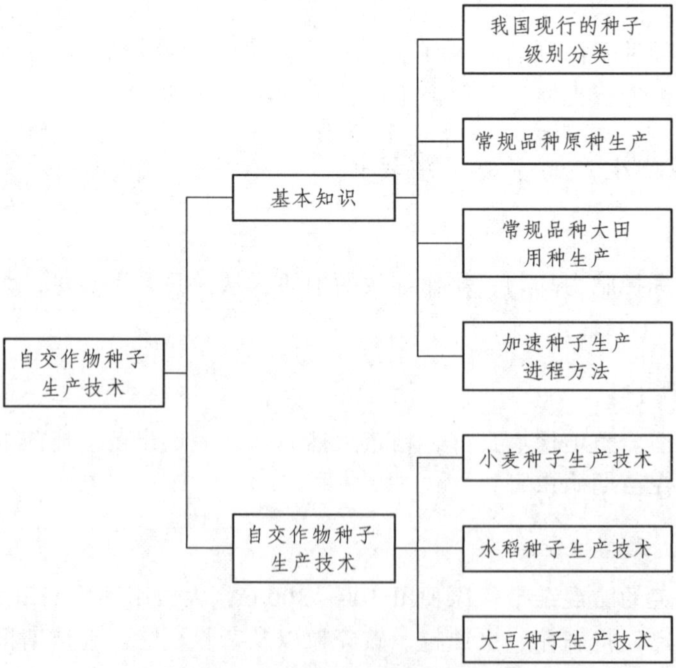

图 1-2-16　项目二内容小结

思考题

1. 试述自交作物原种生产方法中，循环选择繁殖法与株系循环繁殖法在技术上的主要区别。

2. 加速种子生产的方法有哪些?

3. 试述三圃制生产小麦原种的程序和方法。

4. 小麦常规品种原种生产的方法有哪些? 各有何利弊?

5. 试述两系杂交水稻制种主要技术措施。

6. 试述杂交水稻制种确定播种差期的方法。

7. 试述杂交水稻制种花期预测和调节的方法。

8. 试述三圃制生产大豆原种的方法。

项目三　异交或常异交作物种子生产技术

【知识目标】

- 理解异交或常异交作物种子生产的基础知识；
- 掌握杂交种子生产一般原理和方法；
- 掌握玉米、油菜、高粱、棉花、向日葵种子生产的基本技术；
- 掌握玉米自交系、高粱和向日葵的防杂保纯技术。

【技能目标】

- 能够对各类作物杂交后代做出正确的处理；
- 会进行异交和常异交作物的人工杂交操作；
- 熟练掌握常见的异交和常异交作物的杂交种子生产技术。

模块一　基本知识

一、杂交种亲本原种生产

（一）杂交种亲本原种的概念

作物杂交种亲本原种（简称原种）是指用来繁殖生产上栽培用种的父母双亲的原始材料。它是由育种者育成的某一品种的原始种子直接繁育而成的种子，或这一品种在生产上使用以后由其优良典型单株繁育而成的种子。

1. 原原种生产

原原种是由育种者直接生产和控制的质量最高的繁殖用种，又称超级原种。前面所述的原始种子也就是原原种。它是经过试验鉴定的新品种（或其亲本材料）的原始种子，故也称"育种家的原种"。原原种具有该品种最高的遗传纯度，因而其生产过程必须在育种者本身的控制之下，以进行最有效的选择，使原品种纯度得到最好的保持。原原种生产必须在绝对隔离的条件下进行，并注意控制在一定的世代以内，以达到最好的保纯效果。因此，较宜采用一次繁殖，多年贮存使用的方法。

2．原种生产

原种是由原原种繁殖得到的，质量仅次于原原种的繁殖用种。原种的繁殖应由各级原种场和授权的原种基地负责，其生产方法及注意事项与原原种基本相同。原种的生产规模较原原种大，但比生产用种小。

3．生产用种生产

生产用种是由原种种子繁殖获得的直接用于生产上栽培种植的种子。生产用种的生产应由专门化的单位或农户负责承担，其质量标准略低于原种，但仍必须符合规定的良种种子质量标准。在采种上生产用种的要求与原种有所不同。如为了鉴定品种的抗病性，原种生产一般在病害流行的地区进行，有时还要人工接种病原，但生产用种的繁殖则一般在无病区进行，并辅之以良好的肥水管理条件，以获得较高的种子产量和播种品质。

（二）杂交种亲本原种的一般标准及原种更换

杂交种亲本原种的一般标准：① 主要特征特性符合原品种的典型性状，株间整齐一致，纯度高；② 与原品种比较，其植株生长势、抗逆性和产量水平等不降低；③ 种子质量好。

用原种更换生产上已使用多年（一般 3～4 年）、有一定程度混杂退化的种子，有利于保持原品种的种性，延长该品种的使用年限。特别是自花、常异花作物的品种和生产杂交种子的亲本，这一工作更为重要。因为任何品种在使用过程都难免发生由各种原因引起的混杂退化，引起种性下降，单靠其他的防杂保纯措施是不够的，必须注重选优提纯，生产良种。

一般作物原种都比生产上使用多年的同一品种有较大幅度的增产，如小麦可达 5%～10%；用提纯的玉米自交系配制的杂交种比使用多年的自交系配制的杂交种增产 10%～20%。

（三）原种生产的一般程序和方法

1．基本材料的确定和选择

基本材料是生产原种的关键。用于生产原种的基本材料必须是在生产上有利用前途的品种，同时还必须在良好的条件下种植。基本材料要选择典型优良单株（或单穗）。其标准包括：具有本品种特征、植株健壮、抗逆能力强，经济性状良好。

选择要严格，数量要大。一般要几百个单株（或单穗）。

2．株行（穗行）比较

基本材料按株、穗分别种植。采用高产栽培方法，田间管理完全一致。在生长期间进行观察比较，收获前决选，严格淘汰杂、劣株行，保留若干优良株行或穗行，即株系。

3．株系比较

将上年入选的株系进行进一步比较试验，确定其典型性、丰产性、适应性等，严格选择出若干优良株系，混合脱粒。

4．混系繁殖

将上年所得混系种子在安全隔离和良好的栽培条件下繁殖。所得种子即为原种。

由混系繁殖的种子为原种一代，种植后为原种二代、三代。在生产上使用的一般是原种 3～6 代。

以上是原种生产的一般程序，称为三级提纯法（图 1-3-1）。异花和常异花授粉作物多数采用三级提纯法进行原种生产。

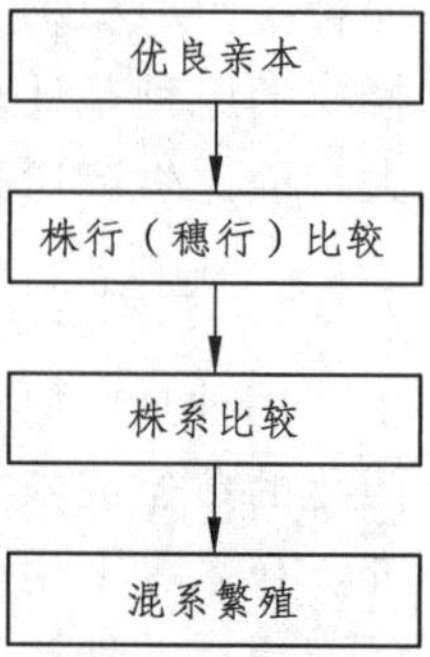

图 1-3-1　原种生产一般程序“三级提纯法”

二、杂交种种子生产

经过种间杂交或远缘杂交生产出的原种种子，需要进一步经生产单位按照一定的方法，繁殖出大量的一代杂种种子，即可投入生产使用。

一代杂种种子生产的原则是杂种种子的杂交率要尽可能的高；制种成本要尽可能的低。生产一代杂种种子的方法很多，归纳起来大致有以下几种。

（一）人工去雄制种法

即用人工去掉母本的雄蕊、雄花或雄株，再任其与父本自然授粉或人工辅助授粉从而配制杂种种子的方法。从原则上讲，人工去雄法适用于所有有性繁殖作物，而实际则要受到制种成本和作物繁殖特性等的限制。如茄果类和瓜类蔬菜，由于其花器大，容易进行去雄和授粉操作，费工相对较少；加之繁殖系数大，每果（瓜）种子可达 100～200 粒，因而成本低，故适于采用此法。另外，玉米、烟草也适于采用此法。而对那些花器较小或繁殖系数较低的作物则不宜采用此法。

人工去雄制种的具体方法是：将所要配制的 F_1 组合的父、母本在隔离区内相间种植，父母本的比例可视作物种类和繁殖效率的高低而定，一般母本种植比例应高于父本，以提高单位面积上杂种种子的产量。亲本生长的过程中要严格地去杂去劣；开花时对母本实施严格的人工去雄。然后，在隔离区内自由授粉或加以辅助授粉，母本植物上所结种子即为所需一代杂种种子。

（二）利用苗期标记性状制种法

即选用作物有苗期隐性性状的系统作为母本，隔离区内与具有相对显性性状的父本系统杂交以配制一代杂种种子的方法。此法不用去雄，在苗期利用苗期隐性性状及时排除假杂种。这种方法虽然制种程序简单，但间苗、定苗等工作都较复杂。此外，对那些尚未找出明确的苗期标记性状或性状虽明显但遗传性不太稳定的作物，此法也不能应用。此法目前仅在番茄、大白菜、萝卜等作物上有少量应用。

（三）利用自交不亲和系制种法

即利用遗传性稳定的自交系作为亲本（母本或双亲），在隔离区内任父母本自由授粉而配制一代杂种的方法。此法不用人工去雄，经济简便，只需将父母本系统在隔离区内隔行种植任其自由授粉即可获得一代杂种种子。此法在存在自交不亲和性的十字花科作物如结球甘蓝、大白菜、油菜等中广泛采用。

利用自交不亲和系制种的关键是要育成优良的自交不亲和系。优良自交不亲和系除了须具备农艺性状优良、配合力高等条件外，还要求花期自交亲和指数尽可能地低（最高不得超过 1），蕾期自交亲和指数则应尽可能的高（最低不得低于 5）。

利用自交不亲和系配制杂种的具体方法是：在隔离条件下将亲本自交系间行种植，任其自由授粉。若双亲都为自交不亲和系而正反交性状差异又不大，则父、母本所结种子可混收；若正反交性状有明显差异，则父、母本所结种子需分开采种，分别加以利用；若双亲中一个亲本的亲和指数较高而另一个较低，则应按 1∶2 或 1∶3 的比例多栽亲和指数较低的系统。若双亲中有一个亲本（父本）为自交系，制种时，不亲和系与亲和系的栽植比例一般为 4∶1 左右，且只能从不亲和母本系上采收一代杂种。

（四）利用雄性不育系制种法

即利用遗传性稳定的雄性不育系统做母本，在隔离区内与父本系统按一定比例相间种植，任其自由授粉而配制一代杂种种子的方法。此法不用人工去雄，简便易行，且生产的杂种种子的真杂种率可达 100%，因而是极具潜力的一代杂种制种方法。目前生产上利用雄性不育系配制一代杂种的作物有水稻、洋葱、大白菜、萝卜等；正在研究但尚未大面积应用的有番茄、辣椒、芥菜、胡萝卜、韭菜、大葱等。利用雄性不育系制种必须有一个前提：首先解决“不育系（A 系）”“保持系（B 系）”的配套问题；对那些产品器官为果实或种子的作物，还须育成“恢复系（R 系）”而解决“三系配套”。

“雄性不育系”是指利用雄性不育的植株，经过一定的选育程序而育成的雄性不育性稳定的系统；“保持系”是指农艺性状与不育系基本一致，自身能育，但与不育系交配后能使其子代仍然保持不育性的系统；而“恢复系”则指与不育系交配后，能使杂种一代的育性恢复正常的能育系统。

在植物界，雄性不育性可根据其遗传方式的不同而分成：细胞核雄性不育型或核不育型（nuclear male-sterile，NMS）；细胞核细胞质互作不育型（cytoplasmatic male-sterile，CMS）。

1．利用 NMS 生产 F_1 种子

NMS 是指雄性不育性由细胞核基因控制，而与细胞质基因无关。不育株的基因型为 msms，可育株的基因型为 MsMs 或 Msms。利用 NMS 生产 F_1 种子主要采用两用系，即一个既是不育系又是保持系的系统，简称 AB 系。AB 系内的可育株与不育株之比为 1∶1，它们的基因型分别为 Msms 和 msms，故两用系的繁殖，只要将两用系播于隔离区内，并在不育株上采收种子即可。

近年来，我国独创的“两系法” 杂交稻技术基本成熟，其实质就是利用光敏核不育系制种。该不育性状受一对隐性主效核基因控制。具体例子参见水稻杂交育种相关内容。

2．利用 CMS 生产 F_1 种子

CMS 是由细胞核和细胞质基因交互作用而产生的。根据 CMS 的遗传方式，不育株的基因型为 S（msms），可育株的基因型有 5 种：N（msms）、N（MsMs）、N（Msms）、S（MsMs）和 S（Msms），其中 N（msms）是保持系的基因型（括号内表示核基因）。CMS 的选育通常采用测交筛选的方法，而且 CMS 的选育，实际上就是保持系的选育，因为没有保持系，就

不能保证不育系的代代相传。利用 CMS 制种时，通常设立三个隔离区：不育系和保持系繁殖区，F_1 制种区和父本系繁殖区。具体制种方法可参见水稻杂交育种相关内容。

（五）用化学去雄制种法

即利用化学药剂处理母本植株，使之雄配子形成受阻或雄配子失去正常功能，而后与父本系自由杂交以配制杂种种子的方法。迄今在蔬菜方面报道的去雄剂有二氯乙酸、二氯丙酸钠、三氯丙酸、二氯异丁酸钠（FW450）、三碘苯甲酸（TIBA）、2-氯乙基磷酸（乙烯利）、顺丁烯二酸联胺（MH）、二氯苯氧乙酸（2, 4-D）、萘乙酸（NAA）、赤霉素等（谭其猛，1982），并在番茄、茄子、瓜类、洋葱等作物上进行了广泛的研究。但到目前为止，实际只有乙烯利应用于瓜类（主要是黄瓜）制种上。但应注意必须在隔离区内留种，并实行人工辅助去雄和人工辅助授粉，以保证杂种种子的质量和产量。父母本原种生产宜另设隔离区。

（六）利用雌性系制种法

即选用雌性系作为母本，在隔离区内与父本相间种植，任其自由授粉以配制一代杂种种子的方法。雌性系是指包括全部为纯雌株的纯雌系和全部或大部分为强雌株，小部分为纯雌株的强雌株系。纯雌株指植株上只长雌花不生雄花。强雌株是指植株上除雌花外还有少数雄花。利用雌性系制种，一般采用 3：1 的行比种植雌性系和父本系，在雌性系开花前拔去雌性较弱的植株，强雌株上若发现雄花及时摘除，以后自雌性系上收获的种子即为一代杂种。此法通常在瓜类蔬菜上采用。目前在黄瓜、南瓜、甜瓜等作物中都已发现雌性系，但实际只有在黄瓜杂种种子生产上得到广泛应用。雌性系的保存可以采用化学诱雄法。

（七）利用雌株系制种法

即在雌雄异株的作物中，利用其雌二性株或纯雌株育成的雌二性株系或雌性系作为母本，在隔离区与另一父本系杂交以配制一代杂种种子的方法。此法主要在菠菜等作物中采用。具体做法：将雌株系和父本系按 4：1 左右的行比种植于隔离区内，任其自然授粉，以后在雌株系上收获的种子即是所需的一代杂种。

模块二　异交或常异交作物种子生产技术

一、玉米种子生产技术

（一）玉米种子生产的生物学特性

玉米是雌雄同株异花植物。雌雄穗着生在不同部位,雄花着生在植株顶端，雌花由叶腋的腋芽发育而成。玉米天然异交率一般在 50% 以上。

1．雄花序

（1）雄花和雄花序

玉米的雄花通常称雄穗，为圆锥花序，由主轴和分枝构成。主轴顶部和分枝着生许多对小穗，有柄小穗位于上方，无柄小穗位于下方。每个小穗由 2 片护颖和 2 朵小花组成。两朵小花位于两片护颖之间。每朵小花有内外颖各 1 片，3 枚雄蕊和 1 片退化了的雄蕊。雄蕊的花丝很短，花药 2 室（图 1-3-2）。玉米雄穗一般在露出顶叶后 2 ~ 5 d 开始开花。雄穗的开花顺序是从主轴中上部分开始，然后向上和向下同时进行，分枝上的小花开放顺序与主轴相同。开花的分枝顺序则是上中部的分枝先开放，然后向上和向下部的分枝开放。发育正常的雄穗可产生大量的花粉，一个花药内约有 2 000 个花粉粒，一个雄穗则可产生 1 500 万 ~ 3 000 万个花粉粒。雄穗开始开花后，一般第二至第五天为盛花期，全穗开花完毕一般需 7 ~ 10 d，长的可达 11 ~ 13 d。

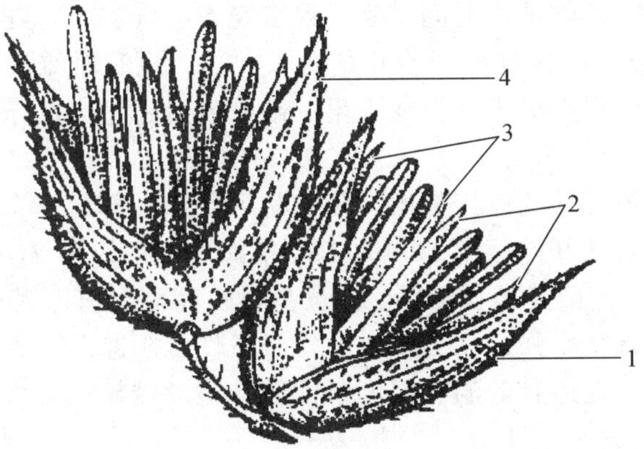

图 1-3-2　玉米雄花小穗构造

1—第一颖；2—第一花；3—第二花；4—第二颖

（2）雄花开花习性

玉米雄穗的开花与温度、湿度有密切关系，一般以 20 ~ 28 °C 时开花最多，当温度低于 18 °C 或高于 38 °C 时雄花不开放。开花时最适宜的相对湿度是 70% ~ 90%。在温度和湿度均适宜的条件下，玉米雄穗全天都有花朵开放，一般以上午 7:00 ~ 9:00 开花最多，下午将逐渐减少，夜间更少。

2．雌花序

（1）雌花和雌花序　雌花又称雌穗，为肉穗状花序，由穗柄、苞叶、穗轴和雌小穗组成。穗轴上着生许多纵行排列的成对无柄雄小穗。每个小穗有 2 朵花，其中一朵已退化。正常的花由内颖、外颖、雌蕊组成。雌蕊由子房、花柱和柱头所组成，通常将花柱和柱头总称为花丝。顶端二裂称为柱头，上着生有茸毛，并能分泌黏液，粘住花粉。花丝每个部位均有接受花粉的能力（图 1-3-3）。

果穗中心有轴，其粗细和颜色因品种而不同。穗轴上的无柄小穗成对排列成行，所以，果穗上的籽粒行数为偶数，一般为 12 ~ 18 行。每小穗内有 2 朵小花，上花结实，下花退化。结实小花中包括内外稃和一个雌蕊及退化的雌蕊。

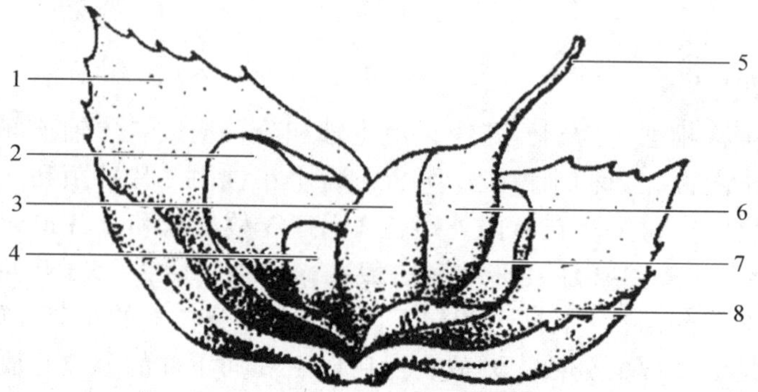

图 1-3-3 玉米雌花构造

1—第一颖；2—退化花的外颖；3—结实花的内颖；4—退化花的内颖

（2）雌花开花习性

雌蕊一般比同一株雄穗的抽出时间稍晚，最多晚 5～8 d。雌蕊花丝开始抽出苞叶为雌穗开花（俗称吐丝），一般比同株雄穗开始开花晚 2～3 d，也有雌雄穗同时开花的，这取决于品种特性和肥、水、密植程度等条件。在干旱、缺肥或过密遮光的条件下，雌穗发育减慢，而雄穗受影响较小。

雌穗吐丝顺序是中下部的花丝先伸出，依次是下部和上部。一个果穗开始吐丝至结束约需 5～7 d。花丝从露出苞叶开始至第 10 d 均有受精能力，但以第 2～4 d 受精力最强。

玉米花丝的生活力，一般是植株健壮、生长势强的品种比植株矮小、生长势弱的品种强；杂交种花丝的生活力比自交系强；高温干燥的气候条件比阴凉湿润的气候条件容易因为花丝枯萎而提早失去生活力。在适宜的温、湿度条件下，花丝授粉结实率一般以抽出苞叶后 1～7 d 内最高，14 d 后完全失去生活力。

3．授粉与受精

（1）授粉

玉米花粉借助风力传到雌蕊花丝上，这一过程叫做授粉。在温度为 25～30 °C，相对湿度为 85% 以上的情况下，玉米花粉落在花丝上 10 min 后就开始发芽，30 min 左右大量发芽，花粉细胞内壁通过外壁上的萌发孔向外突出并继续伸展，形成一个细长的花粉管。在受精后约 1 h，花粉管刺入花丝。花粉管在花丝内继续伸长，通过维管束鞘进入子房，经珠孔进入珠心，最后进入胚囊。

（2）受精

玉米为双受精植物，花粉管进入胚囊的 2 个精子，一个精子与卵细胞结合成合子，以后进一步发育成胚；另一个精子与两个极核中的一个结合，再与另一个极核融合成一个胚乳细胞核，以后进一步发育成胚乳细胞。一般情况下，玉米从授粉到受精需要 18～24 h。

（二）玉米亲本种子生产技术

1．玉米自交系的概念

玉米自交系是指一个玉米单株经连续多代自交，结合选择而产生的性状整齐一致、遗传性相对稳定的自交后代系统。

2. 培育玉米自交系的意义

玉米杂种优势利用的首要工作是培育基因型高度纯合的优良自交系，再由自交系杂交来获得适合生产需要的玉米杂交种。因为玉米属于异花授粉作物，雌雄同株异花异位。要获得杂交种子，只要将母本的雄穗去掉或母本本身不能产生正常花粉，这样才可接受父本花粉受精结实而产生杂交种子，实现异交结实较为容易。但因为玉米是异花授粉作物，任何一个未经控制授粉的玉米品种都是一个杂合体，基因杂合的亲本进行组合杂交后都难以产生强大的杂交优势。只有用基因型高度纯合的自交系来进行杂交才能产生具有强大杂种优势的后代。

3. 自交系的基本特性

（1）自交导致基因纯合，使玉米植株由一个杂合体变为一个纯合体。

（2）由于连续自交、其生活力衰退。

（3）来源不同的自交系杂交后，其杂种一代可能表现出强大的杂种优势。

4. 优良玉米自交系必须具备的条件

（1）综合农艺性状好，包括植株性状、穗部性状、抗病虫和其他抗逆能力等。

（2）一般配合力高，一般配合力是指一个自交系与其他多个自交系（或品种）产生的杂交后代的产量表现以及相关性状指标。只有将一般配合力较高的自交系合理组配，才有可能产生强优势组合。

（3）自交系本身产量高，有利于减少繁殖和制种面积，降低种子生产成本。

（4）品种纯度高，没有太多的混杂。

5. 选育玉米自交系的程序

（1）确定基本材料：地方品种，各种类型的杂交种，综合种和改良群体。

（2）连续套袋自交并结合严格选择，一般经 5 ~ 7 代自交（一年一代或一年多代）和选择，就可以获得基因型纯合，性状稳定一致的自交系。

（3）对自交系进行配合力测定，选出配合力高的自交系。

6. 玉米自交系的提纯

玉米是常异花授粉作物。很容易退化，纯度降低，用纯度低的自交系配制的杂交种，其优势明显降低，一般自交系用 3 ~ 5 年后，就不宜继续使用，必须提纯。其方法有：

（1）选优提纯

适用于混杂较轻的自交系。即选典型优良单株 100 ~ 150 株套袋自交，收获时选穗，入选的果穗混合脱粒。第二年隔离繁殖，再进行选择，选出几十个优良单株混脱，即为提纯的原种。

（2）穗行提纯法

用于混杂程度较高的自交系。即选优良单株 100 ~ 150 株套袋自交，收获后选穗数十个，第二年分果穗隔离种植成穗行，选择鉴定，选出优良穗行，从优良穗行中选出优良果穗混脱，即为原种。

7．玉米自交系的繁殖

（1）选肥力条件好、管理方便的地块，增施优质农家肥料。

（2）调整播期，使自交系开花期错过不良气候条件。

（3）适当增大密度和保持良好的肥水条件。

（4）精心管理和搞好人工授粉，提高结实率。

（5）实行严格的安全隔离和更严格地去杂去劣。

【思考】

一个优良的玉米自交系都有什么特征？玉米自交系的选育为什么很重要？

（三）玉米杂交种子生产技术

1．人工去雄法生产玉米杂交种

由于玉米是雌雄同株异花，雌雄穗着生在不同的部位，而且雄穗的抽出时间比雌穗早几天，再加之雄穗较大，便于进行人工去雄，所以玉米是适宜于采用人工去雄的方法进行杂交，并生产杂交种的作物。玉米人工去雄生产杂交种需要抓好以下几方面技术措施：

（1）隔离

玉米花粉量极大，粉质轻，易于传播，而且传播距离远，玉米是容易发生自然杂交的作物。隔离是保证种子质量的基本环节之一。玉米杂种生产要设多个隔离区，每一个自交系要有一个隔离区，杂交制种田也要单独隔离。如单交种，甲自交系一个，乙自交系一个，制种区一个。三交种或双交种则更多。

生产上为了减少设隔离带来的麻烦，现在多采用统一规划联合制种的方法，实行不同父本分片制，一父多母合并制种，或一年繁殖亲本多年使用。

隔离方法主要有：空间隔离，一般制种区 200 ~ 400 m。自交系繁殖区不少于 400 m。平原或干燥地区要 600 ~ 700 m。同时避免在离蜂场较近的地区制种；时间隔离,在春玉米区采用夏、秋播制种,在夏秋玉米区采用春播制种；屏障隔离，就是利用果园、林带，山岭等自然环境条件作为隔离物障，当然也可以人工栽植高秆作物以达到隔离的目的。

（2）父母本行比

在保证有足够的父母花粉的情况上，尽量多植母本行，以最大限度地提高杂交种产量。又因为组合不一样，若父本属于富粉型的自交系，可采用 1∶3 ~ 4（父、母本之比）或 2∶6 ~ 8)，若父本为贫粉型的自交系，或者因错期播种时间差较长，高大亲本对另一亲本有抑制作用，可采用 1∶1 或 2∶2 的行比。

（3）父、母本播差期的确定

父母本花期相遇是玉米制种成败的关键。但玉米一般花粉量较大，雌穗花的生活力时间长，播期调节要简单一些。

若双亲的播-抽期相同或母本比父本略短（2 ~ 3 d 内）父母本可同期播种。

若母本播-抽期比父本早 5 d 以上或父本比母本播-抽期短就需要调节播种期,即先播花期较晚的亲本再播较早的亲本。

调节播差期的原则是“宁可母等父，不可父等母”，最好是母本的吐丝期比父本的散粉期早 1 ~ 2 d。这是由于花丝的生活力一般可持续 6 ~ 7 d，而父本散粉盛期持续时间仅 1 ~ 2 d，并且花粉在田间条件下仅存活几小时。

玉米亲本播差期调节方法主要是经验法，即父母本播差期的天数为父母本播-抽期相差天数的 2 倍。如父母本播-抽期相差 6 ~ 7 d，播种期要错开 12 ~ 14 d。

在分期播种的时间差安排上，母本最好是一次播种完毕，目的是保证开花期的一致性，去雄时也能做到一次性干净彻底地去除。父本需要分期播种时，通常采用间株分期播种的方式进行安排。即按照分期播种的比例（如分二期播种，一期 60%，二期 40%）采用相同的穴比进行播种（一期播种两穴空一穴，二期补种一期预留的空穴）。

（4）去杂去劣

常见的杂株、劣株主要有：优势株，表现为生长优势强，植株高大，粗壮，很易识别；混杂株：虽与亲本自交系长势相近，但不具备亲本自交系的形态特征，也易识别；劣势株：常见的有白化苗、黄化苗、花苗、矮缩苗和其他畸形苗。

去杂去劣一般要进行三次。第一次在定苗时，结合间苗、定苗进行；第二次在拔节期，进一步去杂去劣；第三次在抽雄散粉前，按照自交系的典型性状进行去杂去劣。整个田间去杂工作必须在雄花散粉之前完成，以免杂株散粉，影响种子纯度。

（5）母本去雄

在玉米种子生产中，通过对母本去雄，让母本接受父本的花粉完成受精，才能在母本植物上得到杂交种子。去雄是屏蔽自交得到杂交种的一个关键技术。

去雄的要求一是要及时，即在母本的雄穗散粉之前必须去掉，通常是在母本雄穗刚露出顶叶而尚未散粉前就及时拔除，做到一株不漏；二是要彻底，即母本雄穗抽出一株就去掉一株，直到整个地块母本雄穗全部拔除为止；三要干净，即去雄时要将整个雄穗全部拔掉，不留分枝，同时对已拔除的雄穗及时移到制种田外，妥善处理，避免散粉。

去雄的方法，主要有摸苞去雄法和带顶叶去雄法。摸苞去雄法，是在母本雄穗还没有发育成熟时就将雄穗苞拔掉；带顶叶去雄法是在顶叶包着雄穗包，雄穗还没有成型时就提前连顶叶一起去除掉，带顶叶去雄法因伤及顶叶，对产量有一定的影响。

去雄时间的把握很重要，在抽雄的初期，可以隔天进行一次去雄，在盛花期和抽雄后期，必须天天去雄。在抽雄末期，全控制区最后 5% 未去雄株，应一次性全部拔掉，完成去雄工作，以免剩余雄花导致串粉。

（6）人工辅助授粉

通过人工辅助自然授粉，可以提高结实率，以生产出更多的杂交种。一般是在盛花期每天上午 8:00 ~ 11:00 进行，连续进行 2 ~ 3 d 反复授粉。当父母本未能很好地在花期相遇时，利用人工辅助授粉，可以较好地帮助母本接受其他田块的花粉完成受精而结实。授粉结束以后，要清除父本行，以便于制种田充分地通风、透光，提高制种产量。

（7）花期不遇的处理

① 剪断母本雌穗苞叶　如果母本开花晚于父本，剪去母本雌穗苞叶顶端 3 cm 左右，可使母本提前 2 ~ 3 天吐丝。提早去雄也有促进雌穗提早吐丝的作用。

② 剪母本花丝　若父本开花晚于母本，花丝伸出较长，影响花丝下端接受花粉，应剪

短母本花丝，保留 1.5 cm 左右，可以延长母本的授粉时间，便于授粉。否则将导致雌穗半边不实，使得杂种产量降低。

③ 从预设采粉区采粉　在制种田边单设一块采粉区，将父本分期播种，供采粉用，以保证母本花期有足够的花粉参与授粉。

④ 变正交为反交　若父本散粉过早（达 5 ~ 7 d），将父母本互换，达到正常授粉。但由于互换后母本行数减少，制种产量会降低。

（8）分收分藏

先收父本行，将父本行果穗全部收获并检查无误后，再收母本行。母本行收获的种子就是杂交种子。父本行收获的种子可用作下年制种的亲本。

父母本必须严格分收、分运、分晒、分藏，避免机械混杂。北方应在结冻前，对果穗进行自然风干和人工干燥处理，以避免因种子含水量过高而产生种子冻害。人工干燥以烘果穗较好，一般不要进行籽粒烘干。脱粒后入库前需进行种子筛选，去除破粒、瘪粒等劣质种子，装袋时要在袋内外都保留标签，同时登记建档保存。并定期检查种子的纯度和净度，以及含水量变化情况，确保种子安全储藏。

2．玉米三系配套生产玉米杂交种

玉米三系是指玉米雄性不育系、雄性不育保持系和雄性不育恢复系，三系配套生产玉米杂交种，在生产上早已得到广为使用。美国在 20 世纪 50 年代利用 T 型质核互作雄性不育系实现了三系配套，并生产出杂交种。三系配套中的雄性不育系就是指质核互作型雄性不育系。

（1）三系配套与杂交种子生产

三系配套生产玉米杂交种，需要建立两个隔离区，一个区进行杂交种生产，根据不育系和恢复系品种特点，按一定行比种植不育系和恢复系，花期用不育系做母本，接受恢复系的部分花粉，在不育系上收获杂交种子，即是生产上使用的杂交种。恢复系自交得到的种子仍然是恢复系种子。另一个区用于繁殖不育系，种植不育系和保持系，不用育系做母本，接受保持系的部分花粉，在不育系上收获的种子就是不育系，用于下年制种。

（2）三系杂交种高产措施

首先需要筛选不育系和恢复系的配合力，三系制种亲本的配合力没有人工去雄亲本配合力高，杂种优势受到一定影响而降低。通过人为筛选高配合力的不育系和恢复系，能有效提高杂交种的杂种产量和杂种优势；同时可以通过提高制种区的栽培技术、人工控制杂草、病虫害、提高肥水管理水平等栽培措施来提高三系杂交种产量。

（3）不育系的保留与持续保纯技术

不育系通过在不育系繁殖区的繁殖，得以保留下来，以备来年继续供制种使用。不育系的生产面积和不育系的产量，取决于第二年制种规模。通过加大不育系的行比，配以适当的肥水管理和人工授粉提高结实率等，可以较大地提高不育系的产量，同时要严格地去杂去劣，确保不育系能连年保纯和连续多年反复使用。

【思考】

制种过程中如果父母本花期不遇，会有什么严重后果？

二、油菜种子生产技术

（一）油菜种子生产的生物学特性

油菜遗传基础比较复杂。油菜是十字花科（cruciferae）芸薹属（Brassica）中一些油用植物的总称。迄今，在世界上和我国各地广泛栽培的主要油菜品种，按其农艺性状和分类学特点可以概括为白菜型（Brassica campestris L.）、芥菜型（B. juncea Coss.）、甘蓝型（B. napus L.）三大类型。根据国内外学者的研究，白菜油菜为基本种（染色体数 $2n = 20$，染色体组型为 AA），其余二者为复合体。

1．花器构造

油菜为雌雄同花的总状花序。每朵花由花萼、花冠、雌蕊、雄蕊和蜜腺五部分组成。花萼 4 片，外形狭长，在花的最外面。花冠黄色，在花萼里面一层，由 4 片花瓣组成，基部狭小，匙形，开花时 4 片花瓣相交成“十”字形（图 1-3-4）。

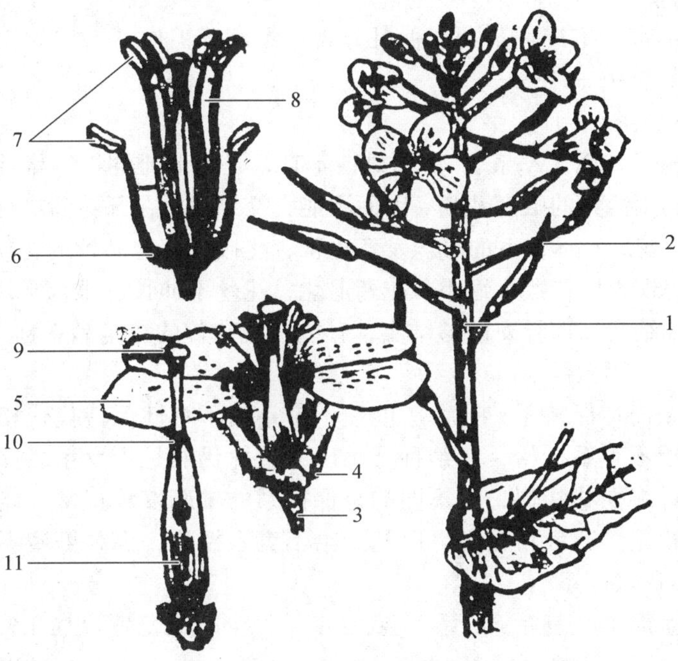

图 1-3-4　油菜花花器构造

1—花轴；2—花梗；3—花托；4—花萼；5—花瓣；6—蜜腺；7—雄蕊；8—雌蕊；9—柱头；10—花柱；11—子房

花冠内有雄蕊 6 枚，四长两短，称为四强雄蕊，雄蕊的花药 2 室，成熟时纵裂。雌蕊位于花朵的中央，由子房、花柱和柱头三部分组成。柱头呈半圆球形，上有多数小突起，成熟时表面分泌黏液，花柱圆柱形；子房膨大呈圆桶形，由假隔膜分成两室，内有胚珠。蜜腺位于花朵基部，有四枚，呈粒状，绿色，可分泌蜜汁供昆虫采蜜传粉。

2．开花习性

油菜从抽薹至开花需 10～20 d。油菜的开花顺序是:主轴先开，然后第一分枝开放到第二分枝，第三分枝依次开放，而主轴及分枝的开花顺序是由下而上依次开放。每天开花时间一般从上午 7:00 到下午 5:00，以上午 9:00 ~ 10:00 开花最多。每朵花由花萼开裂到花瓣全展相交成“十”字形需 24 ~ 30 h，从始花至花瓣、雄蕊枯萎脱落需 3 ~ 5 d，授粉后 45 min 花粉粒发芽，18 ~ 24 min 即可受精。油菜花粉的受精力可保持 5 ~ 7 d，雌蕊去雄后 3 ~ 4 d 受精力最强，5 d 后减弱，7 ~ 9 d 丧失受精能力。

（二）油菜杂交种子生产技术

目前油菜杂交种生产主要有三种途径：利用细胞质雄性不育系实行“三系”配套制种；利用雄性核不育系配制杂交种；利用自交不亲和系配制杂交种。

1. 利用细胞质雄性不育系配制杂交种

即利用雄性不育系，雄性不育保持系和雄性不育恢复系进行“三系”配套产生杂交种，是目前国内外的研究重点之一。如陕西的秦油 2 号和四川的蓉油系列、蜀杂 10 号等都是由“三系”配套产生的杂交种。

利用胞质雄性不育系生产油菜杂交种可分为三大部分工作：

（1）三系亲本的繁殖

① 油菜雄性不育系

雄性不育系简称不育系（A 系）。所谓雄性不育，是指雌雄同株，雄性器官退化，不能形成花粉或仅能形成无生活力的败育花粉，因而不能自交结实。在开花前雄性不育植株与普通油菜没有多大区别；开花后，不育系的雌蕊发育正常，能接受其他品种的花粉而受精结实；但其雄蕊发育不正常，表现为雄花败育短小，花药退化，花丝不伸长，雄蕊干瘪无花粉，套袋自交不结实。这种自交不结实，而异交能够结实，且能代代遗传的稳定品系称为雄性不育系。

② 油菜雄性不育保持系

雄性不育保持系简称保持系（B 系）。能使不育系的不育性保持代代相传的父本品种称为保持系。用其花粉给不育系授粉，所结种子长出的植株仍然是不育系。保持系和不育系是同型的，它们之间有许多性状相似，所不同的是保持系的雄蕊发育正常，能自交结实。要求保持系花药发达，花粉量多，散粉较好，以利于给不育系授粉，提高繁殖不育系的种子产量。

③ 油菜雄性不育恢复系

雄性不育恢复系简称恢复系（C 系）。恢复系是一个雌雄蕊发育均正常的品种，其花粉授在不育系的柱头上，可使不育系受精结实，产生杂种第一代（F_1）。F_1的育性恢复正常，自交可以正常结实。这种使不育系恢复可育，并使杂种产生明显优势的品种，即为该雄性不育系的恢复系。一个优良的恢复系，要具有稳定的遗传基础，较强的恢复力和配合力，花药要发达，花粉量要多，吐粉要畅，生育期尤其是花期要与不育系相近，以利于提高杂交种的产量。

④ 杂交油菜“三系”的关系

雄性不育系、保持系和恢复系，简称油菜的“三系”。“三系”相辅相成，缺一不可。不育系是“三系”的基础，没有雄性不育系，就没有培育保持系和恢复系的必要。没有保持系，不育系就难以传宗接代。不育系的雄性不育特性，能够一代一代传下去，就是通过保持系与不育系杂交或多次回交来实现的，其中细胞质是不育系本身提供的，而细胞核则是不育系和保持系共同提供的，两者的细胞核基本一致，因而不育系和保持系的核质关系没有改变，不育性仍然存在。杂种优势的强弱与不育系的性状优劣有直接关系，而不育系的性状又与保持系的优劣密切相关。所以，要选育好的不育系，关键是要选择优良的保持系，才能使不育系的不育性稳定，农艺性状整齐一致，丰产性好，抗性强。

同样，没有恢复系，也达不到杂种优势利用的目的。只有通过利用性状优良、配合力强的恢复系与不育系杂交，才能使不育系恢复可育，产生杂种优势，生产出杂交种子。保持系和恢复系的自交种子仍可作为下一季的保持系和恢复系。油菜“三系”的关系如图 1-3-5 所示。

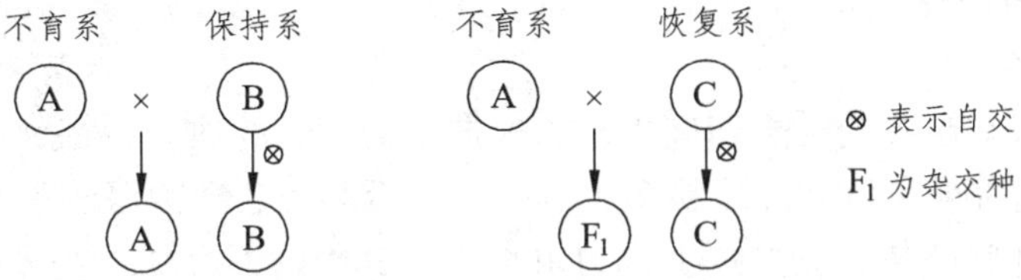

图 1-3-5　油菜“三系”的关系

（2）油菜三系混杂退化的原因及防治措施

① 油菜三系混杂退化的原因

目前，生产上大面积使用的杂交油菜主要是甘蓝型。生产上造成杂交油菜亲本“三系”及其配制的杂交种混杂退化的原因，主要有以下几个方面：

a. 机械混杂

雄性不育“三系”中，质核互作不育系的繁殖和杂交制种，都需要两个品种（系）的共生栽培，在播种、移栽、收割、脱粒、翻晒、贮藏和运输等各个环节上，稍有不慎，都有可能造成机械混杂，尤其是不育系和保持系的核遗传组成相同，较难从植株形态和熟期等性状上加以区别，因而人工去杂往往不彻底。机械混杂是“三系”混杂和杂交种混杂的最主要原因之一。

b. 生物学混杂

甘蓝型杂交油菜亲本属常异交作物，是典型的虫媒花，其繁殖、制种隔离难，容易引起外来油菜品种花粉和十字花科作物花粉的飞花串粉，造成生物学混杂。同时，机械混杂的植株在亲本繁殖和杂交制种中可散布大量花粉，从而造成繁殖制种田的生物学混杂。

c. 自然变异及亲本自身的分离

在自然界中，任何作物品种都不同程度地存在着变异，尤其是环境条件对品种的变异有较大影响。据华中农业大学余凤群、傅廷栋研究认为，陕 2A 属无花粉囊型不育，花药发育受阻于孢原细胞分化期，当花药发育早期遇到高温或低温时，其角隅处细胞发育，或与稳定不育的相同，或与保持系相同，从而育性得到部分恢复，故有时会出现微量花粉，这是造成“秦油 2 号”混杂的重要原因之一。“三系”是一个互相联系、互相依存的整体，其中的任何一系发生变异，必然引起下一代发生相应的变异，从而影响杂交种的产量和质量。

② 油菜三系混杂退化的防治措施

甘蓝型杂交油菜属常异花授粉作物，虫媒花。繁殖亲本“三系”和配制杂交种时，隔离措施多以空间隔离为主，而空间隔离也不可能绝对安全。同时，“三系”亲本的遗传基因也不可能达到绝对纯合，昆虫媒介亦可能将一些隔离区以外的其他油菜品种花粉、其他十字花科作物花粉带进来，所以杂交一代种子总会有一定的不育株和混杂变异株产生。用此种纯度的种子进行大田生产，即使不会显著地降低产量，也会有一定的影响。因此，在杂交种用于大田生产时，主要是降低不育株率和提高恢复率。主要有以下几方面：

a. 苗床去劣

杂交油菜种子发芽势比一般油菜品种（系）强，出土早，而且出苗后生长旺盛，在苗床期一般要比不育株或其他混杂苗多长 1 片左右的叶子。可见，苗床期，当油菜苗长到 1 ~ 3 片真叶时，结合间苗，严格去除小苗、弱苗、病苗以及畸形苗等，是降低不育株率乃至混杂株率的一项简便有效的措施。

b. 苗期去杂去劣

油菜苗期，一般在越冬前结合田间管理，根据杂交组合的典型特征，从株型、直立匍匐程度、叶片、叶缘、茎秆颜色、叶片蜡粉多少、叶片是否起皱、缺刻深浅等方面综合检查，发现不符合本品种典型性状的苗，立即拔掉，力求将混杂其中的不育株、变异株等杂株彻底拔除。

c. 初花期摘除主花序

就某些组合而言，不育株的分枝比主轴较易授粉，结实率通常要高 5% 左右。因此，在初花期摘掉不育株的主花序（俗称摘顶），以集中养分供应分枝，促进分枝生长。同时，摘掉主花序还可降低不育株的高度，便于授粉，可有效地提高不育株的结实率和单株产量。具体做法是，当主花序和上部 1 ~ 2 个分枝花蕾明显抽出，并便于摘除时进行，一般在初花前 1 ~ 2 d 摘除为宜。

d. 利用蜜蜂传粉

蜜蜂是理想的天然传粉昆虫，在杂交油菜生产田中，利用蜜蜂传粉，能有效地提高恢复率，从而提高产量。蜂群数量可按每公顷配置 3 ~ 4 箱，于盛花期安排到位。为了引导蜜蜂采粉，可于初花期在杂交油菜田中采摘 100 ~ 200 个油菜花朵，捣碎后，在 1：1 糖浆（即白糖 1 kg 溶于 1 kg 水中充分溶解或煮沸）中浸泡，并充分混合，密闭 1 ~ 2 h，于早晨工蜂出巢采蜜之前，给每群蜂饲喂 100 ~ 150 g，这种浸制的花香糖浆连续喂 2 ~ 3 次，就能达到引导蜜蜂定向采粉的目的，从而提高授粉效果。

（3）杂交制种工作

杂交油菜制种，指以不育系为母本、恢复系为父本，按照一定的比例相间种植，使不育系接受恢复系的花粉，受精结实，生产出杂交种子。杂交油菜是利用杂种 F_1 的杂种优势，需要每年配制杂交种，制种产量高低和质量优劣直接关系到杂交油菜的生产和品种推广。

油菜的杂交制种受组合特性、气候因素、栽培条件等的影响，不同组合、不同地区的制种技术也不尽相同。现以“华杂 4 号”为例，介绍一般的杂交油菜高产制种技术。“华杂 4 号”系华中农业大学育成，母本为 1141A，父本为恢 5900。1998 和 2001 年，分别通过湖北省和国家农作物品种审定委员会审定。在湖北省利川市，“华杂 4 号”的主要制种技术（陈洪波，王朝友，2000）如下：

① 去杂除劣，确保种子纯度

选地隔离：选择符合隔离条件，土壤肥沃疏松，地势平坦，肥力均匀，水源条件较好的田块作为制种田。

去杂去劣：去杂去劣，环环紧扣，反复多次，贯穿于油菜制种田的全生育过程，有利于确保种子纯度。油菜生长的全生育期共去杂 5 次，主要去除徒长株、优势株、劣势株、异品种株和变异株。一是苗床去杂。二是苗期去杂两次，移栽后 20 d 左右（10 月下旬）去杂一次，去杂后应及时补苗，以保全苗，次年2月下旬再去杂一次。三是花期去杂，在田间逐行逐株观察去杂，力求完全彻底。四是成熟期去杂，5月上中旬剔除母本行内萝卜、白菜，拔掉翻花植株。五是隔离区去杂：主要是在开花前将隔离区周围1 000 m左右的萝卜、白菜、青菜、苞菜和自生油菜等十字花科作物全部清除干净，避免因异花授粉导致生物学混杂。

② 壮株稀植，提高制种产量

及时开沟排水，防除渍害，减轻病虫害是提高油菜制种产量的外在条件，早播培育矮壮苗，稀植培育壮株是实现制种高产的关键。壮株稀植栽培的核心是在苗期创造一个有利于个体发育的环境条件，增加前期积累，为后期稀植壮株打好基础。

苗床耕整与施肥。播前一周选择通风向阳的肥沃壤土耕整2～3次，要求土壤细碎疏松，表土平整，无残茬、石块、草皮，干湿适度，并结合整地施好苗床肥，每667 m^2施磷肥8 kg、钾肥2 kg、稀水粪适量。

早播、稀播、培育矮壮苗。9月上旬播种育苗，苗床面积按苗床与大田1∶5设置，一般父、母本同期播种。播种量以667 m^2，大田定植6 000株计。在三叶期，每667 m^2大田苗床用多效唑10 g，兑水10 kg喷洒，培育矮壮苗。

早栽、稀植，促进个体健壮生长：早栽、稀植，有利于培育冬前壮苗，加大油菜的营养体，越冬苗绿叶数13～15片，促进低位分枝，提高有效分枝数和角果数，增加千粒重；促进花芽分化，实现个体生长健壮、高产的目的。要求移栽时，先栽完一个亲本，再栽另一个亲本，同时去除杂株，父母本按先栽大苗后栽小苗的原则分批、分级移栽，移栽30 d龄苗，在10月上旬移栽完毕。一般667 m^2母本植苗4 500株，单株移栽，父本植苗1 500株，双株移栽，父母本比例以1～3为宜，早栽壮苗，容易返青成活，可确保一次全苗。同时，可在父本行头种植标志作物。

施足底肥，早施苗肥，必施硼肥：在施足底肥（农家肥、氮肥、磷肥和硼肥）基础上，要增施、早施苗肥，于10月中旬每667 m^2，用1 500 kg水粪加碳铵15 kg追施，以充分利用10月下旬的较高气温。快长快发；年前施腊肥（碳铵10 kg/667 m^2），同时要注意父本的生长状况，若偏弱，则应偏施氮肥，促进父本生长。甘蓝型双低油菜对硼特别敏感，缺硼往往会造成“花而不实”而减产，因此在底肥施硼肥基础上，在抽薹期，当薹高30 cm左右时，每667 m^2喷施0.2%的硼砂溶液50 kg。

调节花期：确保制种田父母本花期相遇是提高油菜制种产量和保证种子质量的关键。杂交油菜华杂4号组合，父母本花期相近，可不分期播种，但生产上往往父本开花较早（一般比母本早3～6 d），谢花也较早，为保证后期能满足母本对花粉的要求，可隔株或隔行摘除父本上部花蕾，以拉开父本开花时间，保证母本的花粉供应。

辅助授粉，增加结实：当完成去杂工作后，盛花期可采取人工辅助授粉的方法，以提高授粉效果，增加制种产量。人工辅助授粉，可在晴天上午10:00至下午2:00进行，用竹竿平行行向在田间来回缓慢拨动，达到赶粉、授粉的目的。

病虫害防治：油菜的产量与品质、品质与抗逆性均存在着相互制约的矛盾，一般双低油菜抗病性较差，因此应加强病虫害综合防治，制种地苗期应注意防治蚜虫、跳甲、菜青虫，蕾苔期应注意防治霜霉病，开花期应注意防治蚜虫、菌核病等。

③ 分级细打，提高种子质量，砍除父本

当父本完成授粉而进入终花期后，要及时砍除父本。砍完父本后，可改善母本的通风透光和水肥供应条件。这样，既可增加母本千粒重和产量，又可防止收获时的机械混杂，从而保证种子质量。

2．利用雄性核不育系配制杂交种

如川油15、绵油11号等都是利用雄性核不育系配制的杂交种。

（1）雄性核不育系的特性及利用途径

雄性核不育系的不育性受核基因控制。在这类不育系的后代群体中，可同时分离出半数的完全雄性不育株和半数的雄性可育株；不育株接受可育兄妹株的花粉后，产生的后代又表现为半数可育和半数不育。可育的兄妹株充当了不育株的“保持系”。而不育株与另一恢复系杂交又可以产生杂交种子。雄性核不育可分为显性核不育和隐性核不育两种形式。

（2）杂交种子生产技术

雄性核不育系的繁殖 在严格隔离条件下，将从上代不育株上收获的种子种植，开花时标记不育株，让不育株接受兄妹可育株的花粉。成熟时收获不育株上的种子。

利用雄性核不育系杂交制种 在隔离区内，种植核不育系（母本）和恢复系（父本自交系），父母本行比一般为1∶3～4。播种时，在母本行头种植标记植物。进入初花期时，在母本行根据花蕾特征仔细鉴定各植株育性。将不育株摘心标记，同时尽快拔除全部可育植株。然后让不育株和恢复系自由授粉。同时做好父本的去杂工作。成熟后，将母本种子收获，即为杂交种子。恢复系在隔离条件下自交留种。

3．利用自交不亲和系配制杂交种

（1）油菜自交不亲和系的特性

自交不亲和系是一种特殊的自交系。这种自交系雌雄发育均正常，但自交或系内株间授粉，不能结实或结实很少，但异系杂交授粉结实正常。因此可用自交不亲和系做母本，用其他自交系做父本来配制杂交种，即两系法制种；也可选育自交不亲和系的保持系和恢复系，实行三系配套。

（2）自交不亲和系生产杂交种子的技术环节（两系法）

自交不亲和系的繁殖 自交不亲和系的繁殖方法是剥蕾自交授粉。因为自交不亲和系自交不亲和的原因是，当花朵开放时，其柱头表面会形成一个特殊的隔离层，阻止自花授粉。但这个隔离层在开花前2～4 d的幼蕾上尚未形成，因此，可采用人工剥蕾方法，在临近开花时剥开花蕾，将同一植株或系内植株已开放花朵的花粉授在剥开的花蕾上，就可自交结实，使自交不亲和系传宗接代。

父本繁殖 在父本自交系区内，选择部分典型植株套袋自交或系内植株授粉，收获的种子作为下年父本繁殖区的原种；其余植株去杂去劣后，作为下年制种区的父本种子。

杂交制种 制种区，父母本按1∶1或1∶2的行比种植，在母本行上收获的种子即为生产上使用的杂交种。

【思考】

利用油菜的“三系”制种，为什么防杂保纯非常重要？一株父母本的混杂和后代种子的混杂有什么样的数量关系？

（三）油菜常规品种种子生产技术

1．建立良种生产基地

油菜良种生产基地必须具有良好的隔离条件，特别要防止生物学混杂。因此，在繁育油菜良种时，油菜品种间及甘蓝型和白菜型两大类型间均不能相互靠近种植，以免“串花”发生混杂退化。同时，也不能与小白菜、大白菜、红油菜、瓢儿菜等类十字花科蔬菜靠近种植，但与芥菜型油菜和结球甘蓝、球茎甘蓝、萝卜无须严加隔离，一般不致发生天然杂交。

油菜基地还要求土层深厚、土壤肥沃、地势向阳、背风、灌排方便，以利生长发育，充分发挥优良性状，提高产量和种子品质。特别是要合理安排繁殖基地的轮作，凡在近 2～3 年内种植过非本繁殖品种的油菜田，或种植过易与之发生杂交的其他十字花科作物的田地，都不宜用作繁殖基地及育苗地，以防止残留于土壤中的种子出苗，长成自生油菜，混入繁殖品种中，造成混杂和发生天然杂交。

生产基地的面积则应随供种面积大小、播种量多少及基地的生产水平而定，即

$$\text{生产基地面积}(\text{hm}^2)=\frac{\text{供种面积}(\text{hm}^2)\times\text{每公顷播种量}(\text{kg})}{\text{生产基地预计每公顷产量}(\text{kg})}$$

2．隔离保纯

油菜良种繁殖，必须采取有效的隔离措施。隔离保纯方法大致可分为自然的和人工的两大类。

（1）自然隔离

包括空间隔离和时间隔离。这种方法简便易行，效果良好，繁殖规模大，获得种子数量多。

① 空间隔离

油菜自然杂交率高低与相隔距离远近呈负相关。油菜品种群体的芥酸含量高低与相隔距离远近呈负相关。

油菜良种繁殖隔离的远近，随繁殖的品种类型、隔离对象和当地的生态条件而定。繁殖甘蓝型油菜时，与其他品种相隔 600 m，与白菜型油菜相隔 300 m，即可基本上达到防杂保纯的目的，而与异种、异属的芥菜型油菜、萝卜、球茎甘蓝和结球甘蓝等，一般不会发生天然杂交，无须隔离。如果在有山坡、森林、河滩、江湖等地作物作为屏障时，则相隔距离还可较短。

② 时间隔离

这是一种调节播期，错开花期而达到保纯目的的隔离方法。我国主要油菜品种和其他十字花科作物，一般都是在 3 月底至 4 月上、中旬开花。若将油菜移在早春季节播种，即可推迟到 4 月中旬以后开花，错过秋播油菜的花期。据四川省农业科学院作物栽培育种研究所（1980）在成都观察，甘蓝型油菜中晚熟品种、中熟品种、早熟品种和白菜型油菜品种，于 2 月中旬左右播种，均能在 4 月中、下旬开花，5 月底至 6 月初成熟。这种方法不仅能达到防杂保纯的目的，而且也能获得较高的产量。据中国农业科学院油料作物研究所试验，在 2 月中旬播种的油菜，每公顷种子产量可达 1 125～1 500 kg。如果辅之以前后期摘除花蕾，时间调节性更大。

（2）人工隔离

这种方法的人为控制性强，但规模小。一般有以下三种隔离方式。

① 纸袋隔离

一般采用 30 ~ 50 cm 长、15 ~ 17 cm 宽的方形硫酸纸（或半透明纸）袋，在初花时套在主花序和上部 2 ~ 3 个一次分枝花序上，以后每隔 2 ~ 3 d 将袋向上提一次，以免顶破纸袋。直至花序顶部仅余少量花蕾未开放时取去纸袋。套袋前，需摘去已开的花朵。取袋时摘去正开的花朵和花蕾，并挂牌做标记。单株套袋隔离只适用于自交亲和率较高的甘蓝型和芥菜型油菜。白菜型油菜由于自交结实困难，应将相邻 2 ~ 3 个植株的部分花序拉拢聚集起来，套入同一袋中，并进行人工辅助授粉，以获得群体互交的种子。

套纸袋自交留种，由于控制严密，可以收到良好的保纯效果。据四川省农科院作物栽培育种研究所（1983—1985）对低芥酸油菜的保纯试验结果，套袋自交留种的芥酸含量为 0.13%. 比同等条件下，放任授粉的芥酸音量低 7.51%。但因其繁殖种子的数量有限，一般只适用于育种材料（系）的保纯和繁殖。

② 罩、帐隔离

此种隔离是在油菜开花时套罩或挂帐，直至终花期取去。套罩、挂帐前应全部摘除正在开放的花和已结的果，以及取罩、帐时尚未凋谢的花和剩余的花蕾。罩、帐的大小随隔繁区的面积或植株多少而定，一般罩、帐高 2 m 左右，宽约 1.7 m。此法能繁殖一定数量的种子，适用于油菜育种的品系保纯和繁殖原种。

罩、帐隔离的保纯效果与使用的罩、帐情况有着密切的关系。据板田修一郎（1943）测定结果，25.4 mm 内有 20 个孔眼的网罩，油菜杂交率为 7.5%，25.4 mm 内有 40 个孔眼的网罩，杂交率则下降为 3.4%。杂交率随网罩孔的缩小而减小。又据四川省农业科学院作物栽培育种研究所（1983—1984）对不同隔离用具与油菜芥酸保纯关系的试验结果，在一定范围内，尼龙网的目数对油菜品种芥酸保纯作用的大小成负相关，即尼龙网的目数愈多，芥酸含量愈低，50 ~ 60 目的尼龙网与棉纱布的保纯作用相接近，比未隔离种子的芥酸含量明显减少。

各地应当使用何种类型的网罩、帐，应视当地具体情况而定。如在油菜花期气候温和、少雨、空气较干燥的地区，以用棉纱布罩、帐隔离较好；而在高温、多雨、空气湿度大的地区，则以采用尼龙网罩、帐较为适当。

网室隔离。一般以活动网室为宜，初花时安装在需要隔离的油菜地上，终花后拆除存放室内。网室的大小随需要的种子数量而定，可以小至数平方米，大至数百、数千平方米。这种方法隔离的油菜生长正常，又便于去杂去劣，且可以获得较大数量的合格种子，但种子的生产成本较高。

三、高粱种子生产技术

（一）高粱种子生产的生物学特性

1. 高粱的花和花序

高粱的花序属于圆锥花序。着生于花序的小穗分为有柄小穗和无柄小穗两种。无柄小穗外有两枚颖片，内有 2 朵小花，其中一朵退化，另一朵为可育两性花，有一外稃和内稃，稃内有一雌蕊柱头分成二羽毛状，3 枚雄蕊。有柄小穗位于无柄小穗一侧，比较狭长。有柄小穗亦有两枚颖片，内含 2 朵花，一朵完全退化，另一朵只有 3 枚雄蕊发育的单性雄花(图 1-3-6)。

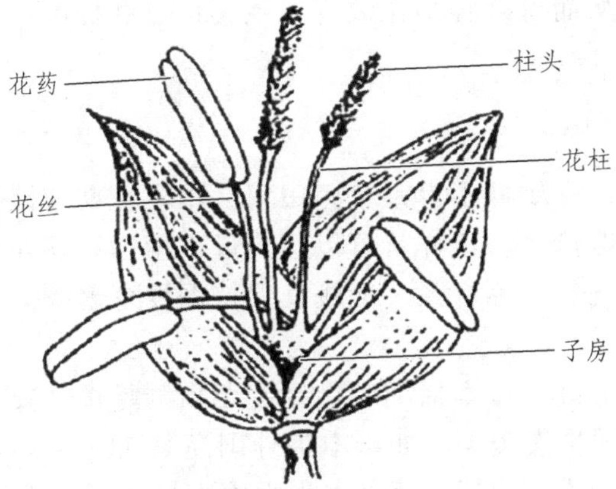

图 1-3-6 高粱花器构造

（资料来源：王建华，张春庆：《种子生产学》，2006。）

2．开花习性

高粱圆锥花序的开花顺序是自上而下，整个花序开花 7 d 左右，以开花后 2～3 d 为盛花期。多在午夜和清晨开花，开花最适宜温度为 20～22 °C，湿度在 70%～90%。开花速度很快，稃片张开后，先是羽毛状的柱头迅速突出露于稃外，随即花丝伸长将花药送出稃外，花药立即开裂，散出花粉。每个花药可产生 5 000 粒左右的花粉粒。开花完毕，稃片闭合，柱头和雄蕊均留在稃外，一般品种每朵花开放时间大约 20～60 min。由于稃外授粉，雌蕊多接受本花的花粉，也可接受外来花粉，天然异交率较高，一般为 5% 以上，最高可达 50%。

3．授粉和受精

从花药散出的成熟花粉粒，在田间条件下 2 h 后花粉萌发率显著下降，4 h 后花粉就渐渐丧失生活力。有人观察高粱开花后 6 d 仍有 52% 的柱头具有结实能力，开花后 14 d 则降到 4.5%，17 d 以后则全部丧失活力。花粉落到柱头上 2 h 后卵细胞就可受精。

（二）高粱杂交种子生产技术

高粱花粉量大，稃外授粉，雌蕊柱头生活力维持时间长，这些特点对搞好杂交高粱制种是很有利的。这也是三系商品化利用的基础。

1．隔离区设置

由于高粱植株较高，花粉量大且飞扬距离较远，为了防止外来花粉造成生物学混杂，雄性不育系繁殖田要求空间隔离 500 m 以上，杂交制种田要求 300～400 m。如有障碍物可适当缩小 50 m。

2．父母本行比

在恢复系株高超过不育系的情况下，父母本行比可采用 2∶8、2∶10、2∶20。

高粱雄性不育系常有不同程度小花败育问题，即雌性器官也失常，丧失接受花粉的受精能力。雄性不育系处于被遮阳的条件下，会加重小花败育的发生。因此，加大父母本的行比，可减少父本的遮阳行数，从而可减轻小花败育发生，也有利提高产量。

3．花期调控

（1）不育系繁殖田

根据高粱的开花习性，在雄性不育系繁殖田里，母本花期应略早于父本，要先播母本，待母本出苗后，再播父本保持系，这样就可以达到母本穗已到盛花期，父本刚开花。这主要是因为雄性不育系是一种病态，不育系一般较其保持系发育迟缓。

（2）制种田

在杂交制种田里，调节好父母本播期和做好花期预测是很必要的。因为目前我国高粱杂交种组合，父母本常属不同生态类型，如母本为外国高粱 3197A、622A、黑龙 A 等，父本恢复系为中国高粱类型或接近中国高粱。而母本为中国高粱类型如矬巴子 A、黑壳棒 A、2731A 等，父本恢复系为外国高粱类型或接近外国高粱类型。由于杂交亲本基因型的差异较大，杂种优势较高。但是，对同一外界环境条件反应不同，特别是高粱为喜温作物，对温度十分敏感。为了确保花期相遇良好，并使母本生长发育处于最佳状态，在调节亲本播期时，要首先确定母本的最适播期，并且一次播完，然后根据父母本播种后到达开花期的日数，来调节父本播期，并且常将父本分为两期播种，当一期父本开花达盛花期，二期父本刚开花，这样延长了父本花期，会使母本充分授粉结实。

如果遇到干旱或低温等气候异常的年份，虽按规定播期也会出现花期相遇不好。在这种情况下，为了及时掌握花期相遇动态，进行花期预测是必要的，特别是对新杂交组合进行制种时，花期预测就更为必要了。最常用的方法是计数叶片和观察幼穗。母本应较父本发育进程早 1 ~ 2 片叶。

观察幼穗法，主要是比较父母本生长锥的大小和发育时期来预测花期，一般以母本的幼穗比父本大 1/3 ~ 1/2 的程度，花期相遇较好。

经预测，发现有花期不遇的危险时，应采取调节措施。早期发现可对落后亲本采取偏水偏肥和中耕管理等措施加以促进。后期发现以采取喷施赤霉素或根外喷施尿素、过磷酸钙为好，可加快其发育速度。

4．去杂去劣

去除杂株包括在雄性不育系繁殖田中去杂和在杂交制种田中去杂。为保证母本行中植株 100% 是雄性不育株，一定要在开花前把雄性不育系繁殖田和杂交制种田母本行中混入的保持系植株除尽。混入的保持系株，可根据保持系与不育系的区别进行鉴别和拔除。

（三）高粱杂交亲本防杂保纯技术

1．退化的原因

我国目前种植的高粱多是杂交高粱，杂交高粱是最先采用“三系”制种的作物。

高粱杂交亲本在长期的繁殖和制种过程中，由于隔离区不安全造成生物学上的混杂，或是由于在种、收、脱、运、藏等工作中不细致，造成机械混杂，或是由于生态条件和栽培方法的影响，造成种性的变异等，使杂交亲本逐年混杂退化。表现为穗头变小，穗码变稀，籽粒变小，性状不一，生长不整齐等，从而严重影响了杂交种子质量，杂交种的增产效果显著下降。

2．“三系”提纯技术

不育系、保持系、恢复系的种子纯度决定高粱杂交种能否获得显著增产效果。高粱“三系”提纯方法较多，一般常用的有“测交法”“穗行法”提纯，这里重点介绍“穗行法”提纯。

（1）不育系和保持系的提纯

第 2 年：抽穗时，在不育系繁殖田中选择具有典型性的不育系（A）和保持系（B）各 30 穗左右套袋，A 和 B 分别编号。开花时，按顺序将 A 和 B 配对授粉，即 A_1 和 B_1 配对，A_2 和 B_2 配对等。授粉后，再套上袋，并分别挂上标签，注明品系名和序号。成熟时，淘汰不典型的配对，入选优良的典型“配对”，按单穗收获，脱粒装袋，编号。A 和 B 种子按编号配对方式保存。

第 2 年：上年配对的 A 和 B 种子在隔离区内，按序号相邻种成株行，抽穗开花和成熟前分两次去杂去劣。生育期间仔细观察，鉴定各对的典型性和整齐度。凡是达到原品系标准性状要求的各对的 A 和 B，可按 A 和 A, B 和 B 混合收获，脱粒，所收种子即是不育系和保持系的原种，供进一步繁殖用。

（2）恢复系的提纯

第 1 年：在制种田中，抽穗时选择生长健壮、具有典型性状的单穗 20 穗，进行套袋自交，分单穗收获、脱粒及保存。

第 2 年：将上年入选的单穗在隔离区内分别种成穗行。在生育期间仔细观察、鉴定，选留具有原品系典型性而又生长整齐一致的穗行。收获时将入选穗行进行混合脱粒即成为恢复系原种种子，供下年繁殖用。

【思考】

简单总结高粱种子生产的一般技术措施。和其他作物相比，有什么特点？

四、棉花种子生产技术

（一）棉花种子的生物学特性

1．花器构造

棉花的花为单生、雌雄同花。雄蕊由花药和花丝组成，花丝基部联合成管状，称为雄蕊管，套在雌蕊花柱较下部的外面。雄蕊管上着生花丝，花丝上端生有花药，花药四室。

花药成熟后，将邻近开裂时，中间的分隔往往被酶解破坏，大致形成了一室。每 1 花药内，含有几十至一百多个花粉粒。花粉粒呈圆粒球状，表面有许多刺突，使花粉易于被昆虫携带和附着在柱头上。雌蕊由柱头、花柱和子房等部分组成。柱头多是露出雄蕊管之外，柱头的表面中央覆盖一层厚的、长形而略尖的单细胞毛，柱头上不分泌黏液，是一种干柱头。

花柱下部为子房，子房发育成棉铃，子房 3～5 室，每室中有 7～11 个胚珠，受精后，胚珠发育成种子。从棉花的花器构造及花粉和柱头的特点可以看出，棉花是以自花授粉为主，经常发生异花授粉，具有较高的天然异交率，一般可达 20% 左右，是典型的自花授粉作物和异花授粉作物的中间型（图 1-3-7）。

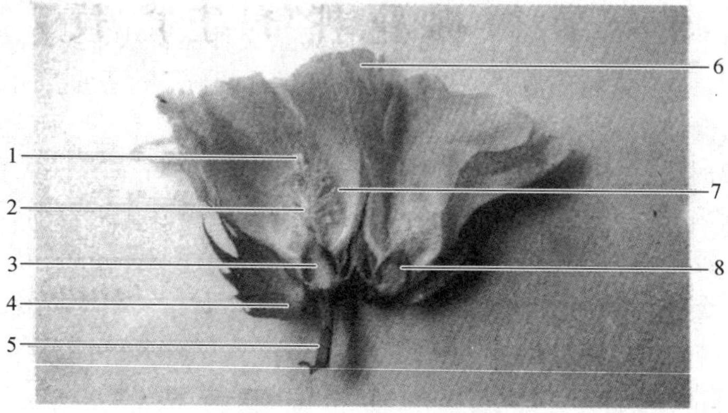

图 1-3-7　棉花花器构造

1—柱头；2—花柱；3—子房；4—花萼；5—花梗；6—花冠；7—雄蕊；8—包片

（资料来源：王建华，张春庆：《种子生产学》，2006。）

2．开花习性

棉花开花有一定顺序，由下而上，由内而外，沿着果枝呈螺旋形进行。一般情况下，相邻的果枝，同位置的果节，开花时间约相隔 2～4 d；同一果枝相邻的果节，开花时间相隔 5～8 d。这种纵向和横向各自开花间隔日数的多少，与温度、养分和植株的长势有关。温度高、养分足、长势强，间隔的日数就少些；反之，间隔的日数就多些。

就一朵花来说，从花冠开始露出苞叶至开放约经 12～14 h，一般情况下，花冠张开时，雌雄两性配子已发育成熟，花药即同时开裂散粉。

3．受精过程

成熟的花粉在柱头上，经 1 h 左右即开始萌发，生出花粉管，沿着花柱向下生长，这时营养核和生殖核移向花粉管的前端，同时生殖核又分裂成为 2 个雄核。其中一个雄核与卵核融合，成为合子；另一个雄核与 2 个极核融合，产生胚乳原细胞。这个过程就是双受精。棉花从授粉到受精结束，一般需要 30 h 左右，而花粉管到达花柱基部只需要 8 h 左右，进入胚珠需 24 h 左右。

（二）棉花原种种子生产技术

原种生产是防杂保纯以及提纯的重要措施，是保证棉花种子生产质量的基本环节。三年三圃制是棉花原种生产的基本方法。根据选择和鉴定方式可分为两种方法：

1．自由授粉法

在适当隔离的情况下，让选择田的棉花自由授粉，进行单株选择和株行（系）鉴定。方法是：

（1）单株选择

单株选择是原种生产的基础，它的质量好坏直接影响原种生产的整个过程。因此，选择单株应在地力均匀、栽培管理适时、生育正常、生长整齐、纯度高、无黄枯萎病的棉田进行。田间选择分两次进行，第一次是花铃期，根据株型、铃型、叶形，在入选棉株上用布条或标牌做标记。选株时应首先看铃型，如铃型明显改变，其他性状也会相应改变，这是重要的形态性状。其次是看株型、株式和叶形，如枝节间长短和叶片缺刻深浅及皱褶大小等。最后看主茎上部茸毛和苍叶等特点。在典型性符合要求的基础上，选铃大、铃多、结铃分布均匀、内围铃多、早熟不早衰的无病健壮株。第二次复选是在吐絮后收花前进行。在第一次初选的基础上，用“手扯法”粗略检查纤维长度，用“手握法”检查衣分高低，同时观察成熟早晚和吐絮情况，以决定取舍。淘汰的单株将初选的记号去掉，当选的挂牌。当全株大部分棉铃已经开裂时，即可收获。先收当选株的花，再收大田花。收后及时晒干，待室内考种决定取舍。

室内考种项目有籽棉重量和绒长。每一单株随机取出完全籽棉 5 瓣，每瓣中取中部籽棉 1 粒，用分梳法进行梳绒，用切剖法测出纤维长度，平均后求出该株纤维长度，以毫米表示。再数 100 粒籽棉称重轧成皮棉，称出皮棉重量，100 粒籽棉上的皮棉重（g）称为衣指，百粒籽棉重量减去衣指剩下来的籽重称为子指。最后再将袋中剩下的籽棉轧成皮棉，得出这 1 株花的衣分，并计算出纤维整齐度及异型籽的百分率。根据考种结果，结合本品种典型的特征特性标准进行决选。当选单株的种子要妥善保管，以备下年播种用。当选单株的数量要根据下年株行圃的面积而定，一般 667 m^2 株行圃约需当选 5 铃以上的单株 120 个。

（2）株行圃

株行圃是在相对一致的培育条件下，鉴定上年当选单株遗传性的优劣，从中选出优良株行。因此，应选用肥力均匀、土质较好、地势平坦、排灌良好的地块。把上年当选的单株，每株点播 1 行，每隔 9 行点播 1 行对照（本品种原种），行长 10 m，行距 60 ~ 70 cm，株距 30 ~ 40 cm，间苗后留单株。

整个生育期都要认真进行田间观察，重点是三个时期。苗期观察出苗早晚、整齐度、生长势。花铃期观察株型、叶形、铃形、生长势、整齐度。典型性差、生长势差、整齐度不如对照或 1 行中有 1 株是杂株的行均应淘汰。吐絮期着重看丰产性，如铃的多少、大小、分布等，并注意对铃形、叶形、株型的复查。在吐絮后期，本着典型性与丰产性相结合的原则，做出田间总评。

凡是不符合原品种典型性、有杂株的株行以及比对照差的株行一律淘汰，并在行端做好标记。收花前先收取中部 20 ~ 30 个棉铃籽棉用作室内考种材料，并及时收摘当选株行，1 行 1 袋，号码要相符。

收花完毕进行测产和室内考种，以丰产性、铃重、绒长、衣分等为主，参考子指和纤维整齐度等决选出入选株行，分札留种。株行圃的淘汰率一般在 30% ~ 40%。

（3）株系圃

将上年当选的株行种子，分别种成一小区，每小区 2 ~ 4 行，即成为株系。行长 15 ~ 20 m，单株行距一般 60 cm，株距 30 cm 单株。生育期的调查同株行圃。凡是不符合原品种典型性及杂株率在 10% 以上的株系应予以淘汰。对田间入选的株系，经室内考种（同株行圃）后进行决选。入选的株系混合轧花、留种。株系入选率一般为 70%。

（4）原种圃

将上年当选的株系的混合种子播种在原种圃，由原种圃繁殖的种子即为原种。

为扩大繁殖系数，可采用稀植点播或育苗移栽技术，加强田间管理。要注意对苗期、花期和铃期的观察，发现杂株立即拔除。然后将霜前正常花混收，专厂、专机轧花，确保种子质量。

另外，也可根据当地的实际情况，采用二圃制生产原种，其方法是略去三圃制中的株系圃一环节，将最后决选的株行种子混合播于原种圃即可。

2. 自交法

一个新育成的品种常常有较多的剩余变异，再加之有较高的天然异交率，很容易发生变异而出现异型株。如采用自交的方法选单株生产原种，可得到更好的选择效果。

（1）选择圃

首先用育种单位提供的新品种原原种来建立单株选择圃，作为生产原种的基础材料，进行单株选择和自交。选择方法同自由授粉法，所不同的是，所选单株要强制自交，每个单株自交15～20朵花，并做标记。吐絮后选择优良的自交单株，每株必须保证有5个以上正常吐絮的自交铃。然后分株采收自交铃，装袋，注明株号及收获铃数。室内考种项目仍然是铃重、绒长、绒长整齐度、衣分、子指等，最后决选。

（2）株行圃

将上年入选的自交种子，按顺序分别种成株行圃，每个株行应不少于 25 株。其周围以该品种的原种作为保护区。在生育期间，继续按品种典型性、丰产性、纤维品质和抗病性等进行鉴定，去杂去劣。与开花期在生长正常，整齐一致的株行中，继续选株自交，每个株行应自交30个花朵以上。吐絮后，分株行采收正常吐絮的自交铃，并注明株行号及收获铃数。经室内考种决选入选株行。

（3）株系圃

上年入选的优良株行的自交种子，按编号分别种成株系。其周围仍用本品种的原种作为保护区。在生育期间继续去杂去劣，并在每一株系内选一定数目单株进行自交。吐絮后，先收各系内的自交铃，分别装袋，注明系号。室内考种后决选，混合轧花留种繁殖，用这部分种子建成保种圃。另一部分自然授粉的棉株（铃），分系混收，经室内考种淘汰不良株系后，将入选株系混合轧花留种，即为核心种，供下一年基础种子田用种。保种圃建成后即可连年不断地供应核心种种植基础种子田。

（4）基础种子田

选择生产条件好的地块，集中建立基础种子田，其周围应为该品种的保种圃或原种田。用上年入选株系自然授粉棉铃的混合种子播种。在蕾期和开花期去杂去劣，吐絮后，混收轧花保种即为基础种，作为下一年原种生产用种。

（5）原种生产田

在适当隔离条件下，用上年基础种子田生产的种子播种，加强栽培管理水平，努力扩大繁殖系数，去杂去劣，收获后轧花留种即为原种。下年继续扩大繁殖后供给大田用种。

此法通过多代自交和选择，较容易获得纯合一致的群体，生产的原种质量高，生产程序也较简单。虽然人工自交费劳力，但不需要每年选大量单株分系比较，而且繁殖系数较高。

无论采用什么方法生产原种，首先决定于所选单株的质量，而选好单株的关键又在于能否十分熟悉品种的典型性和对正常棉株及混杂退化棉株的识别能力。

【思考】

> 棉花原种生产有什么技术要求？和其他作物原种生产比较有哪些特殊性？

（三）棉花杂交种子生产技术

棉花杂种优势利用，可以使得杂交一代增产 10%～30%，同时对于改进棉纤维品质，提高抗逆性有明显作用。因此，通过生产棉花杂交种利用杂种优势是提高棉花产量、质量的新途径。

棉花杂交种生产，主要是利用"两用系"生产杂交种和人工去雄的方法生产杂交种。

1．利用雄性不育系生产棉花杂交种

与正常可育株相比，棉花雄性不育株的花蕾较小，花冠小，花冠顶部尖而空，开花不正常，花丝短而小，柱头露出较长，花药空瘪，或饱满而不开裂，或很少开裂，花粉畸形无生活力。

美国从 1948 年开始选育细胞质雄性不育系和三系配套工作，1973 年获得了具有哈克尼亚棉细胞质的雄性不育系和恢复系。目前在利用棉花三系配制杂交种方面尚存在一些具体问题，如恢复系的育性能力低、得到的杂交种种子少、不易找到高优势的组合、传粉媒介不易解决等问题。因此棉花三系配套制种还未能在生产上大面积推广应用。

2．"两用系"杂交种子生产技术

是指利用棉花隐性核不育基因进行杂交种的生产。1972 年，四川省南充市仪陇县原种场从种植的洞庭 1 号棉花品种群体中发现了一株自然突变的雄性不育株，经四川省棉花杂种优势利用研究协作组鉴定，表现整株不育且不育性稳定。确定是受一对隐性核不育基因控制，被命名为"洞 A"。这种不育基因的育性恢复基因广泛，与其血缘相近的品种都能恢复其育性，而且 F_1 表现为完全可育。这种杂交种子生产技术在生产上已经具有一定规模的应用。

（1）两用系的繁殖

两用系的繁殖就是根据核不育基因的遗传特点，用杂合显性可育株与纯合隐性不育株杂交，后代可分离出各为 50% 的杂合显性可育株和纯合隐性不育株。这种兄妹杂交产生的后代中的可育株可充当保持系，而不育株仍充当不育系，故称之为"两用系"或"一系两用"。繁殖制种时，"两用系"混合播种，标记不育株，利用兄妹交（要辅助人工授粉），将不育株上产生的籽棉混合收摘、轧花、留种，这样的种子仍为基因型杂合的。纯合隐性不育株，可用于配制杂交种。

（2）杂交种的配制

① 隔离区的选择

通过设置隔离区或隔离带，可以避免其他品种花粉的传入，并保证杂交种的纯度。棉花的异交率与传粉昆虫（如蜜蜂类、蝴蝶类和蓟马等）的群体密度成正比，与不同品种相隔距

离的平方成反比。因此，要根据地形、蜜源作物以及传粉昆虫的多少等因素来确定隔离区的距离。一般来说，隔离距离应大于 100 m。如果隔离区内有蜜源作物，要适当加大隔离距离。若能利用山丘、河流、树林、村镇或高大建筑物等自然屏障进行隔离，效果更好。

② 父母本种植方式

由于在开花前要拔除母本行中 50% 左右的可育株，因此就中等肥力水平而言，母本的留苗密度应控制在每公顷 75 000 株左右。父本的留苗密度为每公顷 37 500 ~ 45 000 株。父母本可以 1∶5 或 1∶8 的行比进行顺序间种。开花前全部拔除母本行中的雄性可育株。为了人工辅助授粉工作操作方便，可采用宽窄行种植方式。宽行行距 90 cm 或 100 cm，窄行行距 70 cm 或 65 cm。父母本的种植行向最好是南北向，制种产量高。

③ 育性鉴别和拔除可育株

可育株和不育株可以通过花器加以识别。不育株的花一般表现为花药干瘪不开裂，内无花粉或花粉很少，花丝短，柱头明显高出花粉管和花药。而可育株则表现为花器正常。拔除的是花器正常株。人工授粉棉花绝大部分花在上午开放。晴朗的天气，上午 8 时左右即可开放。当露水退后，即可在父本行中采集花粉或摘花，给不育株的花授粉。采集花粉，可用毛笔蘸取花粉涂抹在不育植株的柱头上。如果摘下父本的花，可直接在不育株花的柱头上涂抹。一般 1 朵父本花可给 8 ~ 9 朵不育株的花授粉，不宜过多。授粉时要注意使柱头授粉均匀，以免出现歪铃。为了保证杂交种饱满度，在通常情况下 8 月中旬应结束授粉工作。

④ 种子收获保存

为确保杂交种的饱满度和遗传纯度，待棉铃正常吐絮并充分脱水后才能采收。采摘时应先收父本行，然后采摘母本行，做到按级收花，分晒、分轧和分藏。由专人负责各项工作，严防发生机械混杂。

⑤ 亲本的提纯

杂种优势利用的一个重要前提就是要求杂交亲本的遗传纯度高，亲本的纯度越高，杂种优势越强。所以不断对亲本进行提纯是一项重要工作。首先是父本提纯。在隔离条件下，采用三年三圃制或二年二圃制方法繁育父本品种，以保持原品种的种性和遗传纯度。其次是“两用系”提纯技术。种植方式可采用混合种植法或分行种植法。分行种植法操作方便，它是人为地确定以拔除可育株的行作为母本行，以拔除不育株的行作为父本行。在整个生育期间，要做好去杂去劣工作。选择农艺性状和育性典型的不育株和可育株授粉，以单株为单位对入选的不育株分别收花，分别考种，分别轧花。决选的单株下一年种成株行，将其中农艺性状和育性典型的株行分别进行株行内可育株和不育株的兄妹交，然后按株行收获不育株，考种后将全部入选株行不育株的种子混合在一起，供繁殖“两用系”用。

无论是父本品种的繁殖田，还是“两用系”的繁殖田，都要设置隔离区，以防生物学混杂。

3. 人工去雄杂交种生产技术

由于棉花花器较小，雌雄同花，而且单株花数多，人工去雄以及杂交操作，容易导致花药和花丝受损，严重的甚至导致花器脱落。所以棉花人工去雄配制杂交种在实际生产中是有一定的难度的。只是与“两用系”杂交生产种子相比，人工去雄生产杂交种可以尽早地利用杂种优势，更能发挥杂交种的增产作用。

人工去雄杂交种生产，同样也需要进行隔离，以避免串粉和混杂，隔离方法和要求同以上所述。杂交时一朵父本花可以给母本 6 ~ 8 朵花授粉。因此，父本行不宜过多，以利于单位面积生产较多的杂交种。为了去雄、授粉方便，可采用宽窄行种植方式，宽行 100 cm，窄行 67 cm，或宽行 90 cm，窄行 70 cm。父母本相邻行采用宽行，以便于授粉和避免收花时父母本行混收。

首先，开花前要根据父、母本品种的特征特性和典型性，进行一次或多次的去杂去劣工作，以确保亲本的遗传纯度。以后随时发现异株要随时拔除。开花期间，每天下午在母本行进行人工去雄。当花冠露出苞叶时即可去雄。去雄时拇指和食指捏住花蕾，撕下花冠和雄蕊管，注意不要损伤柱头和子房。去掉的蓓蕾带到田外以免第二次散粉。将去雄后的蓓蕾做标记，以便于次日容易发现进行授粉。每天上午 8:00 前后花蕾陆续开放，这时从父本行中采集花粉给去雄母本花粉授粉。授粉时花粉要均匀地涂抹在柱头上。为了保证杂交种的饱满度和播种品质，正常年份应在 8 月 15 日前结束授粉工作，并将母本行中剩余的蓓蕾全部摘除。

其次，收获前要对母本行进行一次去杂去劣工作，以保证杂交种的遗传纯度。收获时，先收父本行，然后采收母本行，以防父本行的棉花混入母本行。要按级收花，分晒、分轧、分藏，由专人保管，以免发生机械混杂。

去雄亲本的繁殖，可以采取三年三圃制或二年二圃制方法生产亲本种子，同时采用必要的隔离措施，以保持亲本品种的农艺性状、生物学和经济性状的典型性及其遗传纯度，利于下季杂交种子的生产。

五、向日葵种子生产技术

（一）向日葵种子生产的生物学特性

向日葵（Helianthus annuus L.）亦称葵花。菊科，向日葵属。从染色体数目上可将它们分为二倍体种（$2n = 34$）、四倍体种（$2n = 68$）和六倍体种（$2n = 102$）。从生长期上可分为一年生和多年生种，一般栽培向日葵都属于一年生二倍体种。在栽培向日葵中，按生育期可分为极早熟种（100 d 以下）、早熟种（100 ~ 110 d）、中熟种（110 ~ 130 d）和晚熟种（130 d 以上）。按种子含油率及用途可分为食用型、油用型和中间型。食用型品种种子含油率 20% ~ 39%，油用型种子含油率 40% 以上，脂肪酸组成中含亚油酸 60% 以上，有的品种高达 70%，仅次于红花油。我国向日葵杂交育种和杂种优势利用研究始于 20 世纪 70 年代，已经育成 40 多个杂交向日葵品种，目前在东北三省、内蒙古、山西、河北和新疆等地得到大规模种植。向日葵属于短日照作物。但一般品种对日照反应不敏感，特别是早熟品种更不敏感。只有在高纬度地区才有较明显的光周期反应。

向日葵（sunflower）的花密集着生于头状花序上，头状花序上的花轴极度缩短成扁盘状。花盘的形状因品种不同有凸起、凹下和平展 3 种类型。花盘直径一般可达 15 ~ 30 cm。在花盘（花托）周边密生 3 ~ 5 层总苞叶，总苞叶内侧着生 1 ~ 3 圈舌状花瓣（花冠），称为舌状花或边花。花冠向外反卷，长约 6 cm，宽约 2 cm，尖顶全缘或三齿裂，多为黄色或橙黄色。无雄蕊，雌蕊柱头退化，只有子房，属无性花，不结实。但其鲜艳的花冠具有吸引昆虫传粉的作用。在花盘正面布满许多蜂窝状的“小巢”，每个小巢由1个三齿裂苞片形成，其内着生1朵管状花。管状花为两性花，由子房、退化了的萼片、花冠和5枚雄蕊、1枚雌蕊组成。子房位于花的底部，子房上端花基处有2片退化的萼片，夹着筒形的花冠，花冠先端五齿裂，内侧藏有蜜腺。雄蕊的5个离生花丝贴生于花冠管内基部，上部聚合为聚药雄蕊。一般1个花药内有6 000～12 000个花粉粒。雌蕊由2个心皮组成，雌蕊花柱由花药管中伸出，柱头羽状二裂，其上密生茸毛（图1-3-8）。每个花盘上管状花的数量因品种和栽培水平不同而异，为1 000～1 800朵。

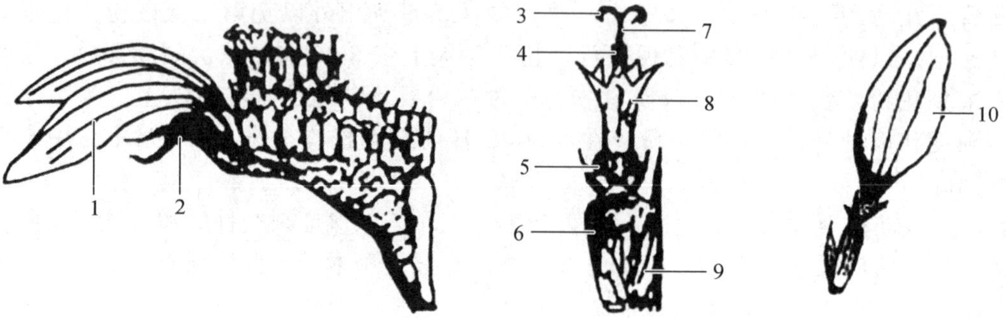

图1-3-8 向日葵花器构造

1—舌状花；2—苞叶；3—柱头；4—雄蕊；5—萼片；6—子房；7—花柱；8—花冠；9—托片；10—舌状花瓣

当向日葵长出8～10片真叶时，花盘开始分化，此时若气温适宜，水肥供应充足，分化的花原基数量就较多，花盘就会大些。一般向日葵出苗后30～45 d开始形成花盘，花盘形成后20～30 d开始开花。在日均气温20～25 °C、大气相对湿度不超过80%时，开花授粉良好。管状花开花的顺序是由外向内逐层开放，每日开放2～4轮，第3～6 d的开花量最多，单株花盘的开花时间可以持续8～12 d。管状花开花授粉全过程约需24 h。通常午夜后1:00～3:00花蕾长高（主要是子房大幅度伸长），花冠开裂，3:00～6:00雄蕊伸出花冠之外，8:00以后开始散粉，散粉时间一直延续到下午1:00～2:00，而以上午9:00～11:00散粉量最多。柱头在雄蕊散粉高峰期伸至花药管口滞留一段时间，于午后6:00～7:00花柱恢复生长，柱头半露，入夜10:00～12:00裂片展开达到成熟，直到翌日上午开始接受花粉受精。一般向日葵柱头的生活力可持续6～10 d，在第2～4 d生活力最强，受精结实率可达85%以上。花粉粒的生活力在适宜的条件下可持续约10 d，但散出的花粉在2～3 d内授粉结实率较高，以后授粉结实率显著下降。

向日葵开花授粉30～40 d后进入成熟期，成熟的主要形态特征是：花盘背面呈黄色而边缘微绿；舌状花冠凋萎或部分花冠脱落，苞叶黄褐；叶片黄绿或枯萎下垂；种皮呈现该品种固有的色泽；子仁含水量显著减少。向日葵食用种的安全贮存含水量要求降到12%以下，油用种要求降到7%。

向日葵是典型的异花授粉作物，雄蕊伸出花冠12 h以后雌蕊柱头才伸出，即雄蕊先熟，雌蕊后熟，同时生理上存在自交不亲和。

（二）向日葵种子生产技术

1.“三系”育种家种子生产方法

（1）不育系和保持系的育种家种子生产方法

第 1 年：将上年从育种家种子生产田中选留的保持系，按株行播种，群体不少于 1 000 株，开花前选择 100 株套袋并人工自交，收获时单收单藏。

第 2 年：将上一年当选的保持系种子，按不育系与保持系 1∶1 比例种植，生育期间选择典型株套袋，用人工使不育系与保持系成对授粉。所得种子成对保存。

第 3 年：将上年成对保存的不育系种子与保持系种子按 2∶1 行比种植，将不育系与保持系之间性状典型一致、不育性稳定的株系入选，并从中选株套袋隔离，人工授粉。收获时将中选的保持系和不育系分别混合脱粒留种。

第 4 年：将上年选留的种子在隔离区繁殖。隔离距离要达到 6 000 m。不育系与保持系采用 4∶2 或 6∶2 行比。开花前严格去杂去劣，并检查不育系是否有散粉株，如有，要立即割掉。开花期实行蜜蜂和人工辅助授粉。人工收获，不育系与保持系分别晾晒和贮藏。所得种子即为亲本不育系和保持系的育种家种子。

（2）恢复系的育种家种子生产方法

第 1 年：播种从恢复系育种家种子繁殖田选留的种子，群体不应少于 1 000 株，生育期间选择符合该品种典型特征的 100～200 个植株套袋，人工授粉自交，收获前淘汰病劣盘，然后单盘单收、单藏。

第 2 年：将上年收获的恢复系按株系播种，每系恢复系与不育系按 2∶1 行比播种。开花前选株分组，每组 3 株，1 株为不育系，另 2 株为恢复系，将其中 1 株（恢复系）去雄，即为去雄中性株，3 株花盘全部罩上纱布袋，以防止昆虫串粉。开花时用套袋不去雄的恢复系分别给不育系和去雄中性株授粉，收获时按组对应编号，单盘收获，单盘脱粒，然后从每组的恢复系自交种子中取出一部分种子，用于品质分析。

第 3 年：将上一年入选的种子，即不育系与恢复系的测交种、去雄中性株与恢复系的测交种和恢复系自交种子，按组设区，各播种 1 行，生育期间进行恢复系纯度和恢复性鉴定。如果去雄中性株与恢复系的测交种行生育表现与恢复系相同，说明该恢复系是纯系，该小区的恢复系可套袋人工混合授粉留种。反之，若表现出明显的杂种优势，则说明该小区恢复系不纯，不能留种。开花期间观察不育系与恢复系的测交种行恢复率是否达到标准，如果经鉴定小区恢复性良好，优势显著，则该区恢复系可套袋人工混合授粉留种；反之，不能留种。最后根据品质分析、纯度及恢复性鉴定结果，把品质好、恢复性强的纯系选出，其套袋授粉种子全部留种。

第 4 年：将上年选留的种子在隔离区繁殖，隔离距离要达到 5 000 m 以上，所得种子即为恢复系的育种家种子。

2．原种种子生产方法

（1）品种和恢复系的原种生产

原种是原原种种子直接繁殖出来的种子。原种生产田要选择地势平坦，土层深厚，土壤肥沃，排灌方便，稳产保收的地块，而且必须有严格的隔离措施，空间隔离距离要在 5 000 m

以上。采用时间隔离时，制种田与其他向日葵生产大田花期相错时间要保证在 30 d 以上。生育期间严格去杂去劣，采用蜜蜂授粉并辅之以人工混合授粉。收获时人工脱粒，所产种子为原种。

（2）亲本不育系的原种生产

在隔离区内不育系与保持系按适宜的行比播种，具体比例应根据亲本不育系种子生产技术规程，并结合当地的种子生产实践经验确定。对父本（保持系）行进行标记。生育期间严格去杂去劣，开花时重点检查母本行中的散粉株，发现已经散粉或花药较大，用手扒开内有花粉尚未散出者要立即掰下花盘，使其盘面向下扣于垅上，以免花粉污染。收获时先收父本行，然后收母本行，分别脱粒、分别贮藏，母本行上收获的种子即为不育系的原种。父本行上收获的种子即为保持系的原种。

3. 杂交种种子的生产技术

向日葵杂交制种具有较强的技术性，为了保证杂交种种子的质量，在杂交制种过程中必须注意以下几个环节：

（1）安排好隔离区

为防止串花混杂，一般要求制种田周围 3 000 m 以内不能种植其他向日葵品种。制种田宜选择地势平坦，土层深厚，肥力中上，排灌方便，便于管理，且不易遭受人、畜危害的地块。制种田必须轮作，轮作周期 4 年以上。

（2）规格播种，按比例播种

父母本行比应根据父本的花期长短、花粉量多少、母本结实性能、传粉昆虫的数量和当地气候条件等来确定。一般制种区父母本的行比以 1∶4 或 1∶6 较为适宜。

调节播期　父母本花期能否相遇是制种成败的关键。若父母本生育期差异较大，要通过调节播种期使父母本花期相遇，而且以母本的花期比父本早 2 ~ 3 d，父本的终花期比母本晚 2 ~ 3 d 较为理想。也可以采用母本正常播种，父本分期播种以延长授粉期。

（3）花期预测和调节

调节父、母本播期是保证花期相遇的一种手段，但往往由于双亲对气候变化、土壤条件以及栽培措施等的反应不同，造成父母本发育速度不协调，从而有可能出现花期不遇。为此，还须在错期播种的基础上，掌握双亲的生育动态，进行花期预测，并采取相应措施，最终达到花期相遇的目的。

根据叶片推算花期　不同品种间向日葵的遗传基础不同，所以不同品种的总叶片数是有差异的。受栽培、气候等条件影响略有变化，但变化不大。一般从出苗到现蕾平均每日生长 0.7 片叶，品种间叶片数的差异主要是现蕾前生长速度不同造成的。结合父、母本的总叶片数，在生育期间通过观察叶片出现的速度来预测父母本的花期是有效的。

根据蕾期推算花期　向日葵从出苗到现蕾需要的日数，与品种特性和环境条件密切相关，一般为 35 ~ 45 d。现蕾至开花约 20 d。蕾期相遇，花期就可能相遇，所以根据蕾期来预测父母本的花期也是有效的方法。

通过花期预测　如发现花期不遇现象，就应采取补救措施。例如，对发育缓慢的亲本采取增肥增水、根外喷磷等措施促进发育。对发育偏早的亲本采取不施肥或少施肥、不灌水、深中耕等措施抑制发育。

（4）严格去杂去劣

为了提高杂交种纯度和质量，要指定专人负责做好杂种区的去杂去劣工作。要做到及时、干净、彻底。可分别在苗期、蕾期和开花期分 3 次进行。在开花前及时拔除母本行中的可育株，以及父、母本行中的变异株和优势株。父本终花后，应及时砍除父本。砍除的父本可作为青贮饲料。

（5）辅助授粉

蜜蜂是杂交制种生产田的主要传粉昆虫，在开花期放养蜜蜂，蜂箱放置位置和数量要适宜，一般 3 箱/hm^2 强盛蜂群为宜，蜂群在母本开花前的 2～3 d 转入制种田，安放在制种田内侧 300～500 m 处，在父本终花期后转出。若开花期遇到高温多雨季节或蜂群数量不足，受精不良的情况下，应每天上午露水散尽后进行人工辅助授粉，每隔 2～3 d 进行一次，整个花期进行 3～4 次。可采用“粉扑子”授粉法，即用直径 10 cm 左右的硬纸板或木板，铺一层棉花，上面蒙上纱布或绒布，做成同花盘大小相仿的“粉扑子”。授粉时一手握住向日葵的花盘颈，另一手用“粉扑子”的正面（有棉花的面）轻轻接触父本花盘，使花粉粘在“粉扑子”上，这样连续接触 2～3 次，然后再拿粘满花粉的“粉扑子”接触母本花盘 2～3 次。也可采用花盘接触法，即将父母本花盘面对面碰撞。人工辅助授粉操作时注意不能用力过大而损伤雌蕊柱头，造成人为秕粒。

（6）适时收获

当母本花盘背面呈黄褐色，茎秆及中上部叶片褪绿变黄、脱落时，即可收获。父母本严格分开收获，先收父本，在确保无父本的情况下再收母本。母本种子收获后，经过盘选可以混合脱粒，充分干燥，精选分级，然后装袋入库贮藏。

【思考】

向日葵种子生产有什么技术特点？你知道向日葵在文学和绘画作品中有什么象征意义吗？

（三）向日葵品种防杂保纯

由于向日葵是异花授粉植物，以昆虫传粉为主，极易发生生物学混杂，所以在种子生产过程中要十分注意防杂去杂和保纯。向日葵的防杂保纯必须做好以下技术工作：

1．安全隔离防杂

向日葵是虫媒花，主要由昆虫特别是蜜蜂传粉。因此，向日葵隔离区的隔离距离都必须在蜜蜂飞翔的半径距离以上，如蜜蜂中的工蜂，通常在半径 2 000 m 以内活动，有时可飞出 4 000 m，有效的飞行距离约为 5 000 m，超过 5 000 m 之外即不能返回原巢。所以杂交制种田要求隔离距离为 3 000～5 000 m，原种和亲本繁殖田隔离距离要达到 5 000～8 000 m。在向日葵产区，若空间隔离有困难，也可采用时间隔离方法以弥补空间隔离的不足。为保证安全授粉，错期播种天数要保证种子生产田与其他向日葵田块花期相隔时间在 30 d 以上。

2．坚持多次严格去杂

根据所繁殖良种或亲本的特性及在植株各个发育阶段的形态特征，在田间准确识别杂株。去杂应坚持分期多次去杂。

（1）苗期去杂

当幼苗出现 1～3 对真叶时，根据幼苗下胚轴色，并结合间苗、定苗，去掉异色苗、特大苗和特小苗。

（2）蕾期去杂

在 4 对真叶至开花前期是向日葵田间去杂的关键时期。在这一时期，植株形态特征表现明显，易于鉴别和去杂。可根据株高、株型、叶部性状（形状、色泽、皱褶、叶刻以及叶柄长短、角度等）等形态特征，分几次进行严格去杂。

（3）花期去杂

在蕾期严格去杂的基础上，再根据株高、花盘性状（总苞叶大小和形状，舌状花冠大小、形状和颜色等）和花盘倾斜度等形态特征的表现拔除杂株。但要在舌状花刚开，管状花尚未开放之时把杂株花盘摘掉，并使盘面向下扣于地上（因割下的花盘上的小花还能继续散粉），以免造成花粉污染。

（4）收获去杂

收获前根据花盘形状、倾斜度、籽粒的颜色、粒型等形态特征淘汰杂盘、病劣株盘。

3．向日葵品种的提纯

在做好向日葵品种的防杂保纯工作后，仍有轻度混杂时，可通过提纯法生产向日葵品种或杂交种亲本的原种。

（1）混合选择提纯

在用来生产原种的品种或亲本恢复系的隔离繁殖田中，于生育期间进行严格的去杂去劣。苗期结合间苗、定苗将与亲本幼茎颜色不同的异色苗和突出健壮苗及弱小苗拔除。开花前根据株高、叶片形状和株型等拔除杂株。在开花期根据花盘颜色及形状等的不同，去掉杂盘。收获前在田间选择具有本品种典型性状、抗病的植株，选择数量根据来年原种田面积而定，要适当多选些，单头收获。脱粒时再根据花盘形状、籽粒颜色和大小，做进一步选择，淘汰杂劣盘，入选单头混合脱粒，供下一年繁殖原种之用。混合选择提纯法在品种混杂不严重时可采用。

（2）套袋自交混合提纯

如果品种混杂较重，混合选择提纯法已达不到提纯的效果，这时可采用人工套袋提纯法。在隔离条件下的原种繁殖田中，在要提纯品种的舌状花刚要伸展时，选择具有本品种典型特征的健壮、抗病单株套袋，在开花期间进行 2～3 次人工强迫自交。自交头数依下一年原种繁殖面积大小而定，尽量多套些。在收获时选择典型单株，单头收获。脱粒时再根据籽粒大小、颜色，淘汰不良单头，入选的单头混合脱粒。第 2 年用混合种子在隔离条件下繁殖原种。在生育期间还要严格去杂去劣，开花前仍选一定数量典型株套袋自交，收获时混合脱粒，种子即为原种。隔离区的其余植株收获后混合脱粒，用作生产用种或大面积繁殖一次后用作生产用种。

（3）套袋自交进行提纯

当向日葵品种混杂严重时可采用此法。第 1 年在开花前选典型健壮、抗病的单株套袋自交，收获时将入选的优良自交单株（头）分别收获、脱粒、保存。第 2 年进行株行比较鉴定。

将上一年的单株自交种子在隔离条件下按株（头）行种植，开花前去掉杂行的花盘，对典型株行也要去杂去劣。然后任其自由授粉，混合收获脱粒。第 3 年在隔离条件下繁殖原种。在生育期间，还要严格去杂去劣，收获种子即为原种。

本项目内容小结

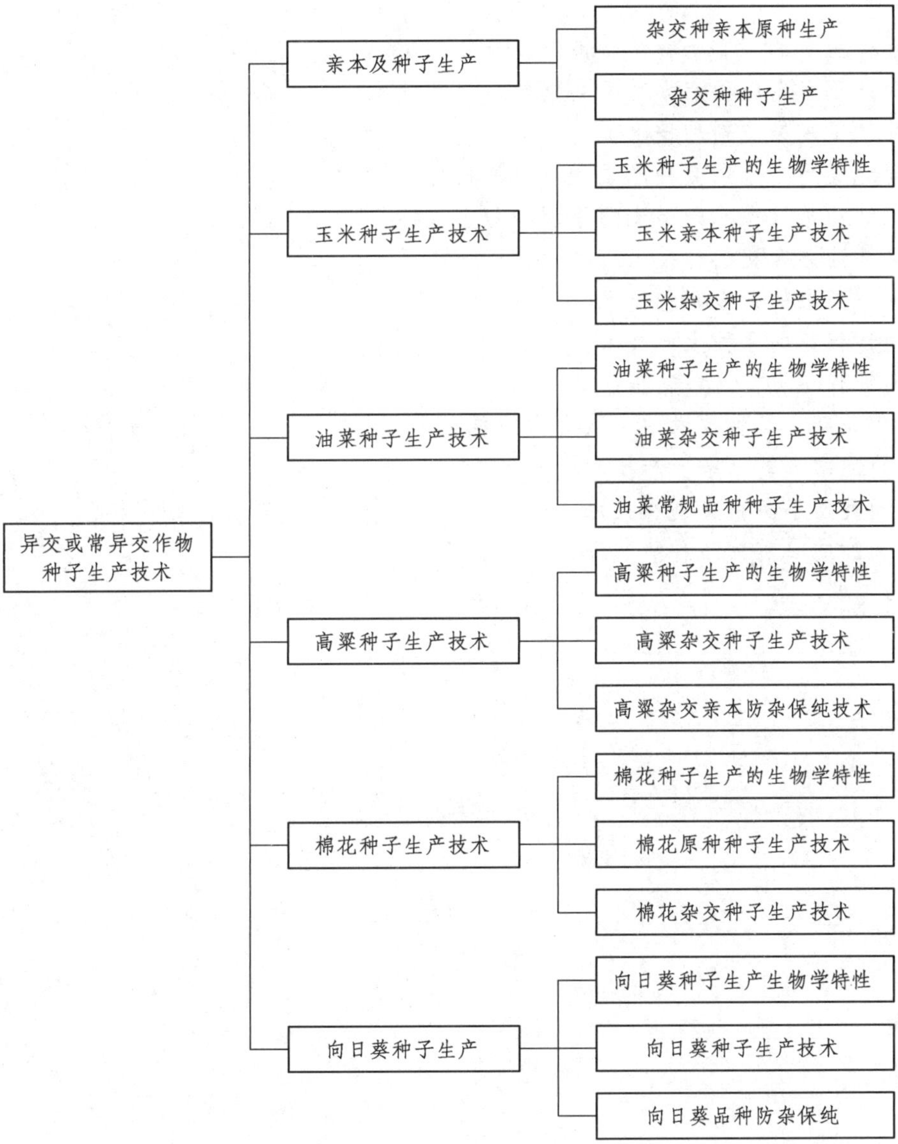

图 1-3-9　项目三内容小结

思考题

1．名词解释

作物原种　提纯复壮　品种间杂交　一般配合力　远缘杂交　系谱法　混合法　姊妹系　玉米自交系　单籽传法　棉花衣指　棉花子指　棉花两用系。

2．简答题

（1）简述玉米的主要生物学特性以及生物类型。
（2）简述玉米杂交种亲本种子的繁殖与提纯技术。
（3）简述玉米杂交制种技术。
（4）简述提高玉米杂交种产量和质量的措施。
（5）简述油菜三系混杂退化的原因和防止措施。
（6）简述油菜杂交制种技术。
（7）简述高粱的杂交制种技术。
（8）简述棉花的原种生产技术。
（9）简述棉花自交混繁法程序。
（10）棉花杂交制种技术中去杂去劣的要点是什么？
（11）简述向日葵三系生产技术。
（12）简述向日葵杂交制种技术。
（13）简述向日葵的品种防杂保纯技术。

项目四　无性系品种种子生产技术

【知识目标】

- 理解无性繁殖作物的遗传及繁殖特点；
- 掌握无性繁殖作物种子生产基本方法与技术。

【技能目标】

- 能够进行马铃薯、甘薯、甘蔗种薯（苗）生产及繁育。

模块一　基本知识

无性繁殖是指不通过两性细胞的结合而产生后代的繁殖方式。无性系种子指无性繁殖作物通过无性繁殖方式繁殖的用于生产的播种材料，常见的是营养器官，如芽、茎、根、球茎、鳞茎、根茎、匍匐枝以及其他特殊无性器官。马铃薯是块茎，甘薯是块根，甘蔗是种茎。

无性系品种为无性繁殖所形成的后代，和有性繁殖的品种相比，主要具有以下遗传特点：① 遗传基础复杂。无性系品种的基因型多是杂合的，遗传基础复杂。② 性状稳定，不易分离。通过无性繁殖所产生的后代通常没有分离现象，一个无性系内的所有植株具有与母体相同的遗传基础。③ 其实生后代常发生复杂的变异。无性繁殖作物在一定条件下能进行有性繁殖，以有性繁殖所形成的种子为播种材料，其后代称为实生后代。由于有性繁殖后代易分离，其实生后代易变异。④ 可进行有性繁殖，从而进行杂交育种。

基于以上遗传特点，与有性繁殖品种相比，无性系品种在种子生产上也有自己的特点：① 不需要严格的隔离。无性系品种在繁殖过程中，不经开花、授粉等环节，不会发生串粉混杂，易保持母株的特征特性、不易发生分离和变异。从理论上讲，后代和母体的基因型是完全相同的。同一无性系内的个体之间基因型也是完全相同的，具有整齐一致性，纯度可达 100%。② 无性繁殖用种量大，繁殖系数低，种子不易保存（鲜活类较多，含水量大），播种量大，成本高。但其根、茎、芽分生能力强，常可用切段、分茎等材料来扦插繁殖。③ 易于造成病害流行，导致品种的退化。④ 无性系品种在适宜的自然和人工条件下，可进行有性繁殖。

模块二　无性系品种种子生产技术

一、马铃薯脱毒种薯生产

马铃薯是茄科作物，以无性繁殖为主要生产手段，但其退化现象在无性繁殖作物中最为明显。主要表现为：植株矮小、束顶，叶片花叶、皱缩、失绿、叶面卷曲，退化严重的植株已无能力结薯，完全失去了种用价值。现代研究表明，马铃薯在种植过程中极易感染病毒，适宜条件下（如高温）病毒会迅速在植株内繁殖，并可运转和积累于所结块茎中。由于无性繁殖，种薯中病毒可世代传递，带毒程度逐年增加，病毒危害逐年加重，产量逐年下降。目前国内外普遍利用茎尖组织培养生产脱毒种薯技术及配套的良种繁育体系来解决马铃薯退化问题。

（一）马铃薯脱毒种薯分级标准

我国将马铃薯脱毒种薯分为基础种薯和合格种薯，基础种薯是指用于生产合格种薯的原原种和原种，合格种薯是指用于生产商品薯的种薯。

1．基础种薯

（1）原原种：用脱毒苗在容器内生产的微型薯和在防虫网、温室条件下生产的符合质量标准的种薯或小薯。

（2）一级原种：用原原种做种薯，在良好隔离条件下生产出的符合质量标准的种薯。

（3）二级原种：用一级原种做种薯，在良好隔离条件下生产出的符合质量标准的种薯。

2．合格种薯

（1）一级种薯：用二级原种做种薯，在隔离条件下生产出的符合质量标准的种薯。

（2）二级种薯：用一级种薯做种薯，在隔离条件下生产出的符合质量标准的种薯。

（二）脱毒马铃薯的原原种生产技术

1．茎尖分生组织培养脱毒的原理

一般认为，茎尖分生组织培养可以脱除马铃薯病原菌的原理包括以下几个方面。

（1）病原菌在植株体内的分布不均匀，绝大多数病毒仅存在于维管系统组织。而分生组织缺乏维管束系统。这就使通过维管系统传染的病毒不会感染到分生组织。

（2）植株的分生组织代谢活力最强。病毒难以在代谢旺盛、细胞生长和分裂迅速的分生组织细胞中增殖。

（3）生长素的作用。植物分生组织中生长素的含量（或活性）一般远远高于其他组织，具有抑制病毒增殖的效果。

2．脱毒苗的获得

（1）取材

准备进行脱毒的马铃薯品种。首先要在田间选择高产、病少的优良单株作为茎尖脱毒的基础材料，以提高脱毒效果。由于 PSTV（马铃薯纺锤形块茎病类病毒）是目前最难脱除的类病毒，在进行脱毒前，首先要对入选的单株进行 PSTV 检测，必须用没有感染 PSTV 的单株做基础材料。鉴定方法有田间观察、指示植物接种鉴定、聚丙烯酰胺凝胶电泳等方法。无病毒症状单株块茎作为入选的基础材料，放在散射光下催芽，以绿壮芽长 4 ~ 5 cm 时为宜。

（2）茎尖剥离与培养鉴定

用经过消毒的刀片将发芽块茎的茎尖切下 1 ~ 2 cm，清水漂洗，剥去外面的叶片，进行表面消毒（先将茎尖在 75% 酒精中迅速蘸一下，随后用 5% ~ 7% 次氯酸钠溶液浸泡 20 min，再用无菌水冲洗 3 ~ 4 次）。在超净工作台上将消毒完毕的芽置于 40 倍解剖镜下进行茎尖剥离，切取长 0.2 ~ 0.4 mm，带有 1 ~ 2 个叶原基的茎尖用于离体培养。一般切取的茎尖越小，脱毒效果越好，但成活率越低。

将剥离的茎尖接种于试管中，放在培养室内培养。茎尖培养基可采用以 MS 为基础的培养基，培养条件 25 °C 恒温，每日 10 h 光照，光照度 2000 lx。

经过 3 ~ 4 个月的培养，可长成 3 ~ 4 个叶的小植株。将其按单节切段，接种于三角瓶中进行扩大繁殖。30 d 后再单节切段，分别接种于 3 个三角瓶中，成苗后，其中两瓶苗（试管苗）移栽于防虫温室的小钵中，用于病毒鉴定。常用方法有 ELISA（酶联免疫吸附试验）血清鉴定法和指示植物接种鉴定法。检测没有病毒的试管苗，才能确定继续扩大繁殖。

3．试管苗快速繁殖技术

脱毒苗要经过数次快繁才能生产无毒小薯。将脱毒苗切成带 1 ~ 2 个芽的茎段，接种于快繁培养基上进行快繁，仍用以 MS 为基础的培养基，培养温度 22 ~ 25 °C，每日 16 h 光照，光照度 2 000 ~ 3 000 lx。

试管苗的最适宜苗龄为 25 ~ 30 d，一般每 25 d 可切段繁殖 1 次，1 株可切 6 ~ 8 段。新培养的无毒苗还可继续进行切断快繁。

快繁过程中，特别是多次继代后，试管苗有可能再次染上病毒，所以不可能无限次数继代下去。为延长脱毒试管苗使用寿命，可采取在初次脱毒的苗中分出一部分苗转入保存用的培养基，并给予有利的保存条件（如加入生长延缓剂或采用低温培养的方法），每 3 ~ 4 个月或更长时间才继代一次。这样可由每两年更新一次脱毒苗延长到 4 ~ 6 年甚至更长时间。

4．原原种生产技术

原原种生产一般是以试管苗为扦插基础苗，苗龄要到达 20 ~ 25 d，苗高 7 ~ 10 cm，茎粗 0.6 ~ 0.8 mm，叶 5 ~ 8 片。采用无土栽培，使用的栽培基质一般是珍珠岩和蛭石。

试管苗在移栽前要经过 5 ~ 7 d 炼苗。取苗后洗去培养基，按要求扦插。基础苗一般栽植密度为 300 ~ 400 株/m^2，深度为 2 cm 左右。扦插结束后，浇一遍透水进入缓苗期，缓苗期注意保湿。

基础苗扦插 10 d 后幼苗长出新根，20 d 后长出 5 ~ 8 叶时进行第一次剪切，剪切前须对剪刀、器皿、手等消毒。剪下茎段放入生根剂中浸泡 5 ~ 10 min。每隔 15 ~ 20 d 可剪切 1 次，剪切后对基础苗加强肥、水管理。由基础苗上剪切的苗，在生根剂中浸 2 min，扦插于苗床上。扦插后 60 d 左右即可收获。

基础苗茎尖空心不宜再剪茎尖，应及时将小薯摘出后栽入网室或让其在苗床上生长，待种苗变黄，微型薯长至 2 ~ 5 g 时及时收获。种薯置于盘子里晾干后装入布袋、尼龙袋或其他透气的容器中。

除此以外，还可利用无病毒块茎快繁技术生产无病毒马铃薯原原种。

（三）脱毒马铃薯的原种生产技术

马铃薯病毒主要由蚜虫的迁飞传播，原种生产基地要选择高纬度、高海拔、风速大、气候冷凉的地区。这些地区对于蚜虫繁殖、取食活动、迁飞和传毒都可造成困难，起到隔离作用。在基地周围至少 500 ~ 600 m 内没有马铃薯大田或其他可寄生马铃薯病毒病的寄主，如茄科作物等。原种生产基地要求土质肥沃、排灌方便、交通便利，能实行轮作换茬的地块，以减少土传病虫害。

播种微型薯一般是在早春气温稳定在 7 °C 以上时开始，早播种、早收获可以避开蚜虫的病毒传播期。播种的微型薯必须通过了休眠期，如果没有通过休眠期需要提前进行催芽处理才能播种。

微型薯的播种密度是行距 30 ~ 50 cm，株距 15 ~ 20 cm，具体密度可根据微型薯的大小和品种特性来决定。播种后培土 3 ~ 5 cm，并适当浇水，保持一定的温湿度。

在正常的生产管理条件下，一般经过 2 ~ 3 个月的生长期，种薯就进入了成熟期。当看到植株下部 2/3 的叶片变黄就可以收获了。收获前一周要先割去地上部分的植株，目的是防止病害传入种薯，也能促进种薯表皮的老化。收获种薯要选择晴好天气进行。收获后按大小分级，去除破损、畸形，过大的薯块作为商品薯处理。把 20 ~ 60 g 的薯块留作种薯，这就是原原种繁育出来的马铃薯原种。

（四）脱毒马铃薯的良种生产技术

脱毒良种与脱毒原种相比，种子质量标准要求相对偏低，其生产条件与大田生产差距不是很大。良种繁育也要在生产条件较好的地方进行，并加强田间管理，减少植株受到病毒侵染，避免良种的品种种性退化。良种繁殖的任务之一是尽量增加种薯的数量，合理密植很有必要，一般控制在 60 000 ~ 75 000 株/hm^2。过大的种薯作种时，需切块播种并消毒。生产出的种薯需符合一、二级合格种薯质量标准。

【思考】

> 脱毒种薯生产和别的作物间套作好吗?

二、甘薯种苗生产

甘薯属于旋花科甘薯属，是重要的高产、稳产、适应性强、具有多种用途的无性繁殖作物，生产上多用块根、茎蔓进行无性繁殖。甘薯在无性繁殖过程中，也会由于品种机械混杂、芽变和病毒感染等发生产量降低、品质变劣、适应性减弱等退化现象，具体表现为藤蔓变细、节间拖长，叶片失绿条斑，薯块变形、变长、纤维增多、水分增多、干物质（切干率）降低，食味不佳，茎叶、薯块容易感染病害等。只是甘薯的退化速度不如马铃薯快，这可能与二者的播种材料不一致有关。马铃薯直播种薯，而甘薯使用种薯育苗移栽。育苗和采苗过程已经自然地选优去劣，淘汰了病薯病株。

（一）甘薯脱毒与快繁

甘薯是应用分生组织培养容易成苗的作物，茎尖脱毒诱导成苗，可使甘薯脱去病毒，还可除去类菌质体、真菌、细菌和线虫等病原体。脱毒薯一般可增产 20% ~ 40%。

1．茎尖组织培养

（1）外植体选择与培育

选择适宜当地栽培的优良甘薯品种，选择品种特征特性纯正、无病虫的薯块，在 30 ~ 34 °C 催芽，当幼苗长到 30 cm 左右时，取茎顶端 3 cm 左右，用清水加适量洗衣粉洗涤 10 ~ 15 min，然后用自来水冲洗干净。

（2）茎尖剥离

将表面清洗过的材料拿到超净工作台内，用 70% 酒精浸泡 30 s，再用 2% ~ 2.5% 的次氯酸钠消毒处理 7 ~ 10 min，用无菌水清洗 3 ~ 5 次，然后在 30 ~ 40 倍解剖镜下轻轻剥去叶片，切取附带 1 ~ 2 个叶原基（长度为 0.2 ~ 0.25 mm）的茎尖分生组织，接种到以 MS 为基础的茎尖培养基上。

（3）培养条件

甘薯茎尖培养所需温度为 26 ~ 30° C，光照度 2 000 ~ 3 000 lx，光照时间 12 ~ 16 h/d。培养 15 ~ 20 d，待芽变绿后将其转移到 1/2 MS 培养基上生长，再经过 60 ~ 90 d 培养，可获得具有 2 ~ 3 片叶的幼株。

（4）建立株系档案

当苗长到 5 ~ 6 片叶时，将生长良好的试管苗进行单节切段，用 MS 培养基繁殖并建立株系档案，一部分保存，另一部分则用于病毒检测。

2．病毒检测

常用的方法有指示植物法和血清学法。指示植物法多采用嫁接法。大多数侵染甘薯的病毒能侵染指示植物巴西牵牛，使其叶片上表现出明显的系统性症状。血清学方法中最适宜的是斑点酶联免疫吸附测定（dot-ELISA）法。该方法是利用硝化纤维素膜作为载体的免疫酶联反应技术，具有特异性强、方法简便、快速等特点。

3．生产性能鉴定

经过茎尖组培有可能发生某些变异，所以，经过病毒检测后得到的无病毒苗在大量繁殖生产之前，需要在防虫网室中进行生长状况和生产性能观察，选择最符合本品种特征特性的株系进行繁殖，该苗为高级脱毒苗（相当于育种家种子）。

4．高级脱毒试管苗快繁

高级脱毒苗株系数量较少，可以采用试管单茎节繁殖。培养基用 1/2 MS，不加激素；温度 25 °C，光照 18 h/d，采用液体振荡培养或固体培养。该方法繁殖速度快，可避免病毒再侵染，继代繁殖成活率高，不受季节、气候和空间限制，可以进行工厂化周年生产。

5．脱毒原原种薯（苗）的繁殖

当脱毒试管苗长到 5 ~ 7 片叶时，将其开盖炼苗 5 ~ 7 d，再移栽到防虫温室或者网室内，温度控制在 25 °C 左右，可生产出原原种薯。由脱毒原原种薯生产出的种苗叫脱毒原原种苗。

在繁殖脱毒原原种苗时要注意以苗繁苗，可采用建立采苗圃的方法扩繁。同时还要防止病毒再侵染，通过种植一些指示植物，拔除病株等措施来确保原原种质量。

6．脱毒原种薯（苗）的快繁

脱毒原原种苗结出的种薯叫脱毒原种薯，原种薯在防虫条件下生产的种苗叫脱毒原种苗。在田间集中连片大量繁殖脱毒原种苗时要进行隔离，可采用在四周 500 m 范围内无带毒甘薯种植的空间隔离，也可利用如高粱、玉米等进行屏障隔离。在繁殖田块内可种植少量的指示植物，借以判断是否有毒源存在或发生过蚜虫传播，如有则应及时拔除病株或降级使用。

一般来讲，原原种的数量比较少，而且价格比较贵。繁育原种时最好尽早育苗，以苗繁苗，以扩大繁殖面积，降低生产成本。原原种苗快繁的方法有很多种，但以加温多级育苗法、采苗圃育苗法和单、双叶节栽植法最为常用。

7．甘薯良种生产

用原种薯育苗，在普通无病毒田块上生产的种薯为一级良种，即生产用种。第二年大田生产的夏薯留种为二级良种，也可作为生产用种。第三年生产的为纯商品薯，不能再做种薯用。

（二）甘薯品种防杂保纯

在甘薯种子生产中要采取防杂保纯措施，搞好原种生产，加速良种生产。具体措施如下：

1．建立规范的繁育体系

建立由上而下的，趋向产业化的良种繁育体系才能保证种薯生产的质量和数量。薯苗生产和经营同种子一样，实行生产许可证和经营许可证，以保障质优无病的种苗用于生产。

2．抓好原种生产

（1）采用以“保纯繁殖”为主的技术路线。在繁育体系中，由上而下分级繁殖。由育种单位提供育种家种子，通过加代繁殖生产原原种，再由原原种加代繁殖生产原种：育种家种子（种薯或种苗）→原原种薯→原原种苗→原种薯→原种苗。在繁殖过程中，严格去除杂薯、杂苗及劣薯劣苗，以保持原品种的典型性和纯度。

（2）采用“提纯更新”循环选择法生产原种路线。即采取单株选择、株行圃、原种圃的三年两圃制方法生产原种。其基本程序是：

① 单株选择。优良单株主要在原种圃中选择，也可从留种田选择。入选株地上部分需做标记，收获时根据地下结薯的特征特性进行复选。当选单株留 150 g 以上薯块做种，编号分株贮藏。

② 株行鉴定。第二年种薯育苗前进行复选，剔除带病或贮藏不良的薯块。不同种薯的薯块隔开育苗。选茎蔓粗壮的健苗，在距床面 3.5 ~ 7.0 cm 处剪下，按原编号栽入采苗圃，待蔓长达 30 cm 时，距中剪苗，在起垄的株行圃单行插栽，每株行栽 30 个带顶尖的枝条。在封垄前和收获期进行初步评比。收获前在入选行挖取有代表性的薯块，测定晒干率。收获时挖出薯块后单行放置，对结薯性、薯型、产量进行复选，入选行可混合，单独贮藏，供下年混系繁殖。在苗期、封垄前，若发现退化株、病株、杂株等，应将其单株的薯苗与薯块全部拔除。

③ 混系繁殖。将上年当选混行种薯育苗，根据实际情况决定是否设立采苗圃繁苗，栽入大田后，在苗期、封垄前要去杂去劣，拔除病株，适时收获，安全贮藏。所获得的原种一代种薯用于繁殖一级良种用。

三、甘蔗种苗生产

甘蔗属禾本科甘蔗属植物，在生产上是用蔗茎（通称种苗）进行繁殖的，需要选择营养物质丰富、蔗芽饱满健壮、无病虫害的种苗做种。

（一）蔗种选择与处理

1. 蔗种的选择

甘蔗种苗的选择一般经过大田块选、收获株选、斩种段选和下种芽选 4 个程序。

大田块选：选种的蔗田要求通风透光良好、栽培管理好、病虫害少、长势好、无倒伏、品种纯度高、典型一致、密度适当。选定的田块需设立标志，加强后期水、肥管理，做好防病虫及防霜冻工作。

收获株选：收获时在留种田选择蔗茎直立、生长旺盛、梢部粗壮、青叶数多的蔗株，严格剔除细小、病虫为害和混杂品种蔗株。

斩种段选：选定做种的蔗茎，根据去留部位的不同可分为蔗梢种（梢部种）和蔗茎种（全茎种）。前者为蔗茎去掉叶片，留下叶鞘护芽，从生长点处劈去尾梢，再砍下梢部 80 cm 左右做种；后者为用梢部种以下的整条蔗茎来做种。

生产上一般多采用蔗梢种，其含蔗糖少，比较经济，尤其是出苗迅速、整齐。蔗茎做种时，每段只含 1 个芽的称为“单芽种”，含 2 个芽的称为“双芽种”，含 3 个芽以上的统称为“多芽种”。我国蔗区大面积甘蔗生产上多采用双芽种。不管单芽种、双芽种或多芽种，蔗茎做种时，下芽后面所带节间应留长些，上芽的前端节间可留短些。

种苗经斩种、浸种、催芽以及运输，都可能受到机械损伤，所以在下种时还要剔除死芽、弱芽和虫蛀芽的节段。

2. 蔗种的处理

蔗种处理是在蔗种选择的基础上进行的，其方法有晒种、浸种、消毒、催芽等。

（1）晒种

晒种在斩茎前进行，主要用于含水量较高或者砍下后很快就要下种的。晒种时先把较老的叶鞘剥去，保留嫩的叶鞘，晒 1～2 d，至叶鞘略呈皱缩为度。

（2）浸种

浸种在斩茎后下种前进行。目前主要采用清水浸种、石灰水浸种和温汤浸种。清水浸种以流动清水在常温下浸 2～3 d；石灰水浸种一般采用 2% 左右的饱和石灰水浸 12～48 h，越老的“蔗茎种”，浸的时间越长；温汤浸种是用 55～57 °C 的温水浸 20 min，在浸种期间保持 52 °C 左右的温度。种苗经浸种处理后，在发芽率、分蘖率、株高、茎径和有效茎率上都有提高。

（3）消毒

蔗种的药剂消毒主要是为了防治甘蔗凤梨病。除温汤浸种外，也可采用多菌灵、苯来特和托布津等，其浓度和浸种时间都是 50% 可湿性粉剂 1 000 倍液浸种 10 min。对于宿根矮化病，可采用 54 °C 的热水处理种苗 8 h，效果较好。

（4）催芽

生产上主要采用堆肥催芽、塑料薄膜覆盖催芽和蒸汽催芽 3 种。

堆肥催芽是选择背风向阳近水源的地方，先垫上一层 10～15 cm 厚的半腐熟堆肥，然后把蔗种与堆肥隔层堆积，共 4～5 层，最后覆盖稻草或薄膜，保温保湿。每天检查温、湿度 1～2 次，温度最高不宜超过 40 °C，最低不低过 25 °C，以 30 °C 左右为宜，经过 5～6 d 后达到催芽要求即可下种。

塑料薄膜覆盖催芽是把蔗种堆积在露天空地上，堆宽和高各 66 cm 左右，长度视播种量和场地而定，上盖塑料薄膜。堆下部的温度不易升高，下垫稻草等物。

蒸汽催芽是把蔗种装入箩筐分层排放，并注意上下左右调整。室温先加至 30～40 °C，保持 12 h 左右，一般根和芽即已萌动。

催芽程度应掌握的标准为“芽萌动鼓起，根点突起”。切勿催芽过长，以免下种时碰断芽，并影响出苗。

（二）整地与下种及田间管理

1. 整　地

整地主要包括深耕、开植蔗沟、起畦和施基肥等。

（1）深耕

深耕的程度因田地条件而异。土层深厚、土壤肥沃和有机肥数量多的，可深些；土层浅薄、田地瘦瘠的，要逐步加深，对于底土渗漏性大的田地，不宜过深；地下水位高的低洼地，应排水，降低地下水位，再适度深耕。

（2）开植蔗沟

在易受旱地区，经深耕、耙平、碎土后，按种植的行距开植蔗沟，便于施有机质基肥和以后培土等作业。植蔗沟的深度依蔗田情况而定，一般 10～25 cm。旱地、砂地和土层深厚的可深些，雨水较多、土层薄的可浅些。植蔗沟宽度视播幅宽窄和土壤情况而定。沙质土的因沟壁浅易崩塌，可宽些。

（3）起畦

对地势低洼、地下水位高和土质黏重的蔗田，应开沟（排水沟）起畦，以利排水和土壤通气。开沟起畦工作宜在冬耕晒白后，于土壤宜耕度高时进行。畦的宽窄深浅要根据田地情况和种植行距等而定。土质黏重、排水较差和地下水位高的蔗田，畦要高些，反之则宽些。

（4）施基肥

可结合整地时全面施用，或留一部分集中施于植蔗沟中。有机肥在施用前，宜与磷肥结合堆积一段时间。施于植蔗沟中或种植床下的基肥最好结合部分速效氮肥。肥量多时钾肥用50% 做基肥，肥量少时可在苗期、分蘖期分别施用，以免流失。

2．下　种

下种主要包括确定下种期、合理的下种密度和提高下种质量等。

（1）下种期

春植蔗的下种期，主要由发芽出苗期、伸长期和成熟期所处的温度、雨量和光照以及耕作制度等条件来决定。根据甘蔗的特性，一般当土表 10 cm 内土温稳定在 10 °C 以上时便可下种。尽量提早下种，延长生长期，以提高产量。

（2）下种密度

下种密度包括下种量、行距和下种方式。气温高、雨水多、发芽出苗率高、生长期长、生长量大，下种量可少些，反之下种量要多些。一般认为，每 667 m^2 下种量 2 500 ~ 3 500 段双芽种较为适宜。一般生长期短的，干旱瘦瘠的地区，中细茎和窄叶、竖叶品种，行距应窄些，一般采用 100 ~ 150 cm；下种方式有单行条植、三角条植、双行条植、两行半条植和三行条植等。我国主要蔗区多采用三角条植。

（3）下种质量

下种时种苗要平放，芽向两侧，紧密与土壤接触。下种后盖土要厚薄一致，其厚度一般为 3 ~ 6 cm。一般在下种薄盖土或施上土杂肥后，把农药施于其上，然后再行覆土，可有效地减少虫害。

3．田间管理

甘蔗下种后发芽出苗期一般要维持土壤湿度在 70% 左右。特别对下种后不盖土的，湿度可适当大些。有些由于深沟下种，种后遇雨，造成沟壁土崩塌，致使蔗种上盖土过厚，须把土拨开。在土质黏重的蔗田，雨后表土板结，须及时破碎土皮。通过松土晾行，土温容易提高，土壤通气良好，覆土厚薄适当，为蔗芽顺利出土创造良好的条件。下种后做好病虫的防治工作，也是蔗芽顺利出土的重要保证。

（三）甘蔗良种加速繁殖

甘蔗利用蔗茎作为播种材料，用种量大，繁殖系数低，种苗体积大，不耐贮藏且运输难。甘蔗每公顷用种量达 7 500 ~ 9 000 kg，繁殖系数仅为 4 ~ 6。因此，增加繁殖系数是甘蔗种苗生产的主要目标。加速繁殖的方法主要有以下几种。

1．一年二采法

一年二采法即春（冬）植秋采苗、秋植春采苗法。

春（冬）植秋采苗、秋植春采苗是目前甘蔗良种加速繁殖的常用方法。采用这种方法，要做到适时下种、适时采苗。一方面春植的要早种，以增加上半年的繁殖倍数；另一方秋植的要安全过冬，以保证下半年的繁殖倍数。此法适于温度较高的华南蔗区，一年繁殖系数可在40倍以上。

2．二年三采法

二年三采法即春植秋采苗、秋植夏采苗、夏植春采苗的方法。此法适于冬季温度较低的华中蔗区。

3．离蘖分株繁殖法

采用单芽疏植，当母茎长出数条分蘖后，选出已有5~6片叶、长出苗根的壮蘖，从母茎上分割出来，先经过假植后再移植到苗圃，进一步繁殖。切离分蘖，可分期分批，不断切离和移栽。栽植后的新植株也可能再生分蘖，可按上法同时进行离蘖，直至气候对返青有困难时为止。

4．蔗头分植法

此法对节省蔗种和扩大繁殖倍数都有好处。及时挖出埋在土里的老蔗头，选则无病虫为害的，去掉一些老根，然后把蔗头分开进行催芽，发芽后移植；移植前剪去部分叶子，移植后淋足水。这样1 hm^2的蔗头一般可种3~5 hm^2蔗地，在种苗较少和较缺的情况下是可行的。

5．织培养繁殖法

采用组织培养加速繁殖是近年来新兴的技术，可大大提高繁殖倍数。有条件的地方可以试行。

本项目内容小结

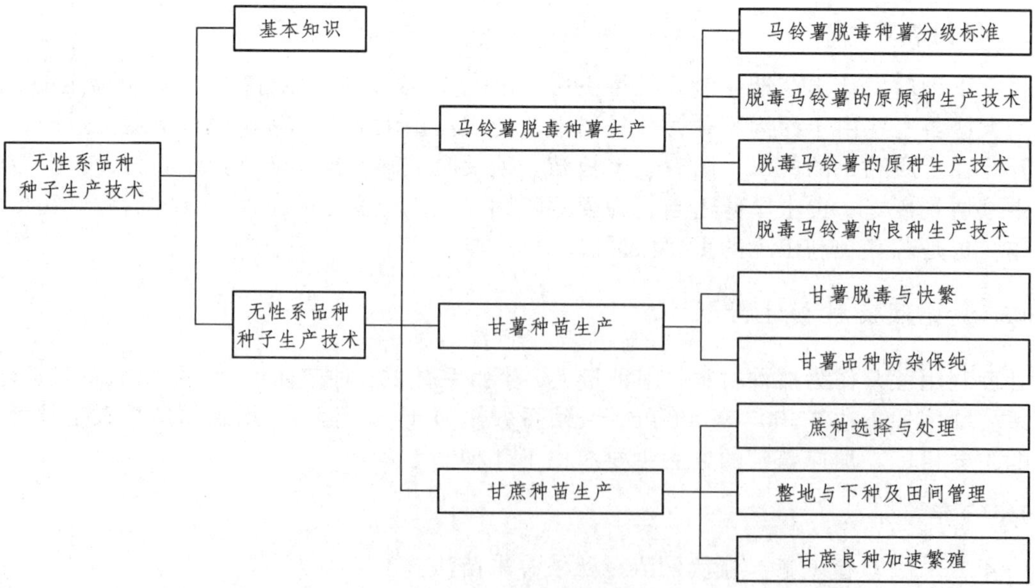

图1-4-1 项目四内容小结

思考题

1. 茎尖培养生产无毒马铃薯的原理是什么？有哪些主要的技术环节？
2. 甘薯种苗生产过程中如何防止品种的混杂退化？
3. 在甘蔗种苗的选择上，生产上为什么一般采用蔗梢种？

项目五　蔬菜种子生产技术

【知识目标】

- 能列举蔬菜的分类方法及各类方法的依据和内容；
- 能概述叶菜类蔬菜常规种和杂交种种子生产的方法；
- 能概述根菜类蔬菜常规种和杂交种种子生产的方法；
- 能概述茄果类蔬菜常规种和杂交种种子生产的方法；
- 能概述瓜类蔬菜常规种和杂交种种子生产的方法。

【技能目标】

- 掌握叶菜类蔬菜的常规种子生产技术和杂交制种技术；
- 掌握根菜类蔬菜的常规种子生产技术和杂交制种技术；
- 掌握茄果类蔬菜的常规种子生产技术和杂交制种技术；
- 掌握瓜类蔬菜的常规种子生产技术和杂交制种技术。

蔬菜含有丰富的维生素、矿质元素、碳水化合物及其他营养物质，是人民生活中重要的副食品。因此，蔬菜生产也是农业生产不可缺少的组成部分。近年来，随着科学技术和农业生产的迅速发展，蔬菜生产已成为我国种植业中的第二大产业，其产品已成为我国出口量最大的农产品。优良的种子是保证蔬菜生产的重要物质基础，现代蔬菜种子生产已成为专门的产业。蔬菜种子生产以获得生理成熟的种子或果实为目的，但因蔬菜种类、品种繁多，种株的生长发育规律、花芽分化进程、授粉方式以及栽培管理技术措施复杂，与以鲜嫩营养器官为产品的蔬菜商品生产有明显区别，形成了蔬菜种子生产的特殊性和复杂性。本项目主要介绍几种重要蔬菜作物种子的原种生产、大田用种生产及杂交制种技术。

模块一　基本知识

一、蔬菜分类

蔬菜植物种类繁多，范围很广。除一二年生草本植物外，还有多年生草本和木本植物，以及许多真菌和藻类植物。据不完全统计，我国栽培的蔬菜有230余种，其中普遍栽培的有70～80种。由于不同蔬菜种类的生物学特性、生态适应性和栽培管理方法等差异很大，为了更好地研究、栽培和利用蔬菜，科学的分类十分必要。蔬菜的分类方法主要有植物学分类、食用器官分类和农业生物学分类。

（一）植物学分类

根据植物学形态特征，按照界、门、纲、目、科、属、种进行分类，其中，种为基本单位，在种以下，还可分为亚种、变种、品种等。采用植物学分类，可以明确科、属、种间在形态、生理上的关系，以及遗传、系统发生上的亲缘关系。如结球甘蓝与花椰菜，产品器官不同，前者是叶球，后者是花球，但两者同属一个种，彼此容易杂交。番茄、茄子及辣椒都同属于茄科；西瓜、甜瓜、南瓜、黄瓜都属于葫芦科。它们在生物学特性及栽培技术上，都有共同的地方，甚至在轮作防病上，也有许多病原是可以相互传染的。但植物学分类，也有它的缺点。如番茄和马铃薯同属茄科，但其食用器官及栽培技术却大不相同，在生产中要特别注意。

我国的蔬菜总共有 30 多科，其中绝大多数属于种子植物，既有双子叶植物，又有单子叶植物。在双子叶植物中，以十字花科、豆科、茄科、葫芦科、伞形科、菊科为主。单子叶植物中，以百合科、禾本科为主。本模块仅介绍重要的科及其主要蔬菜，见表 1-5-1。

表 1-5-1　常见蔬菜的植物学分类表

所属门	所属纲	所属科	拉丁名	代表蔬菜
真菌门	担子菌纲	银耳科	Tremellaceae	银耳
		木耳科	Auriculariaceae	木耳
		口蘑科	Tricholmataceae	香菇、侧耳（平菇）
		伞菌科	Agaricaceae	双孢蘑菇、蘑菇
		光柄菇科	Pluteaceae	草菇
被子植物门	双子叶植物纲	莲　科	Nelumbonaceae	莲（莲藕）
		藜　科	Chenopodiaceae	甜菜、菠菜
		苋　科	Amaranthaceae	苋
		锦葵科	Malvaceae	秋葵、冬葵（冬寒菜）
		葫芦科	Cucurbitaceae	黄瓜、甜瓜、南瓜、西葫芦、丝瓜、苦瓜、冬瓜、西瓜
		十字花科	Brassicaceae	大头菜、大白菜、青菜、芥菜、萝卜、荠菜、芜菁、甘蓝
		豆　科	Papilionaceae	豌豆、大豆、菜豆、豇豆、绿豆、蚕豆、扁豆、葛、豆薯
		伞形科	Umbelliferae	胡萝卜、茴香、芹菜、芫荽（香菜）
		旋花科	Convolvulaceae	甘薯、蕹菜（空心菜）
		茄　科	Solanaceae	茄子、马铃薯、番茄、辣椒
		菊　科	Compositae	莴笋、莴苣、苦苣、南茼蒿、篙子杆
	单子叶植物纲	天南星科	Araceae	芋、魔芋
		禾本科	Gramineae	毛竹、刚竹、淡竹、麻竹、绿竹、茭白、甜玉米
		姜　科	Zingiberaceae	姜
		百合科	Liliaceae	百合、金针菜（黄花菜）、葱、蒜、洋葱、韭菜、石刁柏（芦笋）
		薯蓣科	Dioscoreaceae	薯蓣（山药）、大薯

（二）食用器官分类

根据蔬菜的食用器官分为根菜类、茎菜类、叶菜类、花菜类和果菜类五类，而不管它们在植物分类学上及栽培上的关系。这里针对种子植物而言，不包括食用菌等特殊的种类。

1. 根菜类

产品器官为肉质直根或块根，可分为：

（1）直根类：由直根膨大成为产品器官，如萝卜、胡萝卜、根用芥菜、根用甜菜、芜菁等。

（2）块根类：由侧根或不定根膨大成块状，作为产品器官，如甘薯、豆薯、葛等。

2. 茎菜类

食用部分为茎或茎的变态，可分为：

（1）地下茎类：包括块茎类（马铃薯、山药）、根茎类（莲藕、姜）、球茎类（芋）。

（2）地上茎类：包括嫩茎类（石刁柏、竹笋）、肉质茎（茭白、莴笋、茎用芥菜、球茎甘蓝）。

3. 叶菜类

以叶片、叶球、叶丛、变态叶为产品器官，可分为：

（1）普通叶菜类：如小白菜、叶用芥菜、菠菜、芹菜、苋菜等。

（2）结球叶菜类：如结球白菜、结球甘蓝、结球莴苣、包心芥菜等。

（3）香辛叶菜类：如葱、韭菜、芫荽、茴香等。

（4）鳞茎菜类：如洋葱、大蒜、百合等。

4. 花菜类

以花器或肥嫩的花枝为产品器官，可分为：

（1）花器类：如金针菜等。

（2）花枝类：如花椰菜、青花菜、菜薹等。

5. 果菜类

以果实或种子为产品器官，可分为：

（1）瓠果类：以下位子房和花托发育成的果实为产品，如南瓜、黄瓜、西瓜、甜瓜、冬瓜、丝瓜等。

（2）浆果类：以胎座发达而充满汁液的果实为产品，如茄子、番茄、辣椒等。

（3）荚果类：以脆嫩荚果或其豆粒为产品，如菜豆、豇豆、扁豆、菜用大豆、豌豆、蚕豆等。

（三）农业生物学分类

农业生物学分类是将生物学特性与栽培技术特点基本相似的蔬菜归为一类，综合了上面两种分类方法的优点，比较适合生产上的要求。可分为以下 14 类：

1．根菜类

包括萝卜、胡萝卜、芜菁甘蓝、芜菁、根用芥菜、根用甜菜、根用芹菜、牛蒡等，以其肥大的直根为食用器官。起源于温带地区，喜温和或较冷凉的气候和充足的光照，耐寒而不耐热。均为两年生植物，种子繁殖，不宜移栽。由于产品器官在地下形成，要求土层疏松深厚，以利于形成良好的肉质根。

2．白菜和甘蓝类

包括大白菜、小白菜、结球甘蓝、球茎甘蓝、花椰菜、青花菜等十字花科芸薹属的蔬菜，以幼嫩的叶片、叶球、花薹、花球及肉质茎为食用器官。大多为两年生植物，第一年形成产品器官，第二年抽薹开花。生长期间要求温和的气候条件，能耐寒而不耐热。均用种子繁殖，适于育苗移栽。

3．芥菜类

包括叶用芥、根用芥、茎用芥和籽用芥菜等。需要湿润季节及冷凉的气候，多数为两年生植物，用种子繁殖。

4．茄果类

包括番茄、茄子、辣椒等茄科蔬菜，以果实为产品器官。起源于热带地区，喜温暖不耐寒。为一年生植物，种子繁殖，生产上大多采用育苗移栽。

5．瓜　类

包括黄瓜、南瓜、西瓜、冬瓜、丝瓜、苦瓜、蛇瓜、菜瓜等葫芦科蔬菜，以果实为产品器官。多数起源于热带，喜温怕霜。为一年生植物，种子繁殖。茎为蔓生，栽培上通常需支架和整枝。

6．豆　类

包括菜豆、豇豆、毛豆、刀豆、扁豆、豌豆、蚕豆等豆科植物，以幼嫩豆荚或种子为食用产品。除蚕豆和豌豆要求冷凉气候以外，其余要求温暖的环境。为一年生植物，种子繁殖。

7．葱蒜类

包括洋葱、大蒜、大葱、韭菜等百合科蔬菜，以鳞茎或叶片为食用产品，具有香辛味。两年生或多年生，用种子繁殖或无性繁殖，耐低温能力较强。以秋季及春季为主要栽培季节。

8．绿叶菜类

包括莴苣、芹菜、菠菜、茼蒿、苋菜、蕹菜等，以幼嫩的绿叶、叶柄或嫩茎为食用产品的一类速生蔬菜。这类蔬菜在起源和植物学分类上比较复杂，多数植株矮小，生长迅速，对氮肥和水分要求高。

9．薯芋类

包括马铃薯、芋、姜、山药、豆薯等，以肥大的地下茎或地下根为食用产品的一类蔬菜，在生产上均采用营养器官繁殖。

10．水生蔬菜

包括莲藕、菱、茭白、慈姑、水芹、芡实等。在淡水中生长，除菱和芡实外，都用营养器官繁殖，为多年生植物，每年在温暖和炎热季节生长，气候寒冷时地上部分枯萎。

11．多年生蔬菜

如竹笋、金针菜、石刁柏、百合等。一次种植可连续多年生长和采收。在温暖季节生长，除竹笋外，冬季地上部枯死，以地下根或茎越冬。

12．食用菌类

如蘑菇、草菇、香菇、金针菇、黑木耳、银耳等，人工栽培或野生。

13．芽苗菜类

如豌豆芽、萝卜芽、苜蓿芽、荞麦芽、绿豆芽、黄豆芽等，用蔬菜或粮食作物种子长出的幼芽（幼嫩的下胚袖、子叶，有的还带其叶）为食用产品的一类蔬菜。

14．野生蔬菜

如蕨菜、蒌蒿、菊花脑、马兰、荠菜、蒲公英、马齿苋等，能用作蔬菜的野生植物。有些野生蔬菜已逐渐人工栽培，如蒌蒿、荠菜等。

【思考】

我们日常所吃的蔬菜有哪些种类？与其他作物比较有什么特点？

二、蔬菜种子生产特点

蔬菜作物与粮食作物相比，种子生产有以下特点：

1．种子类别多

生产上使用的蔬菜种子有常规种子、杂交种子。常规种子有自花授粉的纯系品种、异花授粉和常异花授粉的群体品种、无性繁殖的无性系品种。杂交种子根据制种方法和途径不同分为：人工去雄配制杂交种，化学杀雄配制杂交种，利用雄性不育系配制杂交种（二系和三系制种），利用自交不亲和性配制杂交种，利用雌性系配制杂交种等。

2．种子生产周期长

由于多数蔬菜作物对光温反应敏感，通过春化阶段和光照阶段才能进入生殖生长，有些还必须在营养生长过程中或结束后，才能通过这两个阶段。所以，蔬菜种子生产周期较长，有的需要 1 年，有的需要 2 年（隔年）才能生产种子。

3．种子生产技术性强

茄果类蔬菜种子较小，直播发芽困难，难于全苗，必须育苗移栽；根菜类的萝卜等发育器官主要在地下，要求有深厚的耕层土壤。蔬菜作物多属虫媒花，异交率很高，制种时要求严格隔离（1 000 m 以上），甚至保护地（大硼、温室）制种；有的蔬菜采用人工去雄配制杂交种，去雄必须及时、干净、彻底；有的蔬菜异交结实率低，杂交制种时必须人工辅助授粉。

4．易利用杂种优势

根菜类、茎菜类、叶菜类主产品为营养器官，杂交种只要生长势强，营养器官大多可利用，无须追求种子产量，所以很容易利用杂种优势。

5．生产投入多、效益高

由于蔬菜种子生产周期长，技术性强，在种子生产过程中投入的人力、物力、财力比较多。例如，蔬菜作物需水肥较多，对土壤要求严格，生产上要选择上等地块制种，水肥投入较多。许多蔬菜要求管理精细，杂交制种采用人工去雄的方法，比较费工。但是蔬菜作物种子繁殖系数高、销售价格高，所以制种经济效益可观。

6．蔬菜种子用途单一

绝大多数蔬菜种子除了做种子外没有其他用途，故一旦种子积压或失去种用价值，都将造成极大的经济损失。因此，必须加强种子生产的预见性，才能达到产、销平衡。

【思考】

蔬菜种子生产过程中，为什么要求空间隔离比自交作物严格？

模块二　蔬菜种子生产技术

一、叶菜类种子生产技术

（一）大白菜种子生产

大白菜又称结球白菜，原产中国。其栽培历史悠久，适应性广、易栽培、产量高，而且耐贮藏，是我国北方地区最重要的蔬菜之一。大白菜的种子生产分为常规种生产和杂交种生产。

1．大白菜的生物学特性

（1）春化与结实

大白菜属于喜低温、长日照、虫媒异花授粉、二年生结籽蔬菜作物。一般在秋季形成叶球，种株经冬季低温窖藏度过春化阶段，翌春栽植种株，使之抽薹、开花、结实。大白菜一般在 10 °C 以下（以 2 ~ 4 °C 最好）经过 10 ~ 30 d 即可通过春化阶段。萌动种子若经低温春化后春播，当年即可抽薹、开花、结实。

（2）开花结实习性

大白菜为总状花序。其开花顺序为主枝先开，然后是一级侧枝和二级侧枝。就一个分枝而言，开花顺序是自下而上的。单株花期 20 ~ 30 d，单朵花花期 3 ~ 4 d。越晚开放的花受精结实率越低。所以在种子生产时可采用“打尖去围”法去掉晚开的花枝和花蕾。大白菜从受精到种子成熟一般需要 30 ~ 40 d，果实为角果，圆筒形，有柄，成熟后容易开裂。种子球形而微扁，有纵凹纹，红褐色至深褐色，无胚乳，千粒重 2.5 ~ 4.0 g。

2．常规品种的种子生产

（1）采种方法

① 成株采种法

又称大株采种法。第一年秋季播种，培育成健壮种株，当叶球成熟时按照该品种的特征特性进行严格选择，经过越冬贮藏或假植越冬，第二年春季定植于露地采种。大株采种法种子纯度高，抗病性、一致性、结球性等性状能得到较好的保持，但种子产量低，占地时间长，窖贮损失量大，种子的生产成本高，适合于原种繁殖采用。

② 小株采种法

利用大白菜萌动的种子能感受低温而通过春化，在长日照条件下不经过结球就能抽薹开花结实的特性生产种子。根据播种时期，可分为秋播小株采种和春播小株采种。冬季无严寒地区，一般是晚秋播种，植株以 7 ~ 8 片叶露地越冬，春暖后抽薹、开花、结籽，即秋播小株采种。不能露地越冬的严寒地区，一般是前一年底到当年年初苗床育苗，2 月底或 3 月初定植于采种田，春暖后抽薹、开花、结籽，即春播小株采种。小株采种法占地时间短，种子生产成本低，但不能根据叶球的表现进行选择，种子质量得不到保证。因此，只能用于大田用种的繁殖。

③ 半成株采种法

采种过程类似于成株采种法，主要不同点是秋季播期较前者晚 7 ~ 10 d，密度增加 15% ~ 30%。越冬前植株呈半结球状态，不能形成充实的叶球。半成株采种法可以对种株的结球性、耐热性进行一定的选择，而且翌年种株成活率高，种子产量和小株采种法相近，防杂保纯效果较小株采种法优越。

（2）原种生产的方法和程序

一个优良的大白菜品种，经过几年种植后常因种种原因而出现混杂、生产力退化等现象。此时若无合格的原种以供种质更新，则需通过选优提纯的方法再生产原种。大白菜为异花授粉作物，常用的选优提纯方法有母系选择法、双株系统选择法和混合选择法，以母系选择法效果较好。其程序如下：

① 单株选择

根据本品种的标准性状制定出具体的选择标准，通过秋季田间选择、冬季窖内选择和春季抽薹期选择，获得表现型符合本品种标准性状的大量植株。

a. 秋季田间选择。应在纯度高、面积大的种子田中选择优株，在莲座期和结球期进行，主要根据株型、叶色、叶片抱合方式等性状进行选择，选择符合本品种标准性状的无病植株，收获时将入选植株连根挖出，根上加以标记，窖藏过冬。

b. 冬季窖内选择。结合翻转种株、切头，淘汰脱帮早、侧芽萌动早、裂球早和感病的植株。

c. 春季抽薹期选择。第二年春季定植后及时拔除病株、弱株、抽薹过早或过迟的植株。

开花期系内株间自由授粉，种子成熟后按单株分别采收、脱粒、留种和保存，供秋季株系比较用。

② 株系比较

秋季将入选单株的种子按株系播种，建立株系圃。每株系播一个小区，每个小区 50 株，各株系顺序排列，每 5 个株系设一对照（对照为本品种选优提纯前的原种或生产种），周围设保护行，常规管理。在各个生育时期进行观察比较，选出具有本品种特征特性的、系内株间无差异的、系间也基本表现一致的、抗病丰产的株系若干个，做上标记。收获时将各中选株系的优良单株收在一起，总株数在 200 株以上，冬季窖藏。翌春定植，采种田株间自由授粉，种子成熟后混合收种，即为本品种的原原种。

如果株系圃中没有符合标准的株系，则应在优系中继续选择优株，分株留种，继续进行株系比较，直到达到要求为止。

③ 混系繁殖

将入选株系的种子秋播，以选优提纯前的原种或生产种为对照，鉴定所选原原种的生产能力和性状表现。如果确实达到国家规定的质量标准，则全田混合收获种株，窖藏越冬，翌春混合留种，即为本品种的原种。

（3）原种生产的技术要点

① 秋季种株的培育与选择

大白菜种株的培育技术基本上与秋播商品菜的生产技术相似，但应注意以下几点：

a. 播种期应适当推迟。一般早熟品种比商品菜晚播 10 ~ 15 d，中、晚熟品种晚播 3 ~ 5 d。播种太早，种球形成早，入窖时生活力已开始衰退，不利于冬季贮藏，春季定植时又易感各种病害；若播种太晚，到正常收获期叶球不能充分形成，会给精选种株带来困难，使原种的纯度下降。

b. 密度稍大。一般出苗后间定苗 2 ~ 3 次，拔除病、弱、杂苗，选留健壮苗，留苗密度为：中、晚熟品种 60 000 株/hm^2 左右，早熟品种 65 000 ~ 70 000/hm^2。一般比商品菜密度增大 15% ~ 30%。

c. 增施磷钾肥、减少氮肥用量。施肥以基肥为主，一般施有机肥 45 000 kg/hm^2、过磷酸钙 375 kg/hm^2 做基肥，生长期间的氮肥用量要低于菜田用量，一般控制在 150 ~ 300 kg/hm^2。

d. 灌水量后期要减少。结球中期要减少灌水量，收获前 10 ~ 15 d 停止灌水，以提高种株的冬季贮藏性。

e. 收获期适当提前。为防止种株受冻，种株收获一般比菜田早 3 ~ 5 d。

f. 种株的选择与收获。在种株收获前 10 d 左右田间初选，选择株高、叶片形状、色泽、刺毛、叶球形状、结球性等具有原品种典型性状的无病虫害的植株插杆标记，一般初选株数是计划选株数的 2 ~ 2.5 倍。收获时将入选种株连根挖出，根据主根的粗细和病害等性状复选，复选的株数是计划株数的 1.5 倍。

收获最好在晴天的下午进行，以避免上午露水大易伤帮叶的现象。种株收获后就地分排摆放晾晒，用前一排的菜叶盖住后一排的菜根，以保证晒叶不晒根，每天翻动一次，直到外叶全部萎蔫时，根向内码成圆垛或双排垛，也可斜着竖直堆放，但每隔 3d 左右倒一次垛，夜间降温要及时覆盖，白天温度升高要揭除。直到入窖贮藏。

② 冬季种株的贮藏及处理

a. 种株的贮藏与淘汰。种株贮藏的适温为 0 ~ 2 °C，空气相对湿度为 80% ~ 90%，各地可视情况采用沟藏、埋藏或窖藏。窖藏时最好采用架上单摆方式，也可码垛堆放，但不宜太高，以防发热腐烂。入窖初期，因窖内温度较高，种株呼吸作用旺盛，应每 2 ~ 3 d 倒菜一次，随着窖湿逐渐降低，可逐渐延长倒垛时间。每次倒菜时将伤热、受冻、腐烂及根部发红的种株剔除。到贮藏后期，要淘汰脱帮多、侧芽萌动早、裂球及明显衰老的种株。

b. 种株定植前的处理。种株定植前 15 ~ 20 d 进行切菜头，即在种株缩短茎以上 7 ~ 10 cm 处将叶球的上半部分切去，以利于新叶和花薹的抽出，菜头的切法有一刀平切、两刀楔切、三刀塔形切和环切四种，以三刀塔形切最好。无论采用哪种切法，均以不切伤叶球内花芽为度。切完菜头后的种株移到向阳处，根向下、四周培土进行晾晒，以利于刀口的愈合和叶片变绿，使种株由休眠状态转为活跃状态，有利于定植后早扎根。

③ 春季种株的定植及管理

a. 采种田选择。大白菜的采种田应选择土质肥沃、疏松、排灌方便，2 ~ 3 年内没种过十字花科蔬菜的地块。大白菜是异花授粉植物，天然杂交率在 70% 以上，所以采种田要求空间隔离 2 000 m 以上，有障碍物的应隔离 1 000 m 以上。

b. 定植。在确保种株不受冻害的情况下尽量早定植，定植越早，根部发育越好，花序分化越多，种子产量和质量越高。一般在耕层 10 cm 深处地温达到 6 ~ 7 °C 时即可定植。

采种田以基肥为主，增施磷钾肥。定植前一般沟施有机肥 60 000 kg/hm^2、过磷酸钙和草木灰各 450 ~ 600 kg/hm^2。为防止软腐病，一般采用起垄定植或做成小高畦定植。挖穴定植，定植深度以菜头切口与垄面相平为宜。定植密度为 52 500 ~ 75 000 株/hm^2。

c. 田间管理。种株定植后的肥水管理以“前轻、中促、后控”为原则。定植 5 ~ 6 d 后应及时将种株周围的土壤踩实，如果干旱可浇水一次，裸地每次浇水后要及时中耕，以提高地温。抽薹初期可浇一次稀粪水或施氮磷钾复合肥 225 ~ 300 kg/hm^2，然后中耕一次；花薹抽出 10 ~ 15 cm 时，再追肥浇水一次，同时消除脱落的老菜帮及枯烂叶；始花后将抽薹过早及病、弱株拔除，然后再追一次氮磷钾复合肥 300 ~ 450 kg/hm^2。整个花期应浇水 3 ~ 5 次，并在叶面喷施 2 ~ 3 次磷酸二氢钾。盛花期后应控制肥水，结荚期少浇水，黄荚期停水，以防贪青徒长，延迟种子成熟，即“浇花不浇荚”的道理。

大白菜属虫媒花，传粉媒介的多少与种子产量关系密切，通常要在采种田的花期放养蜜蜂，放养密度以 15 箱/hm^2 蜜蜂为宜。如果蜂源不足，应在每天 9:00、16:00 用喷粉器吹动花枝进行辅助授粉。种株结荚后，为防止倒伏可在田间设立支架。种株生长期间注意防治病虫害。

④ 种子收获与脱粒

大白菜从受精到种子成熟一般需要 30 ~ 40 d，当种株主干和第一、二侧枝大部分果荚变黄时，于清晨一次性收获，经晾晒、后熟 2 ~ 3 d 后脱粒，种子含水量降至 9% 以下方可入库贮藏。

（4）大田用种生产的技术要点

大田用种的生产采用小株采种法，根据播种时期，可分为秋播小株采种和春播小株采种。

① 秋播小株采种法

大白菜是半耐寒性蔬菜，在冬季平均温度不低于 – 2 °C、极端最低气温不低于 – 8 °C 的地区，可采用冬前田地直播或育苗移栽，第二年春季采种的方法。在这类地区，大白菜通常在 9 月下旬播种，播种过早，越冬时种株过大，抗寒能力降低，死苗多；播种过迟，越冬时种株过小，根系弱，死苗亦多，而且第二年春天抽薹时营养体小，主薹细弱，分枝少，产量不高。为使幼苗能正常越冬不受冻害，越冬期前幼苗应达到 7 ~ 8 片真叶。播种以平畦穴播为好，行距 40 ~ 45 cm，株距 33 cm，出苗后结合间苗淘汰杂劣病株。大雪前后灌封冻水 1 次，惊蛰前后灌返青水，抽薹时定苗，密度 67 500 ~ 75 000 株/hm^2。此后按原种田的管理原则进行日常管理。这种方法花期早，产量高，种子收获早，有利于种子的调运和使用。

② 春播小株采种法

冬季严寒不能露地越冬的地区，一般采用春播育苗，天气转暖后定植在隔离区中。春季播种期极为重要，播种过早，温度较低，幼苗很小就开始花芽分化，定植后只有 2 ~ 3 片叶子就开始抽薹，种子产量很低。播种过晚，因温度已经很高，生长点花芽分化缓慢，定植后营养生长过旺，抽薹开花很晚，甚至有部分植株不能抽薹，种子产量亦很低。适宜的播种期，应是使定植时的种株达到 6 ~ 7 片真叶，且为未抽薹的状态。出苗后注意给予一定时间的低温处理，使之通过春化阶段。2 ~ 3 片真叶可移植一次，6 ~ 8 片真叶时定植露地，定植时以 10 cm 地温稳定在 5 °C 以上为宜，密度 60 000 ~ 75 000 株/hm^2。定植时坐水栽苗，5 ~ 7 d 后浇缓苗水，然后中耕松土，提高地温，促进发根。开花期应保持土壤湿润状态，当花枝上部种子灌浆结束开始硬化时要控制浇水。春育苗小株采种法种子的成熟期比成株采种法晚 10 ~ 15 d，其他管理同原种生产。

3．大白菜杂交制种技术

目前大白菜杂交制种主要以利用自交不亲和性为主，还有利用雄性不育两用系及三系配套制种。利用自交不亲和系杂交制种，包括自交不亲和系的繁殖和杂交种的配制。

（1）自交不亲和系的繁殖

自交不亲和系的原种生产一般采用成株采种法，杂交制种用的亲本种子可采用小株采种法生产。两种采种法的种子生产技术与常规品种的原种和大田用种生产技术基本相同，不同之处是自交不亲和系在开花期自交不结实，其繁殖时，必须采取人工措施让其自交结实，其方法有蕾期人工剥蕾授粉法和花期 NaCl 溶液喷雾法两种。

① 人工剥蕾授粉法

蕾期授粉的最佳蕾龄为开花前 2 ~ 4 d。自交不亲和系的种株多定植在大棚等保护设施内，以便用纱网隔离。剥蕾时，用左手捏住花蕾基部，右手用镊尖轻轻打开花冠顶部或去掉花蕾尖端，使柱头露出，然后用毛笔尖蘸取当天或前一天开放的花朵中的花粉，涂在花蕾的柱头上即可。人工剥蕾授粉工作虽然全天均可进行，但气温低于 15 °C 或高于 25 °C 时，座果率差；以上午 10:00 ~ 12:00 授粉效果最好。该法的种子生产成本高，但种子纯度高，适用于自交不亲和系的原种生产。

② 花期 NaCl 溶液喷雾法

为了节省蕾期授粉用工，可在开花期每隔 1 ~ 2 d 用 5% 食盐水喷一次，喷时要尽量喷到柱头上。这样能引起乳突细胞失水收缩，对乳突细胞合成胼胝质具有抑制作用，致使自交结实。

（2）杂交种生产技术

利用自交不亲和系生产大白菜一代杂交种子，常采用小株采种法，四周隔离距离 1 000 m

以上。其杂交双亲的育苗、隔离、定植、田间管理等技术同常规品种的小株采种法。主要杂交技术如下：

① 双亲行比

a. 若双亲均为自交不亲和系，而且正、反交获得的杂交种在经济效益和形态性状上相同时，可采用父母本为 1∶1 的比例播种、定植，父母本上的种子均为杂交种，可以混合收获、脱粒。

b. 若母本为自交不亲和系，父本为自交系，则父母本按 1∶4～8 的行比播种、定植，只收母本行上的杂交种子脱粒，用于生产。父本可在散粉后割除。

② 双亲的花期调节

双亲的开花期相遇是制种成败的关键，是提高杂交制种产量的重要因素。

a. 播期调节。根据双亲从播种到开花的天数进行播期调节。早开花的亲本可适当晚播；晚开花的亲本可适当早播。

b. 农业措施调节。在生长过程中，若发现双亲花期相遇不好应及时调节。对开花早的亲本，采用增施氮肥，进行摘心，促其增加分枝，减缓开花；对开花晚的亲本，采用叶面喷施磷酸二氢钾，促其早开花。

③ 放蜂授粉

为确保授粉充足，开花期最好放养蜜蜂，以提高制种产量。杂交制种田开花授粉记载情况如表 1-5-2 所示。

表 1-5-2 大白菜杂交制种田开花授粉记载表

品种（代号）		负责人	
生产基地地址			
种子田面积		花期调节措施	
父本开花盛花期		父本花粉量	
母本开花时间		花期是否相遇	
授粉方式		辅助授粉时间	
授粉后父本处理方式			
调查时间		调查人签字	

④ 适期收获

若双亲均为自交不亲和系，可以混收，均为杂交种；若父本为自交系，父母本分开收，只有母本株上的种子才为杂交种。收获前做好田间估产和质量评估，见表 1-5-3。

表 1-5-3 大白菜杂交种子生产田间估产和质量评估表

品种（代号）		负责人	
生产基地地址			
种子田面积		父母本行比	
母本种植密度		母本荚粒数	
母本单株荚数		田间估产产量	
母本杂株（穗）率		父本杂株（穗）率	
父本杂株（穗）散粉率		综合评估结果	
调查人签字		调查时间	

【思考】

大白菜的种类有哪些？目前生产上推广的品种主要是常规种还是杂交种？

（二）甘蓝种子生产

甘蓝为结球甘蓝的简称，又叫卷心菜、包菜、洋白菜，属于甘蓝种中能形成叶球的两年生异花授粉植物，是十字花科芸薹属甘蓝种内的一个变种，其适应性广，抗逆性强，产量高，耐贮运，我国由南到北均有种植，在蔬菜周年供应中占有十分重要的地位。

1．甘蓝的生物学特性

（1）春化与结实

甘蓝生活周期与大白菜类似，必须在低温下通过春化阶段才能开花。但甘蓝与大白菜相比春化特性加强，属于绿体春化型植物，通过春化时苗子大小、低温程度及持续时间因品种而异。一般早熟品种冬性较弱，苗子较小时就可通过春化，且通过春化的温度较高，持续时间短；晚熟品种则正好相反。一般通过春化阶段所要求的温度是 0～12 °C，时间 40～60 d。通过春化阶段后，还需要在较长的日照条件下通过光照阶段，才能进行生殖生长。

（2）开花结实习性

甘蓝为复总状花序，有 2～4 级分枝。一般圆球形品种的主花茎生长势强、分枝数少；尖球形及扁球形品种的主花茎生长势较弱，但分枝发达。开花顺序是主薹、后一级分枝、再二级分枝、三级分枝，所有花序上的花均由基部向末端依次开放。一个花序上每天开 2～5 朵花，多数在上午 11:00 左右开放，少数在下午开放。雌蕊的柱头在开花前 6 d 至开花后 2～3 d 都有接受花粉的能力；花粉在开花前 2 d 至开花后 1 d 都有生活力，但柱头和花粉的生活力均以开花当天最强。从授粉到受精需 36～48 h，从开花到种子成熟需 50 d 左右。果实为角果。

2．常规品种的种子生产

（1）原种生产

甘蓝原种生产多采用母系选择法进行提纯（图 1-5-1），成株采种。秋季设种株培育田，早熟品种稍晚播，以防叶球在收获前开裂。晚熟品种稍提前播种，使叶球充实便于选择。田间管理措施同正常商品菜的生产。在莲座期和结球期分期选择和标记具有本品种典型性状的、外叶较少、叶球大而紧实的优良单株，并在收获前复选一次，将中选叶球连根挖出，栽到留种田或阳畦假植。

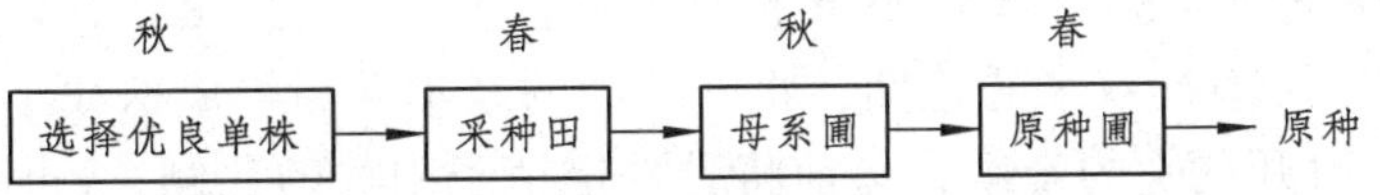

图 1-5-1　甘蓝母系选择法原种生产程序图

翌年春天定植，定植前将球顶切成“十”字，以利于花薹抽出。在隔离条件下自然授粉，种子成熟后分株采种编号。秋季分株系播种定植，建立母系圃，分期选择母系内和母系间均表现整齐一致且商品性优良的母系数个，把选择的母系挖出后分系定植或假植后定植于采种田，在隔离条件下让母系间或母系内自然授粉，种荚开始变黄时及时混合收获，晾晒2～3 d后脱粒即为原种。

（2）大田用种生产

甘蓝大田用种生产多采用半成株采种法。将欲繁殖的品种在秋季适当晚播，冬前长成半包心的松散叶球越冬，第二年春季采种。越冬时，要求早熟品种茎粗0.6 cm以上，最大叶宽6 cm以上，具有7片以上真叶；中晚熟品种茎粗1 cm以上，最大叶宽7 cm以上，具有10～15片以上真叶。其他管理工作同成株采种。此法占地时间比成株采种法缩短，生产成本降低，而且种株发育好，种子产量高。

3．甘蓝杂交制种技术

甘蓝是雌雄同花的异花授粉作物，具有自交不亲和特性。目前主要利用自交不亲和系来进行杂交制种，种子纯度高，整齐度好，是获得丰产的关键。

（1）自交不亲和系的繁殖

同其常规原种、大田用种的生产，采用与大白菜相同的蕾期授粉的方法进行。

（2）杂交种生产技术

甘蓝杂交种的制种有露地制种和保护地制种两种方法。保护地制种投资大，成本高，不能大面积制种，一般只用于双亲始花期差异过大，其他措施不能使之相遇的杂交种子生产。这里介绍露地制种技术。

① 制种田的选择及播种

甘蓝为虫媒花异花授粉，制种田必须选择轮作的地块，空间隔离必须在1 000 m以上。在用中熟或中晚熟品种自交不亲和系进行制种时，于7月下旬至8月上旬播种育苗；用早熟或中早熟品种自交不亲和系制种时，可于8月上旬播种育苗。如果父、母本都是自交不亲和系，则按1∶1的行比定植，行距60 cm，株距30～40 cm。早春定植，由于气温、地温均较低，种株应带土坨，并采用暗水定植方式，以防降低地温。

② 适期定植

露地定植时间为3月中旬，父母本行比一般按1∶1的比例隔行栽植。双亲长势差异较大的组合，可采取2∶2隔双行栽植。父母本相间种植，定植密度每公顷6.0万～9.0万株。采用暗水定植，以防地温降低。

③ 花期调节

双亲花期相遇是确保制种产量和质量的前提。为使花期相遇，可采取以下措施，并记载制种田开花授粉档案，同表1-5-2。

a. 利用半成株采种法制种或提前开球。开花晚的圆球类型亲本，采用半成株采种法可比成株采种法的花期提早3～5 d，圆球类型的亲本冬前结球，可提早切开叶球，有利于来年春天提早开花。因此，可根据双亲的花期，将开花晚的亲本采用半成株或小株采种育苗。

b. 利用阳畦。对开花晚的亲本，冬前将种株定植于阳畦的北侧，可使始花期显著提前。而把抽薹早的亲本定植于阳畦的南侧，使其在温度较低、光照较差的条件下生长，以延迟其开花，从而促成双亲花期相遇。

c. 通过整枝调节花期。当双亲的花期相差7～10 d时，可将早开花的亲本的主茎和一级侧枝的顶端掐掉，以促进二、三级分枝的发育，使2～3级分枝的花期与另一亲本相遇；如果双亲花期相差不多，只将开花早的亲本主茎掐掉即可；如果仅末花期不一致时，可将花期长的亲本花枝末梢打掉。

④ 田间管理

制种田的肥水管理同生产田，但还要做好以下工作。

a. 去杂去劣。为了确保种子纯度，应分别在分苗、定植、割包前、抽薹、开花时严格去杂去劣，重点是在开花前。

b. 架支架。应在种株始花期前用竹竿、树枝等搭架，防止倒伏，提高制种产量和种子质量。

c. 放养蜜蜂。开花期放蜂授粉，以 15 箱/hm^2 的密度分开摆放，以提高杂交制种产量。

⑤ 种子收获

若双亲都为自交不亲和系，正反交结果一致，种子可混收，否则只能采收母本株上的种子。收获前记载田间估产和质量评估，同表 1-5-3。

【思考】

大白菜与甘蓝种子生产都需经过春化阶段，其要求有哪些不同？

二、根菜类种子生产技术

根菜类蔬菜是指以肥大的肉质根为产品的一类蔬菜植物。包括十字花科的萝卜、根用芥菜（大头菜）、芜菁；伞形花科的胡萝卜、根芹菜、美国防风；菊科的牛蒡、婆罗门参等。我国栽培面积最大的是萝卜和胡萝卜，其次为根用芥菜。因此，本小节主要介绍萝卜和胡萝卜的种子生产技术。

（一）萝卜种子生产

萝卜为十字花科萝卜属，一年或二年生草本植物，世界各地广泛栽培。萝卜以肥大的肉质根为产品，可供生食、熟食、腌渍、干制加工。萝卜营养丰富，肉质根中富含的淀粉酶、维生素和溶菌酶等具有帮助消化、增进食欲、祛痰、利尿、止泻、降低胆固醇等功效。其栽培技术简便，产量高，可周年生产周年供应，运输方便，耐贮藏，在蔬菜栽培和供应中占有重要地位。

目前我国栽培的萝卜有两大类（变种），最常见的是大型萝卜，在分类上称为中国萝卜，起源于我国；另一类是小型萝卜，分类上称为四季萝卜，主要分布在欧洲，我国少量栽培。中国萝卜依露地栽培季节大致可分为 4 种茬口：① 秋冬萝卜：全国普遍栽培，夏末秋初播种，秋末冬初收获，生产期 60 ~ 120 d，产量高、品质好、耐贮运，栽培面积最大，也是冬、春主要蔬菜之一。② 冬春萝卜：主要在长江流域等冬季不太寒冷的地区种植，晚秋至初冬播种，露地越冬，翌年春季收获。③ 春夏萝卜：3 ~ 4 月播种，5 ~ 6 月收获，生育期 45 ~ 70 d。较耐寒，冬性较强，生长期较短。由于春夏萝卜生长期间，温度由低到高，日照由短到长，若播种或栽培管理不当，极易通过阶段发育而发生先期抽薹和糠心现象。④ 夏秋萝卜：夏季播种，秋季收获，生长期 40 ~ 70 d。可作秋淡季蔬菜供应，产值高；但正逢炎夏高温期，栽培不易。

1．萝卜的生物学特性

（1）春化与结实

萝卜属低温敏感型作物，在种子萌动期、幼苗期、营养生长期及肉质根贮藏期都可感应低温通过春化，是典型的种子春化型作物。低温范围因品种而异，一般认为可在 1 ~ 15 °C 的范围内通过春化。不同品种对春化反应有一定差异，大多数品种在 2 ~ 4 °C 下处理 30 ~ 40 d 即可通过春化阶段。萝卜为长日照作物，在通过春化阶段后，还需在 12 h 以上的长日照及较高的温度条件下通过光照阶段，进行花芽分化和抽花枝。

萝卜春季播种时，前期低温，后期长日照及较高温度，很容易完成阶段发育，所以在春季生产萝卜商品菜时，若播期过早很容易出现“未熟抽薹”现象，这是萝卜生产中不希望出现的，但另一方面，在大田用种生产中则可利用这一生长发育特点进行小株采种。

（2）开花结实习性

萝卜是雌雄同花的异花授粉作物，虫媒花。总状花序，开花的顺序是自下向上，先主枝后侧枝，整株花期一般 30 ~ 40 d，每朵花开放 3 ~ 5 d。一天当中，一般是早晨开花，8:00 ~ 10:00 散粉最多，花粉生活力最强。雌蕊柱头在开花前 4 d 至开花后 2 ~ 3 d 都有接受花粉进行受精的能力，进行人工蕾期授粉时以开花前 1 ~ 3 d 的花蕾授粉结实率最高。授粉后 40 d 左右种子发育成熟，果实为角果，每果种子数一般在 10 粒以下，果荚成熟后不易开裂，尖端果喙部细长，不含种子。种子为不规则的圆球形，种皮浅黄色至暗褐色，千粒重 7 ~ 15 g。

2．常规品种的种子生产

萝卜的采种方法有成株采种法、半成株采种法和小株采种法。为保证萝卜品种的种性和提高种子质量，繁种中应严格按照国家标准分级繁殖原种和大田用种。繁殖原种时，只能用成株采种法，繁殖大田用种时可用半成株采种法和小株采种法。

（1）原种生产技术要点，以秋冬萝卜成株采种法为例。

① 种株的播种及培育。栽培萝卜应选择土层深厚、疏松、通透性好的壤土或砂壤土，土壤富含有机质，保水、保肥，便于排灌。忌重茬，应与十字花科作物轮作 3 ~ 5 年。每公顷施腐熟有机肥 45 000 ~ 75 000 kg、过磷酸钙 375 ~ 450 kg、硫酸钾 225 kg。一般为垄作，行株距为(40 ~ 50) cm × (25 ~ 30) cm。

萝卜采种的播种期可以与商品菜萝卜同期或晚 3 ~ 5 d，原则是以收获前肉质根充分达到商品成熟期为准。第一次间苗应在子叶充分展开、真叶露心时进行，条播的每隔 3 cm 留一株；第二次间苗在 2 ~ 3 片真叶时进行，苗距 13 ~ 16 cm、5 ~ 6 片真叶时定苗。间苗、定苗时要进行选择，去杂去劣，保证种株纯度。

② 种株选择及贮藏。在肉质根收获前要进行选择，淘汰有病虫害，叶色、叶形不正，叶片数过多或过少的植株，选择符合本品种特征特性，侧根少，表面光滑，色泽纯正，形状端正，无病虫害的肉质根收获，做采种种株。

在南方温暖地区，种根收获后，剪留 5 cm 左右长的叶柄集中定植到采种田，露地直接越冬。在北方较寒冷的地区，需将种根埋藏或窖藏，翌年春天定植于露地。

③ 种株的定植及田间管理。采种田要有良好的隔离条件，以防生物学混杂，一般的隔离距离在 1 000 m 以上。定植前淘汰黑心、糠心、腐烂和抽薹过早的种株。定植株行距依品种类型不同而异，早熟品种每亩 4 000 ~ 5 000 株，中晚熟品种每亩 2 500 ~ 3 000 株。定植时将种根全部埋入土中，根头部入土 2 cm，防止早春受冻。定植要将种根周围的土压紧，以免浇水时土壤下陷，种根外露，引起冻害，或田块积水引起种根腐烂。

定植后根据土壤墒情确定浇水量，切忌大水漫灌，影响地温回升，不利种株发根。萝卜新叶新芽抽出土表，可浇一次缓苗水，以后中耕、松土、培土。植株抽薹现蕾开始，满足水分供应，结合浇水、追尿素 150 kg/hm^2，硫酸钾 225 kg/hm^2。盛花期后进入结荚期，减少浇水次数。并要打顶，去掉花序顶端的花和花蕾。为防止种株倒伏，种株开花前要插好支架。

④ 种子采收。种荚变黄时可一次性收获，当含水量降到 8% 以下时，可贮藏。萝卜的采种量 750 ~ 1 200 kg/hm^2。

（2）大田用种生产

为防止品种混杂退化并保证有充足的大田用种用于生产，萝卜常用“成株-小株”或“成株-半成株”二级繁育制度来生产大田用种。即采用成株采种繁殖原种一代、二代、三代原种级种子，同时又用原种级种子按半成株采种或小株采种法繁殖大田用种，其繁育体系如图 1-5-2 所示。

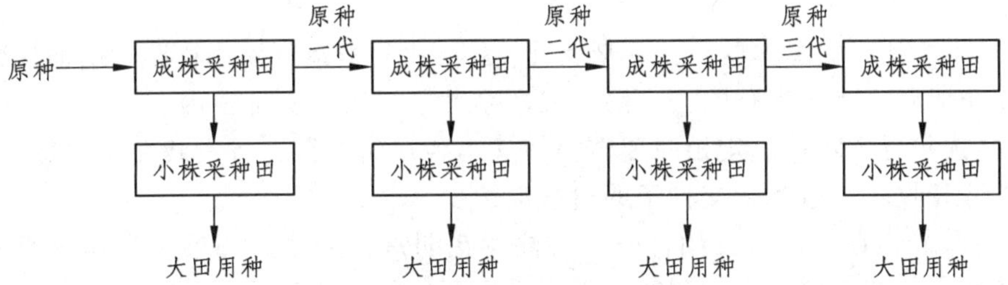

图 1-5-2 萝卜大田用种二级繁育体系

半成株采种的栽培环节除播种期比成株采种适当晚播外，其他的种根培育、越冬和田间管理技术基本与成株采种法相似。其比成株采种法晚播 15 ~ 30 d，避开了前期高温多雨天气，种株生长期间生活力较强，病虫害较轻，种株定苗密度可适当加大，采种量明显提高，生产成本较成株采种降低。

3．杂交制种技术

萝卜杂交一代杂种优势极为明显，通常在产量、品质、早熟性、抗逆性、贮运性、整齐度等方面的表现都优于亲本。理论上萝卜一代杂种可通过自交不亲和系与自交系（或自交不亲和系）、雄性不育系与自交系间杂交获得。但是，实践中由于萝卜单荚结籽少（10 粒以下），自交不亲和系蕾期自交保存亲本成本高，因此，目前利用雄性不育系配制萝卜一代杂种较普遍，具有遗传性稳定、杂交率高、保存亲本及配制一代杂种成本低、操作简便等优点。

萝卜的雄性不育系属于核质互作不育类型，利用雄性不育系生产萝卜杂交一代种子，必须实现三系配套。由于萝卜是以营养器官（肉质根）为产品，利用雄性不育系为母本所选配的杂交组合，其父本只要经济性状优良、配合力好就可以，而不一定是恢复系，故只称父本系。

（1）亲本的保存及繁殖

不论是哪种生态型的萝卜品种，也不论是采用雄性不育系，或者是自交不亲和系、自交系制种，一般均需采用成株法来繁殖亲本系原原种和原种。

利用雄性不育系配制一代杂种的亲本有雄性不育系、保持系及一代杂种的父本（品种或自交亲和系）。第一年秋天将 3 个亲本分别播种在各自的繁殖圃中，为了获得生活力较强的种株，避开苗期的高温多雨及病虫危害，播期可比大田生产晚 7～10 d。秋末冬初收获种根时，注意选优去劣，分别收获保存。第二年春天，将雄性不育系及其保持系按 3～4∶1（根据保持系的有效花粉量确定）的比例定植在同一隔离区内，为增加保持系花粉量，保持系可缩小株距，增加株数。采种田周围的隔离距离为 2 000 m 以上。开花时利用保持系的花粉给不育系授粉，在不育系上收获的种子仍为不育系，从保持系上收获的仍为保持系。其中雄性不育系种子大部分可用于一代杂种繁殖时做母本，另一小部分继续用于雄性不育系的保持和繁殖。一代杂种的父本种根，第二年春天需定植在另外一个隔离区内，隔离距离 2 000 m 以上，这样从该隔离区的父本种株上可收获到纯正的父本种子。

（2）杂交种生产技术

利用雄性不育系配制一代杂种，通常用半成株采种法或小株采种法，以达到降低种子成本的目的。在配制一代杂种种子时，田间管理基本上和常规种方法相同，但应注意以下几个问题：

① 父母本行比。父母本的行比一般为 1∶3～5，父本系可缩小株距，增加株数，以增加花粉量。盛花期后，将父本行除去，防止父本系种子混入杂交种子内。

② 严格按父母本定植。定植时要严格按父本栽在父本行，母本栽在母本行，切勿混杂，否则不利于分开收获，造成杂交种子的机械混杂。

③ 花期调节。在进行杂交制种时，要注意花期是否一致。如果父母本花期不遇，最好采取错开播期、分期定植的方式调节。否则对早开花的亲本可摘除其主茎的花序，延迟开花期，使与另一亲本的花期一致。

④ 花期放蜂。有条件的地区要组织放蜂，以辅助授粉，提高结实率。

【思考】

> 你能说出生活中常见的萝卜种类吗？

（二）胡萝卜种子生产

胡萝卜为伞形科胡萝卜属的二年生或一年生草本作物，原产于中亚西亚一带。胡萝卜营养丰富，胡萝卜素的含量比萝卜及其他各种蔬菜高出 30～40 倍，其中 β-胡萝卜素经人体吸收后便水解成维生素 A，维生素 A 对人体生长发育、维持正常视觉、防止呼吸道疾病、防癌抗癌、降低血糖和滋润皮肤等都具有保健价值。现在我国广泛分布，南北各地均有栽培。

1．胡萝卜的生物学特性

（1）春化与结实

胡萝卜为绿体春化型植物，萌动的种子对低温无感应，只有当植株生长到一定大小后，在 2 ~ 6 °C 条件下感应 60 ~ 100 d 可通过春化。而后在每天 14 h 以上的长日照条件下通过光照阶段，植株才能抽薹开花。

不同品种开始感应低温春化的幼苗大小是不同的。少数南方品种可以在种子萌动后在较高温度条件下通过春化阶段。

（2）花的分布及开花顺序

从定植种根到开花大约需要 50 d。主花茎高 1.0 m 左右，具棱沟，有粗毛，顶上为复伞形花序。然后发生 1 级分枝 5 ~ 15 个、2 级分枝 20 ~ 40 个，单株分枝可达 6 级以上，总分枝数达 100 多个。每个分枝顶端皆着生一复伞形花序，各花序的大小及花数的多少随各级分枝序次的增加而减少。大多数花集中在 1、2、3 级分枝上，其中又以 1 级分枝分布最多，占总数的 50% 以上，2 级分枝次之，5、6 级分枝多不能正常开花结实。一个复伞形花序一般有 8 ~ 12 层，由三种结构不同的小伞形花序组成，小花序数可达 90 ~ 150 个，每个小花序有花 5 ~ 60 朵不等。单株开花可达 7 万朵左右。开花顺序是先主茎，后各级分枝，由外伞花逐渐向内开，整株花期 30 ~ 50 d，每一个小花序的花期约 1 周。

（3）花的结构与授粉习性

胡萝卜花多而小，有白色和粉红色花瓣 5 个，多为雌雄同花的两性花。雌蕊 1 个，柱头 2 裂，子房下位 2 室；雄蕊 5 枚，花丝纤细，蕾期向内弯曲，花开后展开，花粉椭圆形。胡萝卜为典型的雄蕊先熟植物，开花后 5 枚雄蕊的花药在 1 d 内依次开裂，而雌蕊是在开花后第 4d 花柱开始伸长，柱头分裂为二，花后第 5 d 柱头成熟，能保持接受花粉的能力 1 周左右。这种开花习性是异花授粉的特点，适应了同花不自交。

（4）结实习性

胡萝卜在一般栽培和自然授粉条件下，各级花序的采种量和种子大小有较大差异，以主枝和一级分枝结实最好。就一个总花序而言，各层小花序的结果数由外层向内层有规律的减少，以外围 1 ~ 4 层结实最多。因此，在进行种子生产时，可只留主枝和一级分枝的花序，以提高种子的产量和质量；自交和杂交时，可留花序中 1 ~ 4 层的花朵，而将其余各层摘除。

胡萝卜种子为双悬果，成熟时分裂为二，各含种子 1 粒，雌蕊卵细胞受精后，种子便开始形成，经 60 ~ 65 d 成熟。

2．常规品种的种子生产

胡萝卜的采种方法同样可分为成株采种法、半成株采种法和小株采种法。原种生产采用成株采种法，大田用种生产多采用半成株采种法或小株采种法。

（1）成株采种法的技术要点

① 种根培育。采种用的胡萝卜，播种期与菜用胡萝卜基本相同，一般于 7 月份播种。播种前要对种子进行处理，将果皮刺毛搓掉，通过风选和水选将不成熟的种子淘汰掉，以提高种子的发芽率。为达到苗齐苗壮，整地要细，土壤要湿润，覆土要适当。可撒播和条播，播种量 15 ~ 22.5 kg/hm^2。

胡萝卜幼苗期生长速度慢，要注意及时中耕除草，定苗距离为 10 ~ 14 cm，其他管理措施与采用栽培基本相同。

② 种根的选择与贮藏。收获时首先要在田间进行株选。选择叶色正、叶片少、不倒伏、肉质根表面光滑、根顶小、色泽鲜艳、不分杈、不裂口、须根少，具有本品种特征特性的种

根留种。入选种株切去叶片，只留 1 ~ 2 cm 长的叶柄待藏。在贮藏期间和出窖前，进行复选，除去热伤和冻害引起腐烂和感病的肉质根。

刚收获时天气温暖，种根在入窖前可用浅沟假植，当气温下降至 4 ~ 5 °C 时入窖。窖内多采用沙层堆积方式，一层干净的细沙土，一层胡萝卜，如此堆至 1.0 m 高左右。冬季贮藏适温为 1 ~ 3 °C。

③ 种根定植及管理。冬季温暖的南方地区，将选取的种根保留 10 ~ 15 cm 长的叶柄，摊晾 1 ~ 2 d 即可直接定植于采种田。寒冷地区，则与翌春土壤化冻，土温上升至 8 ~ 10 °C 时定植。长根型品种在定植时可切去根尖 1/3，选留木质部小和韧皮部颜色一致的种根，然后在切口处蘸 500 倍多菌灵粉剂或草木灰以防腐、防病。定植深度以顶部与地面接近或稍高于地面为宜，株行距一般为(25 ~ 33) cm × (50 ~ 60) cm。一般定植后暂不浇水，约 1 周后长出新叶、发出新根后再浇水。

胡萝卜为异花授粉作物，以蜂、蝇传粉为主，不同品种间极易杂交。因此，不同品种采种田之间应相隔 2 000 m 以上，且在 400 m 半径之内应无野生胡萝卜生长。

胡萝卜花期长，除施基肥外，要追肥 1 ~ 2 次，水分要适当控制，但花期不能干旱。同时要结合中耕培土，搭支架防倒伏。抽薹开花后整枝打杈，一般每株留主枝和 4 ~ 5 个健壮的一级分枝，以保证种子成熟度基本一致。

④ 种子采收。胡萝卜由于花期不同，各花序的种子成熟期不易一致，因此最好分批采收。当花序由绿变褐，外缘向内翻卷时，可带茎剪下，二十几枝捆成一束，放在通风处，后熟一周左右。用机械脱粒或人工搓揉，筛出杂质，进行种子晾晒，当种子含水量降至 8% 以下时即可装袋贮藏。一般每公顷可收获净种子 750 kg 左右。

（2）半成株采种法

半成株采种法的特点是播种期比成株采种法延迟 1 个月左右，使肉质根在冬前未发育充分，肉质根直径不小于 2.0 cm 时收获，冬季寒冷地方窖藏越冬，温暖（最低气温 0 °C 以上）地方可露地越冬，翌春定植时可对种根进行选择，定植后管理同成株采种法。

半成株采种定植密度大于成株采种，其采种量也高于成株采种，但由于播种期延迟，肉质根小，不利于根据品种典型性状进行选择，因此主要用于生产用种的繁殖。

3. 杂交制种技术

胡萝卜由于花小，单花形成的种子少，用人工去雄方法生产杂交种费工，难操作，成本高。因此，目前都利用雄性不育系生产一代杂交种。目前报道的雄性不育花有两种：一种是瓣化型，即雄蕊变形似花瓣，瓣色红或绿；另一种是褐药型，花药在开放前已萎缩，黄褐色，不开裂，花开后花丝不伸长。在不育程度方面，可分为完全不育和嵌合不育两类。

利用雄性不育系生产杂交种时，需设立两个隔离采种区：一是一代杂交种制种区，二是亲本（不育系和父本）繁殖区。

（1）亲本的繁殖

亲本有雄性不育系、保持系及一代杂种的父本。第一年秋天将 3 个亲本分别播种在各自的繁殖圃中，秋末冬初收获种根时，注意选优去劣，分别收获，分别贮藏。第二年春天，将雄性不育系及其保持系按 3∶1 的比例定植在同一隔离区内，隔离距离 2 000 m 以上。开花时利用保持系的花粉给不育系授粉，这样从不育系上收获的种子仍为不育系，从保持系上收获的仍为保持系。其中雄性不育系种子大部分供配制杂交种用，小部分继续用于不育系的保存和繁殖。一代杂种的父本种根，第二年春天需定植在另外一个隔离区内，隔离距离 2 000 m 以上，这样从该隔离区的父本种株上可收获到纯正的父本种子。

（2）杂交种生产技术

在杂交制种区内，种植不育系和父本系，种植行比根据品种生长势而定，一般以 4∶1 的行比隔行种植。父本系植株不整枝打杈，以充分提供杂交用花粉。由于不育系植株开花时间长，花柱基分泌大量花蜜，花冠较大且鲜艳，加上父本株有丰富的花枝，所以在开花时期自然招来大量蜜蜂、苍蝇和其他昆虫传粉。杂交产生的种子饱满，结实率高。在实际杂交种生产中，为保证种子质量，防止混杂，一般在自然杂交完成后、父本种子成熟前，彻底拔除父本。其他栽培管理技术类似常规品种采种技术。

【思考】

胡萝卜与萝卜杂交制种技术有何异同点？

三、茄果类种子生产技术

茄果类蔬菜是指茄科植物中以浆果为食用器官的蔬菜，主要包括番茄、茄子、辣椒。这类蔬菜营养丰富，适应性强，产量高，供应季节长，栽培面积广，是全国夏、秋季节的主要蔬菜。

（一）番茄种子生产

番茄为一年生草本植物，又叫西红柿，其根系发达、再生能力强、枝叶繁茂，喜温暖，忌高温、强光直射，喜干燥，忌潮湿。

1. 番茄花器构造与开花结实习性

（1）花器构造

番茄是两性花，整个花器由花梗、花萼、花冠、雄蕊及雌蕊组成（图 1-5-3）。花的最外层为绿色分离的花萼，内层为黄色花冠，花冠基部联合成喇叭状，先端开裂。雌蕊 1 枚，子房上位，中柱胎座，多心室，多胚珠。雄蕊 5～9 枚，联合成筒状（称花药筒），包围柱头。花药成熟后向内纵裂，散出花粉，自花授粉。有些品种雌蕊柱头伸出花药筒，常发生异花授粉，天然杂交率为 4%～10%。

（2）开花结实习性

番茄生产上栽培的品种有无限生长型和有限生长型两类。

① 无限生长型品种。当植株有 7～13 片真叶时，主茎顶芽形成花序，其下侧芽代替主茎继续延伸，长出 2～3 片叶子后，顶芽又形成花序，其下侧芽继续生长，依次类推。只要条件适宜，可连续生长。无限生长类型的番茄一般植株高大，生育期长，多为中晚熟种。

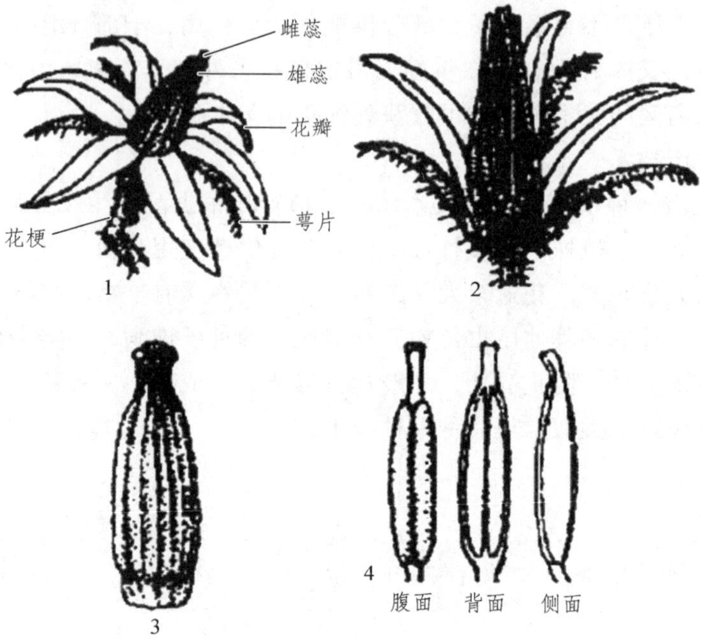

图 1-5-3 番茄花器的结构

1—花器全图；2—花器剖面图；3—雄蕊药筒；4—雄蕊

② 有限生长型品种。当主茎长出 6 ~ 8 片真叶时开始着生第一个花序，然后每隔 1 ~ 2 片叶着生一个花序，当主茎上形成 2 ~ 4 个花序时，顶端不再生长，即为封顶现象。这类品种植株矮小，多为早熟品种。

番茄开花顺序是基部的花先开，依次向花序上部开放。花朵开放时，首先是萼片逐渐在花的顶端展开，花冠随之外露，颜色由淡绿色变为微黄，最后变为黄色。当花冠充分展开成 180° 时，颜色呈鲜黄色，此时雄蕊成熟，花药内侧纵裂，散出花粉，雌蕊的柱头也迅速伸长，接触花粉，完成受精过程。柱头从开花前 1 ~ 2 d 至开花后 1 d 均有接受花粉能力，但以开花当日接受花粉和受精能力最强。番茄花粉的生活力可维持 4 ~ 5 d。开花的适宜温度为 20 ~ 25 °C，低于 15 °C 开花停止，高于 35 °C 发生落蕾、落花。

番茄开花授粉后，子房膨大形成果实，从开花到果实成熟需 40 ~ 60 d。果实为多汁浆果，有圆球、扁圆、椭圆、长圆及洋梨形等多种形状，果实成熟呈红色、粉红、黄色。种子着生于果实中央胎座的侧囊内，种子上有茸毛，在完熟期之前已有生活力，但采种用的果实，到完熟时种子才饱满，种子千粒重 3.0 ~ 3.3 g。

2．常规品种的种子生产

（1）原种生产的方法和程序

番茄是自花授粉作物，但仍有 2% ~ 4% 的天然异交率，异交或机械混杂会导致品种整齐度下降，一般采用单株选择法和混合选择法进行提纯。

对于整齐度差、混杂退化比较严重的品种可采用三年三圃法进行提纯。程序方法如下：

① 选择单株

单株选择以品种典型的植物学性状为重点，选择植株、叶、花和果实等主要性状与原品种相符的单株，考察其丰产性、优质性、抗逆性和熟性等综合性状。单株选择一般分 3 次，在生产良好的原种田或纯度较高的生产田内进行。第 1 次在开花（座果）初期，根据株型、叶形、叶色、花序状况（着生节位、花序类型、花数多少、第一穗花座果率及整齐度、是否畸形和带花前枝、花序间隔叶片数）等形状，选择符合原原种标准的植株 200 株以上，中选单株挂牌、记载，对未开花序进行套袋留种；第 2 次在盛果期，于第 1 次入选株内，针对第二、第三层果（早熟品种）或第三、第四、第五层果（中晚熟品种）的座果数、座果率、果实性状（大小、果形、整齐度、抗裂性、果肉厚薄）等，选择符合原品种标准性状的植株 50 ~ 100 株。第 3 次在采收期，于第 2 次入选株内，根据植株长势、抗病性、熟性选择优良植株 10 ~ 20 株。入选植株用第二层果或第三层果分株留种、编号。对中选株的主要性状进行记载。

② 株行鉴定

将单株选择入选植株的种子分别播种育苗，建立株行圃。不同株行随机排列，不设重复，四周设保护行。每 5 个株行设 1 个对照，对照品种为本品种的原种。在性状表现的典型时期，除按单株选择标准对各株行进行观察比较外，还应着重鉴别各株行的典型性和一致性。淘汰性状表现与本品种标准性状有明显差异的株行，或杂株率大于 5% 的株行。当选株行去杂去劣后，分株行混合留种。

③ 株系比较

将入选的株行种子分别种成小区，即为株系圃，株系间随机排列，每 5 个株系设 1 个对照，重复 3 次，四周设保护行。根据单株选择时的标准对各株系进行观察比较，同时鉴定各株系的纯度、前期产量和中后期产量。决选时，一个株系的杂株率在 0.5% 以上时应全系淘汰。

④ 混系繁殖

将入选株系的种子混合播于原种圃内，用本品种原种种子作对照，每小区不少于 100 株，设 3 ~ 4 次重复。经过严格去杂去劣后，所收种子即为原种。

当品种混杂比较轻，在纯度较高的群体内进行单株选择时，可将株系圃与原种圃结合起来，实行第一年株行圃选择鉴定，第二年株系圃生产原种的二年二圃法。

（2）原种生产的技术要点

① 采种田选择

番茄要选择土壤肥沃和排灌良好的地块。采种田与生产田隔离距离要求 300 ~ 500 m，与茄果类蔬菜至少有 3 年以上的轮作。

② 培育适龄壮苗

a. 种子处理与浸种催芽。对番茄种子进行处理可以增强种子幼胚及新生苗的抗逆性，减少病害感染，使种子播后出苗整齐、迅速。

将种子放入 55 °C 的热水中并不断搅拌，浸泡 10 ~ 15 min，捞出后用 10% 的磷酸三钠浸种 20 min（杀死病毒），必要时用 100 倍福尔马林浸泡 10 ~ 15 min（杀死真菌），消毒完成后用清水反复冲洗，将种子上残留的药液洗干净。再用清水浸种 6 ~ 8 h，使种子充分吸水膨胀后捞出，洗净种子上的黏液，用湿布包好后置于 25 ~ 30 °C 下催芽。催芽期间每天用干净的温水冲洗一遍种子，待有 70% 种子露白时播种。

b. 营养土的配制与消毒。营养土要求疏松透气、营养全面、保水保肥、无病菌虫卵。播种床和分苗床分开配制。播种床的营养土要求含有机质多，疏松，便于起苗，可取田园土与充分发酵的有机肥按 1∶1 的比例配制。分苗床的营养土要求有一定的黏性，这样移栽起苗时不易散坨。可取田园土与有机肥按 3∶2 的比例配制，每立方米营养土再加入过磷酸钙 1 kg、草木灰 5 kg 或氮磷钾复合肥 1 kg，以促进花芽早分化及幼苗根系的发育。

所有原料要充分捣碎，过筛，混匀，然后加入多菌灵或甲基托布津和辛硫磷等无公害杀菌、杀虫剂，用塑料薄膜覆盖密封，放置 1 ~ 2 d，以充分杀灭病菌虫卵。

c. 播种。将催芽后的种子稍微晾干后，在播种苗床浇足底水，等水下渗后撒一层细干土，将种子均匀散播在苗床上，再覆盖 1 cm 厚细土。苗床在温室内的，近地面盖一层薄膜，上面再搭盖小拱棚。温室外阳畦育苗的，畦面覆盖塑料薄膜，四周用泥巴密封，上面覆盖草席，白天揭开夜晚盖严。

d. 苗床管理。苗床管理是培育壮苗的重要环节。调节好苗床温度、湿度、光照和营养，满足幼苗生长发育的需要是管理的基本原则。

从播种到出苗，依靠种子贮藏的营养物质生活，即为异养生长阶段。管理的目标是减少种子养分的消耗，促进幼苗迅速出土。提高苗床温度是此阶段管理的重点，白天温度保持 25 ~ 30 °C 为宜。如果此阶段温度偏低，就会延迟幼苗出土时间，使种子营养消耗过多，幼苗出土不齐，而且苗弱。当 70% 左右幼苗出土时，及时揭开地膜。

从出苗到破心是幼苗由异养生长向自养生长的过渡阶段，胚轴伸长速度加快，如果床温高，加之床内湿度大，极易发生胚轴徒长，形成“高脚苗”。同时，此阶段又是子叶展开、肥大的关键时期，若床温过低，则影响子叶肥大，降低子叶的光合作用，导致幼苗生长不良。为了解决上述矛盾，可采取加大昼夜温差的办法，即白天保持床温在幼苗生长的适温范围内，以利于光合作用的进行和子叶肥大，而夜间降低床温，以防胚轴徒长。气温保持白天 20 ~ 25 °C，夜间 12 ~ 15 °C 为宜。

从破心到 2 ~ 3 片真叶期，是叶原基大量分化的时期，也是番茄花芽分化的重要时期，所以管理上既要保证根、茎、叶正常生长，又要促进叶原基大量发生和花芽分化。具体措施是：适当提高温度，气温白天控制在 20 ~ 25 °C，夜间 15 ~ 18 °C 内，注意通风，但通风量不宜过大。并注意增加光照时间和光照强度。幼苗 2 ~ 3 片真叶时分苗，分苗前要加大放风，降低床温，并控制水分，锻炼秧苗。

e. 分苗及分苗床管理。分苗的目的是适当调整秧苗的营养面积和生长空间，改善其光照和营养条件。

采用暗水分苗时，在分苗床上按 8 cm 行距开沟，沟内浇满水，水半渗时，按 8 cm 株距栽入苗，水渗完后盖土封沟。这种方法灌水量小，土壤升温快，缓苗快，多在早春温度低的地区采用。明水分苗时在分苗床上按 8 cm 行株距栽苗，全床栽完后浇水。浇水时，不可大水漫灌，小水溜灌即可。这种方法较为简便，多在春季气温较高的地区应用。

分苗床的管理应注意以下几点：

分苗到缓苗阶段：分苗后一般不通风，苗床要保温、保湿，以加快缓苗速度。苗床温度保持在 20 °C 左右，气温白天维持在 25 ~ 28 °C，夜间 15 ~ 18 °C。2 ~ 4 d 内阳光过强时，中午进行遮阴，一般 6 ~ 7 d 缓苗。

缓苗到定植阶段：缓苗后及时通风，降温降湿。气温白天维持在 20 ~ 25 °C，夜间 10 ~ 15 °C。定植前半个月左右，进行降温锻炼，每日逐渐降低温度，直至定植前一、两天，苗床覆盖物完全拆除，温度与露地接近。

定植前 5 d 给苗床浇透水，待床土不黏时，将苗切成 8 cm 见方的土坨起苗，屯苗 3 ~ 5 d，使土坨变硬，以利于定植前的运苗和定植后的缓苗。

③ 定植

一般在春季晚霜结束后，10 cm 地温稳定在 10 °C 以上时定植。采种田施入有机肥 75 000 ~ 105 000 kg/hm^2、过磷酸钙 375 ~ 750 kg/hm^2。定植的深度以地面与子叶相平为宜，定植密度因品种和整枝方式而异，一般为 37 500 ~ 67 500 株/hm^2。

④ 采种田管理

定植后主要进行中耕、浇水、施肥、植株调整、病虫害的防治等工作。

a. 中耕搭架：定植缓苗后，气温逐渐升高，要及时中耕，中耕应结合除草、培土进行。在株高长到 35 cm 左右时，开始搭架，早熟品种多采用三角形或四角形的小架，中晚熟品种多采用人字形架。搭架后中耕时，要注意避免伤害植株。

b. 水肥管理：定植后立即浇水，缓苗后再浇水一次，然后开始蹲苗。第一花序的果实座果后，开始浇水并追肥，施氮磷钾复合肥 225 ~ 300 kg/hm^2；以后每隔 4 ~ 6 d 浇水一次，保持土壤见干见湿；每隔 10 ~ 15 d 追肥一次，连续 2 ~ 3 次。如土壤肥沃，基肥充足，土壤湿度较大，可减少浇水及追肥次数。

c. 病虫害防治：番茄病害主要有病毒病、早疫病、晚疫病及叶霉病等，虫害主要有棉铃虫、蚜虫等。针对病、虫害种类应及时用药防治。

d. 植株调整：调整营养生长和生殖生长的关系，最大限度的提高种子产量。在番茄采种栽培中常采用整枝、打杈、摘心、疏花疏果等方法进行植株调整。

定植缓苗后，侧枝长到 10 ~ 12 cm 长时开始整枝，自封顶类型品种，宜采用双干整枝，即在主干第一花序下部留一侧枝与主茎同时生长，将其他侧枝全部摘除。非自封顶类型品种宜采用单干整枝，即植株在生长过程中只留一个主干，摘去全部侧枝。

打杈，在整枝后，一些腋芽会迅速长出，要及时抹去这些腋芽，保证养分分配到果实中去。

摘心也称打顶，可以加强叶片及果实的生长，延缓功能叶的衰老，可以结合整枝，同时进行。

在植株果实过多、花序多、花密、植株营养生长不旺时，可以进行疏花疏果，促使植株功能叶能提供足够的养分供果实、种子的生长发育，否则易于落花落果。为避免发生无籽果现象，采种植株不可使用生长调节剂处理。

⑤ 选种

原种的种子生产要严格选种，株选和果选结合进行。在分苗、定苗时去杂去劣的基础上，果实成熟时决选。选择生长健壮、无病虫害、生长类型符合原品种特征的植株作留种株。再从入选株中选择果形、果色、果实大小整齐一致，不裂果、果脐小的第二、三花序上的果实进行采种。

⑥ 采种

早熟品种从开花到果实生理成熟需 45 ~ 50 d，中晚熟品种需 55 ~ 60 d。当种子达到生理成熟后及时采收种果，经后熟 1 ~ 2 d 后进行采种。采种时将种果横切，将果瓤（胶体物质和种子）一并挤入干净无水的非金属容器中（量大时可用脱粒机将果实捣碎），在 25 ~ 35 °C 下发酵 1 ~ 3 d。在发酵的过程中，忌容器内进水或在太阳下暴晒，否则种子会发芽或变黑，影响发芽率。当液面形成一层白色菌膜，或经搅动果胶与种子分离时，表明已发酵好。用木棒搅动发酵好的种液，使种子与果胶分离、种子沉淀，倒去上层污物，捞出种子，用水冲洗干净，置于干燥通风处晾晒，当种子含水量降至 8% 以下时，即可装袋保存。晾干的种子为灰黄色，毛茸茸有光泽。晾晒应避免在水泥场地上直接进行，否则会烫坏种子，降低发芽率。在晾晒、加工、包装、贮运等过程中要防止机械混杂。

（3）大田用种生产

常规品种的大田用种生产技术基本同原种生产。要求空间隔离距离在 100 m 以上，用原种进行繁殖，在分苗、定植、果实成熟、采收前也要按原品种特征特性淘汰杂、劣、病株，以保持原品种纯度。

3．杂交制种技术

番茄杂交种子的生产途径有两条：人工去雄授粉制种和利用雄性不育系制种，目前以人工去雄杂交制种为主。

番茄人工杂交制种时，其隔离、育苗、田间管理和采种技术等方面与常规品种原种生产的要求基本相同，但应注意以下几个关键环节。

（1）父母本种植比例与花期调节

① 隔离。制种区空间隔离 50 m 以上。

② 父母本比例。番茄杂交制种父、母本的行比因品种而异。如果父本是有限生长类型的品种，父母本比例应为 1∶4 ~ 5；如果父本是无限生长类型的品种，则应为 1∶7 ~ 8。父本一般不进行整枝打杈，任其生长，以增加花量。

③ 播期调节。原则上以父本比母本早开花 5 d 为宜，以便于采集花粉。如果父、母本花期基本一致，

则可同期播种育苗，或将父本提前几天播种育苗；如果双亲始花期有明显的差异，则可通过调整育苗期、控制温度条件、肥水促或控等办法，促使双亲花期相遇。

（2）杂交授粉技术

① 亲本花序和花朵的选择。杂交用的花序以第二或第三花序为好，因为这两穗花序的种子数量多，质量也高。在每穗花序中选择近基部、发育正常的 3 ~ 4 朵花用于杂交，每穗花序以获得 2 ~ 3 个杂交果实为宜，小果型品种留果可适当多一些。花序基部已开放的花和上部瘦小的花以及畸形花都不能用于杂交，应在去雄时摘除。

② 去雄。去雄时间以花冠稍伸出萼片，颜色由绿变黄而花瓣尚未展开之前，选择花药呈黄绿色尚未开始散粉，即将于次日开花的花蕾进行去雄。具体方法是，先将花序上已开的花和先端发育不好的小花蕾从基部剪掉，然后用左手的拇指和食指轻轻捏住花蕾基部，右手用镊子轻轻拨开花瓣，露出花药筒，然后用镊子从花药筒基部的浅沟插入，撑开花药筒，再用镊子夹住花药基部将其全部摘除，或连同花瓣一起剥掉。去雄时注意不要碰伤子房或折断柱头、碰裂花药，要严格将花药去净。在一个隔离区内只有一个杂交组合时，不必套袋；如

果同一个隔离区内亲本较多或试配较多组合时，则去雄后必须套袋隔离。

③ 花粉的采集与贮藏。去雄的花蕾经过 1 ~ 2 d 即可成熟，此时授粉结实率最高。采集花粉时，应从父本行中生长正常的植株上采集花粉，采集时父本应处在盛花期，而且以当天开放的花朵为最好。可于上午露水干后进行采集，把父本的花朵整个摘下带回室内，置于通风干燥处晾干，几小时后花粉即可散粉，此时用镊子夹住花朵轻轻振动，使花粉落入培养皿内。每次采集的花粉可以使用 1 ~ 2 d，最好尽量使用当天的新鲜花粉。在大量杂交制种时，可于前一天傍晚或当日清晨将欲开的花和初开的花摘下，放入洁净的容器内，再放入干燥器中。几小时后，将花药开裂的花朵拿出振动使花粉散出，将花粉集中起来过 300 目筛子，装入棕色磨口瓶内备用。也可以用电动采粉器采粉，将采粉器的震动针向上插入父本的花药筒中振动花朵，花粉会自动落入容器内。所采集到的花粉最好当天用完，如当天用不完，可将其置于 4 ~ 5 °C 下密封保存。花粉在 4 ~ 5 °C 条件下，生活力可保持一个月以上，常温下可保持 3 ~ 4 d。

④ 授粉。授粉一般是在去雄后 1 ~ 2 d 进行。以左手拇指和食指持花，右手持授粉器（如橡皮头、玻璃授粉器等）将花粉授于柱头上。大量杂交制种时，可将花粉装入带有胶囊的玻璃滴管内，滴管的尖端对准柱头，手压胶囊使花粉喷落在柱头上。授粉后将花撕下两枚萼片做杂交完毕的标记。如授粉后 12 h 内遇雨，待雨后花朵上水滴干后或第二天露水干后必须重复授粉。授粉工作全部结束后，应对制种株进行 2 ~ 3 次检查，及时摘除多余的或新萌发的侧枝及未去雄的花朵或幼果。

⑤ 收获。果实成熟后应及时分批分期采收。凡撕下两枚萼片的为杂交果实，其他的果实应淘汰，取种方法同前。

（二）茄子种子生产

茄子为一年生草本植物，在热带为多年生。起源于亚洲东南部热带地区，4 ~ 5 世纪时传入我国。茄子产量高，适应性强，供应期长，营养丰富，是夏秋季节市场供应的主要蔬菜之一。

根据果形可将茄子栽培种分为圆茄、长茄及卵茄三种类型。圆茄植株高大，茎秆粗壮直立，叶宽而厚，果实呈圆球形、扁圆球形和椭圆球形，果色有黑紫、紫红、紫色和绿白色等。不耐湿热，多分布在中国北方，大多数为中、晚熟品种。长茄株幅较小，茎秆细弱，叶薄而狭长，果实呈细长棒状，长 20 ~ 30 cm 或更长，直径 2.5 ~ 6 cm，皮薄，肉质柔软，种子少，中国各地均有栽培。大多为中、早熟品种。卵茄也称矮茄，植株低矮，茎叶细小，开展度大，果实多呈卵圆形、灯泡形等，皮厚子多，果色有紫色、绿色和白色等。产量较低，但抗性较强，南北均有栽培。大多为早、中熟品种。

1. 茄子花器构造与开花结实习性

（1）花器构造

茄子花为两性花，多数品种单生，少数簇生。由花萼、花冠、雄蕊和雌蕊四个部分组成。花萼由 5 ~ 8 枚萼片组成；花冠紫色或淡紫色，也有白色的；雄蕊 5 ~ 8 枚，着生于雌蕊周围；雌蕊 1 枚，位于花药的中央。根据花柱的长短，茄子的花可分为长柱花、中柱花、短柱花 3 种类型（图 1-5-4）。其中长柱花和中柱花的柱头分别长出或等长于花药，为健全花，能正常授粉结果。短柱花的花柱短于花药或退化，不能正常授粉受精，为不健全花，容易自然落花。

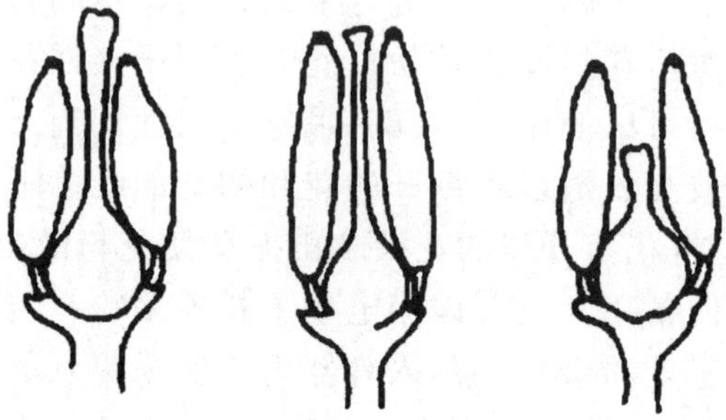

图 1-5-4　茄子的花型

（2）开花结实习性

茄子分枝习性为假二叉分枝，分枝、开花、结果习性很有规律。一般早熟品种在主茎长出 6～8 片叶后，中、晚熟品种在长出 8～9 片叶后，开始着生第一朵花，所结果实称为“门茄”。在第一朵花下的叶腋所发生的侧枝特别强健，和主茎的长势及形态差不多，因而形成对等的“Y”字形分叉。当主茎和侧枝长出 2～3 片叶后，又分叉开花，主茎和侧枝上各结一果，称为“对茄”。然后又以上述同样的方式继续分叉开花，逐渐向上所结的果分别称为“四门斗”、“八面风”和“满天星”（图 1-5-5）。

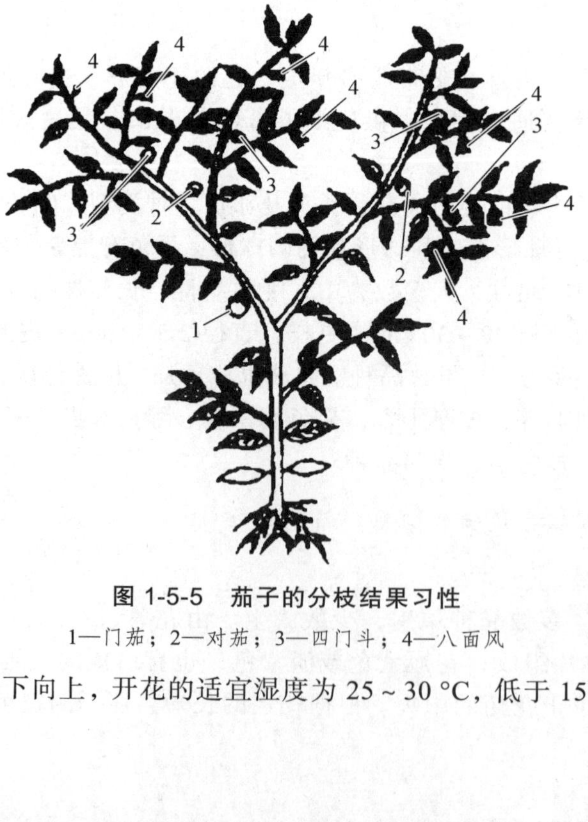

图 1-5-5　茄子的分枝结果习性

1—门茄；2—对茄；3—四门斗；4—八面风

茄子开花顺序是由下向上，开花的适宜湿度为 25～30 °C，低于 15 °C 或高于 40 °C 均受精不良，容易落花。花粉生活力以开花当天及前一天最高，雌蕊则从开花前一天到开花后两天均可以授粉受精，但以开花当天授粉结实率最高。受精后，子房膨大形成果实。

茄子开花后 15 ~ 20 d，果实达到商品成熟（嫩果），开花后 50 ~ 60 d，果实达到生理成熟，着生于果内的海绵状胎座中的种子发育成熟。果实为浆果，新种子为黄色并有光泽，千粒重 3 ~ 7 g。新采的种子大多数有休眠期。种子在室温下干燥贮存，可保持 5 年的发芽能力。

2．常规品种的种子生产

（1）原种生产的方法和程序

茄子的天然杂交率一般在 5% 以下，但也有高达 7% ~ 8% 的。为了防止茄子发生自然杂交，引起种性不纯或退化，原种生产应采取严格的隔离措施，要求空间隔离距离为 300 ~ 500 m。茄子原种生产一般在春季进行。

原种生产的基本原则是选优提纯，其生产程序是：单株选择、株行鉴定、株系比较、混系繁殖，即实行株行圃、株系圃、原种圃的三圃制。

① 单株选择

单株选择一般分三次进行。第一次在开花期，着重进行初花期、分枝性、花的发生规律、叶型和熟性等综合优良性状的选择，这次入选株数应当稍多。摘除入选株已结的果和已开的花，然后进行单株扣纱网或用其他隔离措施，以便留种。第二次在商品果成熟期，于第一次入选株内，在抗病、耐涝、丰产性好的植株上选择果实性状（果实长度、形状、色泽等）符合品种典型特征待性，果面无棱沟、有光泽，果脐小的的单株。第三次在种果成熟期，于第二次入选株内进一步淘汰丰产性和抗病性较差的单株。将入选株编号，种果成熟后，分别留种。

② 株行鉴定

将入选单株的种子分别播种，建立株行圃。不同株行随机排列，不设重复，四周设保护行。每隔 5 个株行设 1 对照，对照品种为该品种的原种。在性状表现的典型时期，除按单株选择时的项目、标准对各个株行进行观察比较外，还应着重鉴别各株行的典型性和一致性。从中选出具有本品种典型性状，抗病、抗逆、丰产和株间整齐一致的优良株行若干，进一步进行株系比较。

③ 株系比较

将入选株行的种子分小区种植，建立株系圃。各株系随机排列，每隔 5 个小区设 1 对照，重复 3 次，四周设保护行。小区株数不少于 60 株，以提高鉴定选择的可靠性。按单株选择时的项目、标准和方法，对各株系进行观察比较，同时鉴定各株系的纯度、前期产量和中后期产量。最后通过对观测资料的综合分析，决选出具有本品种典型性状的，抗病、抗逆、丰产和系内株间整齐一致的优良株系，混合留种。

④ 混系繁殖

将入选株系的种子混合播种于原种圃。重点在 3 个时期去杂去劣，即开花前考查植株生长习性、抗病性、叶型、叶色等；初花和第一幼果期，考查除上述项目外，还有萼片上刺的密度、幼果形状和颜色等；座果期，果实达商品成熟时，考查丰产性、抗病性、果实形状、大小、果皮和果肉颜色等。去杂去劣后，混合采收种子即为原种。

当品种混杂程度较轻时，可将株系圃与原种圃结合起来，实行第一年株行圃选择鉴定，第二年株系圃生产原种的二圃制法。

（2）原种种子生产技术

① 培育壮苗

a. 播前准备

确定播期：根据当地的终霜期，按苗龄往前推，计算播种期。中早熟品种在当地定植前2个月播种育苗，晚熟品种在定植前3个月播种育苗。

育苗床：每公顷种子田一般需15 m^2的育苗床，375 m^2的分苗床。苗床一般设在温室内，做成1～1.2 m宽的南北向苗床，铺7～10 cm厚的营养土，分苗床铺12～15 cm厚的营养土，营养土用60%的未种过茄科作物的田园土和40%的腐熟有机肥过筛后混合而成。

浸种催芽：茄子种皮厚，革质化程度高，吸水发芽困难，采用变温法催芽可使种子迅速发芽，一般4 d出齐。先将种子在55 °C的热水中浸泡，并充分搅拌，待水温降至常温后再浸泡24 h，清洗后将种子捞出稍晾，用手摸以润爽、不粘为度。然后用湿布包好，白天保持30 °C，夜间20～25 °C，每天翻动3～4次，3～4 d后，当70%以上种子露白时即可播种。

b. 播种及育苗期管理

播种：播种当天浇足底墒水，水渗后撒一层细干土，将种子均匀地撒在床面上，然后覆盖1 cm厚的细土，最后再用地膜紧贴地面四周压紧，不留缝隙，以提温保湿，在出苗前无须浇水。

播后管理：齐苗前的管理主要是增温保湿，出苗期间地温不得低于17 °C，最适地温20～25 °C，最适气温25～30 °C。当幼苗顶土时，及时揭除地膜，并覆0.5 cm厚的脱帽土，保持土壤湿度，防止“戴帽”出土。

齐苗后要适当降温，防止秧苗徒长，白天最适气温为20～25 °C，夜间15～20 °C。并适当通风，及时间苗，增强光照。干旱时用喷壶喷水，兼喷施0.2%尿素与0.2%磷酸二氢钾混合液，为花芽分化提供足够的营养。

c. 分苗及分苗床管理

分苗：在2～3片真叶时选择晴天的上午分苗，分苗前喷透水，起苗时要保留较多的根系，苗距8～10 cm。

从分苗至缓苗阶段主要是增温管理，一般不放风，白天25～28 °C，夜间15～20 °C，晴天的上午10:00至下午3:00用遮阳网遮阴，以防日晒萎蔫。

从缓苗至定植阶段气温逐渐回升，应逐渐放风，温度控制在20～25 °C，如苗床太干，在4～5片叶时可浇一次小水并中耕，定植前7～10 d浇一次大水，放风渐至最大量以炼苗，直至全揭膜，待浇水后3～4 d苗床干湿适宜时，进行切苗、起苗、囤苗3～5 d，终霜后方可定植。

② 定植及田间管理

a. 定植

在当地终霜过后，10 cm地温稳定在12 °C以上时即可定植。定植地每亩施腐熟的有机肥5 000～6 000 kg、磷肥40～50 kg、钾肥10 kg。繁殖茄子的种植密度一般比商品生产的密度小一些，早熟品种45 cm × (60～65) cm，中晚熟品种50 cm × (80～85) cm。一般采用宽窄行、地膜覆盖栽培，以改善通风透光条件，促进种株早发根、早发棵，且有利于保水保肥，抑制杂草生长。

b. 田间管理

追肥浇水与中耕除草：定植后立即浇缓苗水，对新根发育有良好效果。及时中耕，以提高地温，促进发根。门茄开花前适当控水蹲苗，在门茄瞪眼期结束蹲苗，追一次“催果肥”，浇一次“催果水”。对茄和四门斗迅速膨大时，对肥水的要求达到高峰，应视天气情况和植株长势每隔 4 ~ 6 d 浇水一次，水量要适当，切忌大水漫灌。一般隔 1 次水追 1 次速效肥，可施尿素与磷酸二铵 1∶1 混合肥 225 kg/hm^2，以促进果实膨大，提高种子产量。

整枝打杈：一般茄子繁种的留果节位为对茄和四门斗，以四门斗种子产量最高。整枝方法一般在门茄以后，按对茄、四门斗的规律留下枝条，其余侧枝长到 2 cm 时摘除，四门斗以上留 2 ~ 3 个叶片后打尖。生长后期，适时摘除老叶、黄叶、病叶，以利于通风透光，减少病虫害。

去杂去劣：在整个生长期分三个阶段考察品种性状的典型性，及时去杂去劣，即开花前考查植株生长习性、抗病性、叶型、叶色等；初花和第一幼果期，考查除上述项目外，还有萼片上刺的密度、幼果形状和颜色等；座果期，果实达商品成熟时，考查丰产性、抗病性、果实形状、大小、果皮和果肉颜色等。

③ 种果采收与采种

门茄果实小、种子少，故采种一般不用，可作为商品果采摘或尽早摘除。采种常用对茄和四门斗。一般圆茄留 5 ~ 6 个果，长茄可留 6 ~ 10 个果，要选择果型周正、脐部较小、颜色均匀一致的果实做种果。果实充分老熟后，果皮变成黄褐色且果皮发硬时可分批采收。采收后于通风干燥处后熟 7 ~ 10 d，使种子饱满并与果肉分离后再采种。

采种量少时可将果实装入网袋或编织袋中，用木棍敲打搓揉种果，使每个心室内的种子与果肉分离，最后将种果敲裂，放入水中，剥离出种子。采种量大时，可用经改造的玉米脱粒机打碎果实，用水淘洗，将沉在水底的饱满种子捞出，放在通风的纱网上晾晒，晒干后装袋贮藏。经室内检验，符合国家规定原种标准的种子即为原种。

（3）大田用种生产

常规品种的大田用种生产，空间隔离距离为 300 m，用原种种子育苗，在分苗、定植、开花结果期及收获前严格剔除不符合原品种特征特性的杂、劣、病株。其他各项技术可参照原种的种子生产。

3．杂交制种技术

茄子杂交制种采用人工去雄授粉方法。在隔离、育苗、田间管理和采种技术等方面与常规品种原种生产的要求基本相同，除此之外，操作时还应注意以下几个环节。

（1）亲本播期、行比的确定

① 亲本的播种期。要根据父母本的开花期的早晚安排播种，若父母本属同类型品种，花期相近，可将父本较母本早播 5 ~ 7 d，如父母本为不同类型品种，则中熟亲本较早熟亲本早播 7 ~ 15 d，晚熟亲本要较早熟亲本早播 15 ~ 20 d。

② 父母本行比。杂交制种田父母本的行比为 1∶5 ~ 10，如父本花粉量足，花朵多，母本花数较少，可以按 1∶10 甚至 1∶15 的比例定植，反之则可降到 1∶4 ~ 5。总之，在确保杂交用花粉量的前提下，尽量减少父本的种植量，以提高杂交种产量，降低种子生产成本。

（2）母本去雄

选择第二、三层的花蕾去雄。茄子一级、二级分枝距主干近，营养条件好，故第二、三层花蕾最好。同时这两层花蕾开放早，座果后果实生长发育快，雨季到来时已生理成熟，避免了高温、高湿和流行性病害所造成的损失。

选择第二天将要开放的花蕾（一般花冠变粉色且略松时为最佳时期），左手轻轻捏住花柄，右手用镊子轻轻拨开花瓣，将镊子伸入花药基部，拔掉花药，注意不能碰伤柱头与子房。去雄一定要彻底，不残留花药。如果同一个隔离区内只有一个组合，可不必套袋隔离；如果配制组合不止一个，则去雄后的花必须套袋隔离。

（3）花粉采集

茄子开花时雄蕊成熟，花药开裂散出花粉。一般在授粉前一天采集父本花粉，可在上午8时左右花朵刚开放时，用电动授粉器收集花粉，此时花粉多且活力高。也可在上午摘下当天开放的花朵，取出花药散放在铺有厚纸的筛子上，放在背阴处晾干（约需4 h），然后用320目的花粉筛筛取花粉；或将晒干的花药装入碗等容器中，盖上纸上下抖动几次，即可将花粉抖出，然后装入小玻璃瓶中，放入干燥器中或放入3～5 °C的冰箱中保存备用。常温干燥下花粉活力可保持2～3 d，在3～5 °C干燥条件下可保存30 d左右。

（4）授粉

一般在当天上午对前一天下午去雄后刚开放的花朵授粉，时间在8:00～10:00或15:00～17:00 为宜。用带橡皮头的铅笔或毛笔蘸取花粉，轻而均匀地涂抹在柱头上即可，授粉后去掉两个萼片做标记。如授粉后遇雨，第二天需重复授粉。

（三）辣椒种子生产

辣椒是茄科辣椒属能结辣味或甜味浆果的一年生或多年生草本植物。别名番椒、海椒、秦椒、辣茄等，原产于中美洲和南美洲的热带和亚热带地区，在我国栽培历史悠久。辣椒营养丰富，其中维生素C含量在蔬菜中居首位。辣椒即可干制成调味品，也可鲜果食用或加工成酱制品、腌制品等食用。

我国生产中习惯按其辛辣程度大致分为三种类型：① 甜椒类型，味甜、不辣、肉厚、果型大而较圆或较方，多菜用。单株座果少，植株长势强，株型高大，叶片宽厚。② 辛辣类型，果型小而顶端尖、肉薄、味辣，多数成熟后晒干制成调味品，也可将青果作菜用炒食。单株座果多，生长势较弱，叶片窄而薄。③ 半甜辣类型，是用甜椒类型与辛辣类型杂交培育出的一些新品种类型。

1. 辣椒花器构造与开花结实习性

（1）花器构造

辣椒为雌雄同花的完全花，单生、丛生或簇生，因品种而异。花由花托、花萼、花冠、雌蕊和雄蕊构成（图1-5-6）。甜椒类的花蕾较大而圆，辛辣类的花蕾较小而长。花的外层为绿色的萼片，基部相连成钟形，先端5～6齿；花冠由5～6片花瓣组成，基部合生为钟形，多为白色，少数为浅紫色；雄蕊有花药5～6枚，着生于雌蕊的周围，与柱头平齐或略低于柱头；雌蕊1枚，位于花中央，柱头有刺状隆起，辣椒的子房2室，甜椒的子房3～4室，中轴胎座，内有胚珠多个。

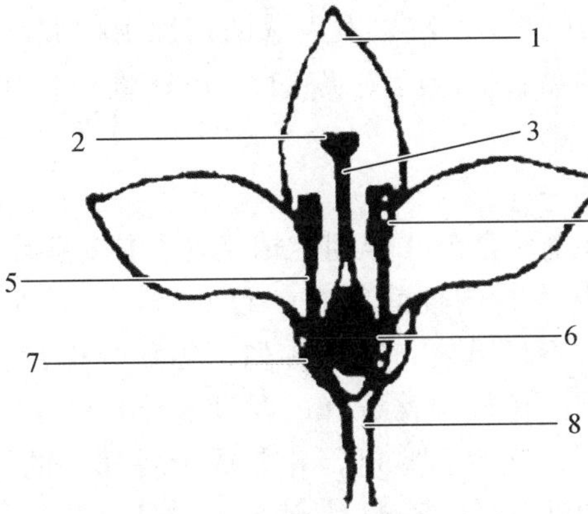

图 1-5-6 辣椒花的形态结构

1—花瓣；2—柱头；3—花柱；4—花药；5—花丝；6—子房；7—花托；8—花梗

（2）开花结实习性

辣椒的分枝习性分为无限分枝型和有限分枝型两类。

① 无限分枝型。当植株 6 ~ 9 叶时，顶芽分化为花芽，开第一朵花并结第一个果，其下长出两个侧枝，每个侧枝结一个果，以后依次继续两两分枝结果，此种类型一般为单生花，果实下垂生长，栽培品种大多是此种类型。

② 有限分枝型。植株矮小，当主茎长到 5 ~ 6 片叶时，顶芽分化出簇生的多个花芽而封顶，花簇下面的腋芽萌发分枝，分枝的叶腋还可萌发副分枝，分枝和副分枝的顶芽也形成花簇而封顶，以后植株不再分枝。每个花簇有较多花朵，结果多而小，果实多朝天生长，各种簇生椒都属于这种类型。

辣椒为常异花授粉作物，虫媒花。自然异交率 5% ~ 30%。开花顺序，由下向上依次逐层开放，上一层花朵开放时间比下一层花开放时间晚 3 ~ 4 d。一般在早晨 6:00 ~ 8:00 开花，少数品种在上午 10:00 左右开花。开花最适温度为 20 ~ 26 °C，要求空气相对湿度为 60% ~ 80%。花粉在开花前 2 d 至开花后 1 d 均有生活力，但以开花当日生活力最强。柱头在开花前 2 d 至开花后 2 ~ 3 d 均有受精能力，但以开花当日受精结实能力最强。授粉后 24 h 完全受精，以后子房膨大形成果实。

辣椒从开花到商品成熟需 25 ~ 30 d，50 ~ 60 d 达到生理成熟。果实为浆果，果皮与胎座分离，胎座孤立于果实中央，形成大的空腔。种子着生在胎座上，为短肾形，扁平，浅黄色，略具光泽，种子千粒重 4.5 ~ 7.5 g。

2．常规品种的种子生产

（1）原种生产

对于发生混杂退化的品种可以采用三圃法和混合选择法进行提纯。

① 单株选择

在座果初期，根据株型、株高、叶形、叶色、花的大小与颜色、幼果色等形状初选，选择符合原品种标准性状的植株 100 ~ 150 株，将入选株已开的花及已结的果摘除，然后将各入选株扣上网纱隔离。果实达商品成熟后复选，在第一次入选的单株内，根据果实的商品性如果形、果色、果实大小、果肉厚薄、胎座大小、种子多少、辣味浓淡和品质等性状选择典型单株 30 ~ 50 株。种果成熟后决选，在第二次入选的植株中按原品种标准性状进行一次复查，淘汰不符合原品种标准性状的单株。然后按照熟性、丰产性和抗病性等决选出 10 ~ 15 株，将入选株编号，分株收获留种。

② 株行比较

将入选单株的种子，按株播种育苗并分别定植于株行圃，鉴定各入选植株后代群体表现，选出符合供繁原品种标准性状、行内株间整齐一致的株行。每个株行种植群体不得少于 50 株，并要求土壤肥力均匀，可不设重复，随机排列，每 5 个株行设 1 个对照（对照为供繁品种的原种），田间管理措施一致。仍按单株选择的时期、标准和方法，在性状表现的典型时期，对各株行的整体表现进行观察、比较和鉴定，并着重于各株行的植株、叶、花和果实性状以及丰产性、优质性、抗逆性和熟性等综合性状观察。同时对各株行的纯度进行鉴定，在一个株行内杂株率大于 5% 或与对照相比特征显著变劣的应全部淘汰。根据田间观察和纯度鉴定结果进行选择和淘汰，入选株行分别收获自交果，留种。

③ 株系比较

将入选株行的种子育苗后分别定植于株系圃中，每株系种植一小区，不同株系随机排列，每 5 个株系设 1 个对照（供繁品种的原种或原原种），重复 3 次，四周设保护行。田间观察鉴定的时期、项目、标准和方法同株行圃。一个株系圃内的杂株率在 0.5% 以上应全系淘汰。最后决选出符合原品种标准性状、纯度达 100% 的优良株系若干，当选株系种果混合收获留种。

④ 混系繁殖

将入选株系的种子混合种植于原种圃，原种圃与周围的其他辣椒空间隔离 500 m 以上，小面积原种生产可用塑料网纱棚隔离。在植株生长发育过程中严格去杂去劣，以第二、三层果实留种，即为原种种子。

对优选提纯生产的原种，需进行田间播种检验和室内检验，当质量指标全面达到原种质量标准后，方可作为原种使用。

（2）大田用种生产

大田用种生产田空间隔离距离应在 400 ~ 500 m 甚至以上，小面积生产可用塑料网纱棚隔离。种子生产主要技术如下：

① 培育壮苗

a. 播种。种子播种前应对种子进行消毒。消毒的方法有温汤浸种、磷酸三钠浸种、硫酸铜浸种等，具体方法和番茄种子处理相同。将消毒过的种子用 30 °C 左右的温水浸种 12 ~ 24 h，待种子充分吸水，将种子搓洗干净，在 25 ~ 30 °C 条件下催芽，待 70% 种子露白时即可播种。催芽过程中要注意每日用温水清洗和翻动，以防种子霉烂。

播期根据定植时期和苗龄确定，早春阳畦苗龄 80 ~ 90 d，温室苗龄 70 ~ 80 d。每亩采种田需播种苗床 2 ~ 3 m^2，播种量 150 g 左右，播种后用细土覆盖 0.5 ~ 1 cm。

b. 苗床管理。播种后苗床应保持较高温度，白天 30 ~ 35 °C，夜间 18 ~ 20 °C。当幼苗出土后逐渐降低温度，床内温度白天保持 25 ~ 30 °C，夜间 15 ~ 18 °C。1 ~ 2 片真叶时，喷洒 0.2% 磷酸二氢钾和 0.1% 尿素混合液一次，以促花芽分化和幼苗健壮。3 ~ 4 片真叶时按 7 ~ 8 cm 见方分苗，分苗后一周内不放风，白天保持 30 °C 左右，夜间 20 °C 左右，以促根系生长，中午温度过高时可用黑色遮阳网遮阴，以防日晒萎蔫。约 7 d 缓苗后逐渐加强放风，白天保持 25 ~ 27 °C，夜间 16 ~ 18 °C。定植前 10 ~ 15 d 开始加强对秧苗的锻炼，逐渐降温、控水、炼苗，将白天温度降低至 20 ~ 25 °C，夜间温度降低至 13 ~ 15 °C。

② 定植

生产田选择肥力好、排灌方便、前茬非茄果类作物的砂壤土。为使种子充实，生产田要增施基肥和磷钾肥。

在晚霜结束后，10 cm 土层地温稳定在 12 °C 以上时定植，定植密度因品种而异，中早熟品种行距 60 cm，穴距 20 ~ 25 cm，每穴双株，每亩 9 000 ~ 11 000 株；中晚熟品种行距 50 cm，穴距 25 ~ 30 cm，每穴双株，每亩 9 000 ~ 10 000 株。

③ 田间管理

辣椒采种株的田间管理技术基本和商品辣椒相同。应根据辣椒喜温、水、肥，不抗高温、不耐浓肥，最忌水涝的特点进行管理，促进辣椒生长发育，早期形成健壮株势，在高温季节到来之前封垄，是辣椒种子丰产的关键。

a. 肥水管理。前期地温低，定植水不可太大，4 ~ 5 d 缓苗后可浇一次缓苗水。定植和缓苗后浅中耕 2 ~ 3 次，蹲苗 10 ~ 15 d，以提高地温、促进发根。50% 的植株门花开放时，浇大水一次，结合浇水施尿素 75 kg/hm^2，然后人工摘除门花。在第一批种果坐稳后，施磷酸二铵 225 ~ 300 kg/hm^2、硫酸钾 150 kg/hm^2，然后浇水一次。以后每 6 ~ 7 d 浇水一次，保持地面湿润即可。种果将要红熟时每 6 ~ 7 d 喷 0.1% ~ 0.2% 的磷酸二氢钾一次，以提高种子千粒重。

b. 整枝。为使养分集中供应种果，要及时剪除门花下部的侧枝、上部非留种花、果及下部的衰老黄叶。大果型甜椒每株选留 4 ~ 6 个形态、大小、色泽相近的无病虫害果实作为种果；小果型尖椒留果十几到几十个。

c. 病虫防治。辣椒病虫害较多，在整个生育期要注意防治。

④ 种果采收

果皮全部变成深红色是生理成熟的标志，要及时分批采收。采收回的种果后熟 2 ~ 3 d 后即可进行采种。采种时用手掰开果实，或用刀自萼片周围刻一圆圈，向上提果柄，将种子与胎座一起取出。然后剥下种子，将种子置于通风阴凉处晾干。切勿将种子直接放在水泥地上或金属器皿上在阳光下暴晒，以免烫伤种子。当种子含水量降到 8%以下时，即可装袋保存。

3. 杂交制种技术

辣椒杂交种优势极强，增产显著。目前杂交制种多利用人工去雄途径，也可利用雄性不育系杂交制种。杂交种生产多在塑料大棚内进行，因此隔离方法采取网棚隔离。

（1）人工去雄授粉杂交制种技术

辣椒人工杂交制种技术在亲本种株培育等栽培管理方面和常规品种相似，但在以下几个方面有所区别。

① 父母本的播种与定植。父母本种植比例应按父本花粉多少而定。当花粉较少时，父母本以 1：2 ~ 3 为宜；当花粉较多时，以 1：4 ~ 5 的行比为宜。为使花期相遇，应调整好播期。为了保证父本能及时提供足够的花粉，当双亲始花期相同或相近时，通常父本先于母本 6 ~ 9 d 播种；当父本始花期比母本晚时，父本应提早 15 ~ 20 d 播种，并通过肥水等措施调控双亲生长发育进程，使之花期相遇。

定植时采用父、母本分别集中连片定植，父本比母本早定植 7 ~ 15 d。母本采用大小行定植，大行距 50 ~ 60 cm，小行距 40 cm，株距 25 ~ 27 cm，单株种植。父本可适当缩小株行距，也可双株种植。

② 母本植株调整。杂交工作开始时，必须对母本进行植株调整。摘除门椒以下所有分枝及门椒和对椒花蕾，选用第三、四、五层的花去雄授粉。还要及时疏去植株内部瘦弱、发育不良的枝条，以改善种株群体的通风透光状况。随着植株的发育，还要疏去满天星及其以上的花，使植株营养能集中在杂交果实上，以提高杂交种子的质量。一般单株留种果数，大型果 6 ~ 8 个为宜，小型果可留 30 个以上。

③ 母本去雄。去雄一般在开花前 1 天 15:00 ~ 16:00 进行。在母本株上选择次日将要开的花蕾，即花瓣已由绿变白、花冠稍伸出萼片的大花蕾去雄，对于花药已开裂的花蕾应摘除。去雄时以左手托住花蕾，右手持镊子剥开花冠摘除全部花药，然后在花柄上放一条红线进行标记。要求去雄彻底、干净，不能碰伤柱头和子房。与此同时，应把植株上已开的花全部摘除。

④ 花粉采集与授粉。为保证制种纯度，在采粉前父本行严格去杂株。在开花期的每天下午，在父本植株上选择花冠全白色，将开而未开的最大花蕾摘下，去除花冠，取下花药放入采粉器中带回。将取回的花药在 35 °C 以下尽快干燥，花药干燥及花粉筛取方法同番茄。最好是当天采集的花粉次日授粉用，以提高结实率。

授粉在去雄后的第二天，上午露水干后进行。授粉时，用特制的玻璃管授粉器或铅笔的橡皮头蘸上花粉轻轻涂抹到已去雄的柱头上，授粉量要足、匀，柱头接触花粉的面积要大，以提高授粉结实率。授粉后做好标记，授粉完毕后把小花蕾全部摘除。

⑤ 种果采收。在授粉后 50 ~ 60 d，种果达到红熟时，应分批分期采收。采收时坚持“五不采原则”：即无杂交标记果不采；病、烂果不采；落地果不采；枯死株上的果不采；不完全成熟的果不采。一般 3 ~ 4 d 采收一次，采摘后的种果置于阴凉处后熟 2 ~ 3 d 后采种，采种技术同大田用种生产。

（2）利用雄性不育系杂交制种

利用雄性不育系生产辣椒一代杂种，省去了蕾期人工去雄，简化制种程序和降低制种成本，而且避免了去雄不及时、不彻底所造成的假杂种，提高了杂交种纯度。利用雄性不育系配制杂交种有三系配套和两用系两种方法。

两用系制种虽然有以上优点，但采用该方法制种时，必须拔除 50% 的可育株。由于辣椒植株花期不一致，一般需 2 ~ 3 遍才能把田间的可育株彻底清除干净。因此，该方法不仅增加了制种田的面积，增加育苗、整地、定植等田间管理的工作量，还增加了拔除可育株的工作量。不育株与可育株在田间分布不均匀，拔去可育株后，留下的不育株稀密不一，容易造成土地和光照资源的浪费。这些因素致使两用系无法大量应用于杂交制种。

三系配套杂交制种至少需要两个隔离区，即不育系、保持系留种区和杂交种、恢复系（父本系）制种区。

① 不育系、保持系留种区。在不育系、保持系留种区内繁殖不育系及保持系，以不育系为母本，保持系为父本，按 2 ~ 4 : 1 的行比隔行种植，对不育系用保持系上的花粉人工辅助授粉，不育系上采收的种子仍为不育系，供配制一代杂种及自身繁殖用，保持系上采收的种子仍为保持系，供不育系及自身繁殖用。采收时要严格分行采收，不可混杂，花期注意鉴定不育系的不育度。

② 杂交制种区。在此区内繁殖一代杂交种和父本恢复系。以不育系做母本、恢复系（父

本系）做父本，按 2～4：1 的行比严格隔行种植，花期人工辅助授粉，不育系上采收的种子为一代杂种，供生产使用，父本系上采收的仍为父本系，供下轮配制杂种及自身繁殖用。

两个隔离区均需人工辅助杂交授粉，各系种株的培育参照常规品种种子生产方法进行。在播种、育苗、定植、肥水管理、植株调整、授粉采收等技术环节上，特别要注意使双亲花期相遇，并严防生物学及机械混杂。

【思考】

茄果类蔬菜常规品种如何选留种果？

四、瓜类种子生产技术

瓜类蔬菜是指葫芦科中以果实供食用的栽培植株的总称。大多为一年生草本蔓生植物，均起源于亚、非、拉的热带或亚热带地区，性喜温暖，不耐寒冷。我国栽培的瓜类蔬菜共有十余种，主要有黄瓜、西葫芦、西瓜、甜瓜、南瓜、苦瓜和冬瓜等。现以黄瓜和西葫芦为例介绍其种子生产技术。

（一）黄瓜种子生产

黄瓜又名胡瓜，为葫芦科甜瓜属一年生草本蔓生攀缘植物，是我国蔬菜生产中种植面积较大的瓜类之一，全国各地均有栽培。黄瓜生熟食用均可，还可用于腌渍加工和提取美容用品等。目前推广的黄瓜品种基本上是利用优势育种培育的杂交种。

1．黄瓜的花器构造和开花结实习性

（1）花器构造

黄瓜为异花授粉作物，虫媒花，自然异交率 53%～76%。雌雄同株异花，一般为单性花，个别品种有两性花。每朵花在分化的初期均有萼片、花冠、蜜腺、雄蕊和雌蕊的初生突起，即具有两性花的原始形态特征。但当形成萼片和花冠之后，便发生不同方向的分化。有的雌蕊退化，形成雄花；有的雄蕊退化，形成雌花；如果雌雄蕊均得到发育，则形成两性花。花冠钟形，5 裂，黄色。雌花的柱头较短，柱头 3 裂，子房下位，多为 3 室（少数 4～5 室），侧膜胎座。雄花无子房，5 枚雄蕊，其中 1 枚单生，另 4 枚两两结合在一起，花药呈回纹状密集排列，成熟时向外开裂散出花粉。

（2）开花结实习性

黄瓜开花适宜温度为 18～21 °C，开花顺序从下向上。每朵花从现蕾到开花需 5～6 d，一般在凌晨 1:00～2:00 开始开花，上午 6:00～8:00 花冠全部展开，盛花时间经历 1.0～1.5 h。雄花刚开放时呈亮黄色，此时的花粉在 4～5 h 内活力最强，第二天颜色转白并逐渐凋萎。雌花受精后第二天花瓣闭合，如未经受精能保持开放 2～4 d。雌花在开花当日上午受精能力最强，下午显著下降。

开花后 15～30 d 果实达商品成熟期，40～50 d 后达生理成熟期。成熟的种子形状扁平，长椭圆形，黄白色，每个果实内含种子 50 粒左右，千粒重 23～42 g。

2. 常规品种的种子生产

（1）原种生产

在我国，四季均可进行黄瓜栽培生产，且不同栽培方式有相应的专用品种，而这些品种的原种生产应在相应的栽培季节进行。所以，黄瓜的原种生产分为春季露地、夏季露地、秋季露地和保护地采种四种类型。对较耐低温、早熟、主蔓结瓜、抗霜霉病的品种以春季露地采种为好；对抗病性、耐热性和抗涝能力强的品种，以夏、秋采种较好；而耐寒、耐大温差、对枯萎病和白粉病抗性强的品种，应选择保护地采种的方式。其中，以春季露地采种最普遍。

① 春露地采种技术

a. 培育壮苗

根据当地的终霜期，按苗龄往前推，计算播种期。露地春黄瓜采种一般以 10 cm 地温稳定在 12 °C 以上，再向前推 30 ~ 35 d 为适播期。

育苗可在大棚或阳畦内进行，育苗床的营养土可用腐熟的有机质 5 份、田园土 5 份，过筛后混合均匀而成。1 hm^2 种子田需播种子 2.25 kg 左右。播前用 55 °C 热水浸种 10 min，不断搅拌，再用 30 °C 温水浸种 4 ~ 6 h，让种子吸足水分。将种子捞出，洗净，用湿布包好于 28 ~ 30 °C 下催芽，当种子 70% 露白时即可播种。播种前一天将苗床浇透，按 6 cm 见方划成营养土方。第二天在每方的中间按一小坑，每坑播一粒发芽的种子，将种子胚根向下平放，播后覆土 2 cm 左右，然后覆一层地膜，若为阳畦育苗马上盖塑料膜和草苫。

黄瓜从播种到出苗需要较高的温度，一般白天保持 25 ~ 30 °C，夜间 15 ~ 18 °C。幼苗出土后，揭去地膜，控制浇水，适当降温，白天保持在 18 ~ 25 °C，夜间 13 ~ 15 °C，防止猝倒病的发生。幼苗 3 ~ 4 片真叶时可定植，定植前一周进行炼苗。

b. 原种田的定植

原种田的选择与做畦：原种田应选择在 3 ~ 5 年内没种过瓜类作物的肥沃田块，与其他黄瓜隔离 1 000 m 以上，施入有机肥 75 000 ~ 112 500 kg/hm^2、磷酸二铵 25 kg/hm^2、硫酸钾 15 kg/hm^2 做基肥，然后做成 1.2 ~ 1.5 m 宽的平畦或宽 60 ~ 70 cm、高 15 cm 的小高畦。

定植：露地春黄瓜一般在 10 cm 地温稳定在 12 °C 以上时定植，可采用地膜覆盖栽培。在定植前 3 ~ 5 d，先将定植田浇透水，然后扣膜。有利于提高地温，保持土壤墒情。定植密度为 45 000 ~ 60 000 株/hm^2，定植深度为苗坨与畦面相平或稍露苗坨为宜。

c. 田间管理

定植后 4 ~ 5 d 浇一次缓苗水并及时中耕，生长前期尽量少浇水，后期结合追肥灌水，在生长旺期每 5 ~ 7 d 浇一次水。在主蔓 30 cm 时搭架，及时绑蔓。采种田一般不留根瓜，要及时去掉。瓜型大的每株留 2 ~ 3 个瓜，瓜型小的每株留 3 ~ 5 个瓜。此外，应及时防治枯萎病和炭疽病（70% 甲基托布津 1 000 倍液）、霜霉病（10% 科佳悬浮剂 2 000 倍液）、蚜虫（50% 抗蚜威可湿性粉剂 2 500 倍液）等。

d. 去杂授粉

去杂一般分三次进行。第一次，在根瓜开花前，根据第一雌花的节位、雌花间隔的节位、花蕾形态、叶型、抗病性等，淘汰不符合原品种特征的植株。第二次，在大部分种瓜达到商品成熟时，根据皮色、瓜型、品质以及雌花率、生长势、抗性等性状进行复选，淘汰不符合原品种特征的植株。第三次，在采种前，根据种瓜色泽、网纹、刺棱特征进行选择，进一步淘汰不符合原品种特征特性的植株。

在温度较低或昆虫少的季节，需人工放养蜜蜂或进行人工辅助授粉。在开花当天上午取下雄花，用花药在雌蕊的柱头上轻轻摩擦，或用干净的毛笔蘸取花粉在柱头上涂抹。

e. 种瓜的收获及取种

黄瓜留种的果实通常在授粉后 40 ~ 50 d 达到生理成熟期，成熟时白刺种果皮呈黄白色、无网纹；黑刺种果皮呈褐色或黄褐色，有明显网纹。当种瓜达到生理成熟时及时采收，淘汰畸形瓜、烂瓜及病瓜，收获后在阴凉处后熟 5 ~ 7 d，以提高种子的千粒重和发芽率。

黄瓜种子周围有胶冻状物质，不易洗掉。一般可用下述方法除去：

发酵法：将种瓜纵剖，把种子连同瓜瓤一同挖出，放在非金属容器内使其自然发酵，发酵时间因温度而异，15 ~ 20 °C 需 3 ~ 5 d；25 ~ 30 °C 需 1 ~ 2 d。发酵过程中每天用木棒搅拌几次，使之发酵均匀。待种子与胶冻状物质分离下沉，停止发酵，捞出种子，用清水搓洗干净、晾晒、保存。注意发酵过程中严防进水。

机械法：用黄瓜脱粒机将果实压碎后，再次加压，使种子与胶冻状物质分离。此法省工省时，但种子表明的胶冻物质去除不彻底。

化学处理法：在 1 000 mL 果浆中加入 35% 的盐酸 5 mL，搅拌，30 min 后用水冲洗干净；或加入 25% 的氨水 12 mL，搅拌 15 ~ 20 min 后加水，种子即分离沉入水底，此时再加入少量盐酸使种子恢复原有色泽，然后用水冲洗干净。自然风干晾晒，当种子含水量降至 10% 以下时，装袋贮存。

② 夏、秋露地采种技术

黄瓜夏季或秋季露地采种，一般直播，为了出苗整齐，可进行浸种催芽。此方法采种产量较低，管理难度大，掌握适当的播种期是关键。因为如早播，则开花结果期温度高、雨水多，种株易早衰；如晚播，种瓜在早霜到来之前未成熟，则可能采收不到种子。

③ 保护地采种技术

利用温室和塑料大棚进行采种，管理技术同菜田生产，为提高采种量必须人工辅助授粉，选第三节位以上雌花授粉 3 ~ 4 朵，选留 1 ~ 2 条瓜作为种瓜。此方法成本高，通常只适用于温室栽培品种的原种繁殖。

（2）大田用种生产

多采用春露地采种，以增加种子产量。其具体栽培技术同原种生产的春露地采种法，空间隔离距离 500 m 以上，大田用种生产田在严格的去杂去劣后，可采用自然授粉留种，即在生产田的开花期放养蜜蜂，蜜蜂较少时，应进行人工辅助授粉，以提高采种量。

3. 杂交制种技术

黄瓜杂种优势明显，一代杂种具有明显的产量和抗病优势。目前配制杂交种多采用人工杂交法、雌性系杂交法。

（1）人工杂交制种

黄瓜雌雄同株异花，无需剥蕾去雄，花朵大而显目，人工杂交制种操作方便。主要技术要点如下：

① 亲本培育。通常用于制种的母本与父本均为优良的自交系。父母本播种、育苗的管理技术与常规品种原种生产基本相同，不同之处有以下几点：第一，保证父母本花期相遇，要根据父母本花期调整播期，对于花期相近的父母本，父本一般要比母本早播 5 ~ 7 d；第二，

育苗期对父本应适当给予较高温度条件，以诱导父本雄花早发生，多发生，满足杂交授粉时对父本花粉的需要；第三，定植时父母本比例一般为 1∶3～6，父母本可隔行栽植，但最好分别连片集中栽植。

② 去杂去劣。根据双亲的特征特性，在整个生长期内要反复进行去杂去劣工作。在进行杂交制种前，去除母本株上全部雄花以及坐瓜节位下已开的雌花和已结的幼果。

③ 去雄授粉。将母本株上的雄花于开放前摘除，在隔离区内利用昆虫自然授粉杂交。也可人工辅助授粉。将第二天要开放的、明显膨大变黄的父本雄花和母本雌花在前一天下午用棉线或花夹子扎夹，注意扎或夹在花冠的 1/2 处，不要伤了柱头。第二天上午摘下雄花，剥去花瓣，用花药在雌花柱头上轻轻摩擦。还可将雄花在前一天傍晚采下，置于塑料袋或纸袋内密封贮存，18～20 °C 下放 12 h，次日用授粉器搅拌使花粉散出，用混合粉授粉。花粉涂抹要均匀，充足。授粉后雌花要重新扎好，并在花柄上挂牌或拴绳做标记。

④ 授粉后田间管理。授粉结束后，要及时追一次肥，加强母本田管理。及时打顶，一般从植株主蔓第 22～25 节开始打顶，每株留 2～3 条种瓜为宜。及时摘除未经授粉的嫩瓜，以减少植株营养消耗。

⑤ 种瓜的收获。种瓜一般在授粉后 40～45 d 收获。收获时，严格注意不收无标记的种瓜。其他技术环节同常规品种的原种生产。

（2）利用雌性系杂交制种

黄瓜雌性系是指植株所开花朵全部或绝大多数是雌花，无雄花或仅少数雄花的稳定遗传品系。利用雌性系做母本进行杂交制种，可省去人工去雄操作，降低了杂交种种子生产成本，又可提高种子质量。

① 雌性系繁殖。雌性系繁殖通常采用人工诱导雌性株产生雄花，在隔离区内令其自然授粉或人工辅助授粉，所得种子仍然是雌性系。具体操作是，在幼苗 2 叶 1 心期，用 0.03%～0.05% 的赤霉素喷页面和生长点，每隔 5～7 d 喷一次，或用浓度为 250～500 mg/L 的硝酸银溶液喷洒幼株，每隔 3～5 d 喷一次，连续喷 3～4 次。未经处理株与经过处理株通常以 3∶1 的比例栽植。拟处理的植株应当提前 10～15 d 播种或分期播种以保证花期相遇。

② 杂交制种。通过调节播期使亲本花期相遇，以父本稍早于母本为好。父母本按 1∶3 的比例种植，开花前认真检查和拔除雌性系中有雄花的杂株，以免产生假杂种。在制种隔离区内让父母本自然授粉，如遇连阴雨，要进行人工辅助授粉。雌性系单株坐瓜多，为保证种子质量，应在授粉结束后于植株中下部选留发育良好的 2～3 个果实为种瓜，其余全部摘除。老熟后所收种子即为杂交种种子。

（二）西葫芦种子生产

西葫芦又称茭瓜、白瓜、番瓜、美洲南瓜等，是葫芦科南瓜属一年生草本植株，原产于南美洲。西葫芦含有较多维生素 C、葡萄糖等营养物质，具有润肺止咳、清热利尿、消肿散结的功效。目前，是我国瓜类保护地栽培面积中仅次于黄瓜的一大类果菜。

1. 西葫芦的花器构造和开花结实习性

（1）花器构造

西葫芦为雌雄同株异花植物，虫媒花，花单生，黄色，着生于叶腋。雄花花冠基部联合成喇叭状，端部5裂，雄蕊3枚，花丝粗短，花粉粒大而有黏性；雌花为下位子房，开放时其环状蜜腺分泌大量黏液，此时为最佳授粉期。

（2）开花结实习性

西葫芦品种有矮生、半蔓生和蔓生3种类型。矮生类型植株直立，节间短，蔓长0.3～0.5 m，第一雌花在第三至第八节着生，早熟，耐低温，但抗热性差，是目前生产上主要的栽培类型。半蔓生类型节间较长，蔓长约0.5～1.0 m，主蔓第八至第十节前后开始着生第一雌花，属中熟种。蔓生类型节间长，蔓长1～4 m，主蔓在第十节以后发生雌花，属晚熟种。

西葫芦的花一般在清晨4:00～4:30完全开放，13:00～14:00花完全闭合。昆虫自然传粉最盛的时间为6:00～8:00。受精、座果、结籽率最高的时间为开花当天花朵完全开放后，此后急剧下降，故人工授粉必须及时。从授粉到种子成熟约50 d。第一雌花的结籽数较少，第二、三雌花的结籽数最多。所以，西葫芦的种子生产一般用第二与第三个瓜做种瓜。种子为白色或淡黄色，长卵形，种皮光滑，每果有种子300～400粒。种子千粒重150～200 g，寿命4～5年。

2．常规品种的种子生产

（1）原种生产

西葫芦制种有春季露地直播和早春育苗移栽两种方法。由于西葫芦耐热性较差，高温季节病毒病危害严重，采用育苗移栽的方法，可使生育期提前，结瓜期避开高温影响，减轻病毒病的危害，有利于提高种子的产量和质量。因此，生产上多采用育苗移栽的方法制种。其技术要点如下：

① 培育壮苗

a. 确定播期。播种期为当地春季定植期（一般在晚霜过后）向前推30 d。

b. 播前准备。西葫芦的育苗方法大致与黄瓜相同，但营养面积须保证在10～12 cm见方。可在阳畦或大棚内用营养钵或纸筒育苗，播前装好营养钵并排放整齐。营养土的配方同黄瓜种子生产。

c. 播种。播前浇透底墒水，喷洒杀虫剂和杀菌剂，然后在每个营养钵的中心按一小坑，每坑播一粒发芽的种子，将种子胚根向下平放，播后覆土2 cm左右，然后盖好地膜，若为阳畦育苗还需盖塑料膜和草苫。

d. 育苗期管理。播种后至出苗前保持温度25～28 °C，出苗后白天降到20～25 °C，夜间10～15 °C，昼夜温差大和夜温低有利于雌花的形成和防止秧苗徒长，在苗龄30～35 d、3～4片真叶时定植，定植前10 d开始逐渐揭膜降温炼苗。

② 定植

a. 原种田的选择。选择3～5年内没有种过葫芦科作物、土壤肥沃的砂壤土，与其他西葫芦和南瓜空间隔离1 000 m以上。施入腐熟有机肥75 000 kg/hm^2、磷酸二铵25 kg/hm^2、硫酸钾15 kg/hm^{2}做基肥。做成高15 cm的小高畦，2个小高畦间距60～65 cm；也可做1.3 m宽的平畦。

b. 定植。晚霜过后、10 cm地温稳定在10 °C以上时即可定植。为提高地温，应采用暗水定植。在小高畦上单行定植，定植深度以土坨与地面相平为宜，定植密度为30 000～33 000株/hm^2。定植时要尽量减少对根的伤害。

③ 田间管理

前期以中耕蹲苗、提高地温、促进根系发育为主，开花结果后加强肥水管理，以调节好营养生长和生殖生长的关系为主。

a. 中耕蹲苗。定植后的次日浅中耕一次，待缓苗后结合追肥浇水一次，然后及时中耕，进行蹲苗。直到第二个种瓜坐住后，结束蹲苗。

b. 水肥管理。第一个种瓜坐住后施复合肥 150 ~ 225 kg/hm^2，然后浇水一次，以后每隔 5 ~ 7 d 浇一次水，保持土壤湿润。每隔一水，追一次肥，每次追施尿素 105 ~ 150 kg/hm^2。果实收获前叶面喷施 0.2% ~ 0.3% 的磷酸二氢钾和少量尿素 2 ~ 3 次，以增加种子产量。

c. 人工辅助授粉。对隔离条件较差的地块可采用人工辅助授粉。每天下午将第二天要开放的雌花和雄花的大花蕾用线或花夹子扎或夹住，次日上午 6:00 ~ 8:00 用隔离的雄花的花粉涂抹到隔离的雌花的柱头上，授粉后扎或夹住雌花的花冠，以防自然杂交，并在其花柄上拴上棉线或铁丝做标记。每株连续授粉 2 ~ 3 朵雌花。

d. 整枝留瓜。为了减少养分损耗，应打掉蔓上多余的侧枝，当第二种瓜坐住后及时去掉第一雌花的根瓜，留第二至第四雌花结的瓜作为种瓜。

e. 选优提纯。为了提高原种纯度，要进行选优提纯。在定植时，根据品种特性，选择生长健壮、雌花节位低而多的植株为种株定植；在开花授粉期，根据植株生长势和花的性状，拔除不符合原品种特征特性的植株；在种瓜成熟时，再根据种瓜的性状和种株的病害情况，最后留下优良种株的种瓜采种。

④ 种瓜的收获及取种

西葫芦授粉后约 50 d 种子成熟。分批带瓜柄采收，不要碰伤瓜柄，注意轻拿轻放。采收后，于阴凉处后熟 10 ~ 15 d，以提高种子的饱满度和发芽率。个别品种的种子容易在瓜内发芽，因此，后熟时间不宜过长。

取种时，将瓜皮纵切后用手掰开，取出瓜瓤，然后挤出种子，在水中搓洗干净，放到架空的席上晒干。严禁将种子直接放在水泥地或金属器皿上于强光下暴晒。

（2）大田用种生产

大田用种生产常用田间隔离下的自然授粉法。即播种原种的种子，种子田与其他西葫芦或南瓜隔离 1 000 m 以上。授粉前彻底拔除病、杂、劣株，然后在种子田放养蜜蜂授粉。选留第二至第四雌花结的瓜留种，其余雌花及时打掉。种瓜成熟后，再进行一次去杂，最后收获的种瓜混合取种。其他栽培管理技术同原种生产。

3. 杂交制种技术

目前，西葫芦生产上所用种子大多数为杂种一代种子。由于西葫芦花大，易操作，所以西葫芦杂交种子的生产主要采用自交系进行人工杂交制种。

（1）亲本的保存及繁殖

杂交种亲本的繁殖分别同常规品种的原种和大田用种生产。

（2）杂交种生产技术

① 培育壮苗。西葫芦杂交制种的双亲育苗技术同原种生产，但是要根据双亲的始花期调节好播种期，父母本花期相近时，为了增加前期授粉时的父本花粉供应，父本应比母本早播 7 ~ 10 d。父母本的用种量为 1 : 4。由于在低温和适当短日照条件下有利于西葫芦雌花的形成，所以在苗期应加强对母本秧苗的温度和光照管理。白天温度控制在 20 ~ 25 °C，夜间在 12 °C 左右，每日光照以 12 h 为宜。

② 定植。选择土地肥沃、通风良好、光照充足的地块，前茬尽量避开瓜类和蔬菜作物。

采用空间隔离时，与其他西葫芦花粉来源地不应少于 1 000 m。定植时父母本按 1∶3 ~ 4 的比例配置，父本早定植 5 ~ 10 d。可采用高畦垄作，双行栽培，一般垄宽 80 cm、沟宽 70 cm、垄高 15 cm，垄面可覆盖地膜。母本株距 55 cm，父本株距 45 cm。父母本分别集中连片栽培。

③ 去杂。去杂是确保种子质量的重要工作，在授粉前结合田间管理严格进行父母本去杂，重点是父本，按照宁错勿漏的原则，一旦发现杂株立即拔除。根据自交系的叶形、叶色、长势等，3 ~ 4 叶期第一次去杂，6 ~ 9 叶期雌花显露时第二次去杂，凡异常的父母本植株均应在开花前拔除干净。

④ 去雄。在开花授粉期间，每天傍晚集中摘除母本上可辨别的雄花蕾，第二天清晨授粉前再复查一遍，保证母本上不能有开放的雄花，这是保证杂交种子纯度的关键。

⑤ 人工授粉。为保证制种田授粉良好，提高座果率，增加单瓜种子数，减少昆虫传粉导致的生物学混杂，在母本雌花开放时，要进行人工授粉。开花授粉期，每天下午将第二天要开放的父本雄花和母本雌花的花冠用棉线或花夹子扎夹隔离，同时去除母本上的所有雄花花蕾。如果遇阴雨天，可将父本的雄花连花柄一起摘回，将花柄浸入水盆中保存，防止花粉遇雨吸水胀破死亡。第二天上午 6:00 ~ 9:00，取隔离的父本雄花，去掉花冠，同时打开隔离的母本雌花，用父本的雄蕊在母本雌蕊的柱头上轻轻均匀涂抹，授完粉后将母本的花冠扎夹隔离，并在花柄上绑绳或挂牌做标记。由于花粉不耐高温，温度高于 24 ~ 25 °C 时，花粉很快死亡。因此，授粉工作要在上午 10:00 前结束。

授粉期间应注意：母本株上第一朵雌花发育较弱，不宜用于制种，应尽早摘除；发现有畸形瓜及未做标记的幼瓜，应及时摘除，以利后面的种瓜发育；每株坐瓜 3 ~ 4 个后，停止授粉，并及时打顶，控制植株长势，促进种瓜发育。

⑥ 种瓜的收获与取种。种瓜的收获及取种同原种生产，但注意只收有杂交标记的种瓜，无标记或标记不清、畸形瓜、病株上的瓜不可采收。

本项目内容小结

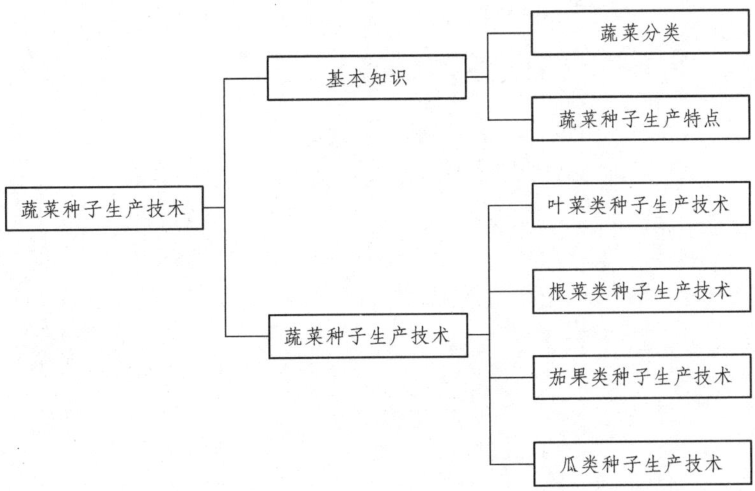

图 1-5-7　项目五内容小结

思考题

1. 蔬菜的分类方法有哪些？各种分类方法的依据和内容是什么？
2. 为什么蔬菜种子生产要求的隔离条件更严格？
3. 简述成株采种法、半成株采种法及小株采种法技术。
4. 简述大白菜杂交种生产技术。
5. 萝卜和胡萝卜种子生产技术的异同点有哪些？
6. 简述番茄常规品种原种生产的基本方法和程序。
7. 茄果类蔬菜杂交一代制种主要采用什么方法？
8. 简述黄瓜杂交种生产常用的方法及其主要环节。
9. 参考相关资料，制定一份某蔬菜作物杂交制种技术操作规程。

项目六　种子检验技术

【知识目标】

- 理解种子检验的含义和作用；
- 掌握种子检验的内容和程序。

【技能目标】

- 能够熟练使用扦样器和分样器，扦取送验样品和分取试验样品；
- 能对主要作物进行净度分析、发芽试验、水分测定以及品种真实性与品种纯度室内测定；
- 能设计并完成主要作物的田间检验程序。

模块一　基本知识

一、种子检验的含义

种子检验是指采用科学的技术和方法，按照一定的标准，运用一定的仪器设备，对种子质量进行分析测定，判断其优劣，评定其种用价值的一门应用科学。

种子品质包括品种品质和播种品质两方面。品种品质是指与遗传特性有关的品质，可用真、纯两个字概括。播种品质是指种子播种后与田间出苗有关的品质，可用净、壮、饱、健、干五个字概括。

真　是指种子真实可靠的程度，可用真实性表示。如果种子失去真实性，不是标识所指代的优良品种，其为害小则不能获得丰收，为害大则会造成歉收甚至无收。

纯　是指品种典型一致的程度，可用品种纯度表示。品种纯度高的种子因具有该品种的优良特性而可获得丰收。相反，品种纯度低的种子由于其混杂退化而明显减产。

净　是指种子清洁干净的程度，用净度表示。种子净度高表明种子中其他植物种子和杂质的总含量少，可利用的净种子数量多。净度是计算种子用价的指标之一。

壮　是指种子发芽出苗齐、壮的程度，可用发芽力、生活力、活力表示。发芽力、生活力高的种子，发芽出苗整齐，活力高的种子出苗率高，幼苗健壮，同时可以适当减少单位面积的播种量。

饱　是指种子充实饱满的程度，可用千粒重、容重表示。种子充实饱满表明种子中贮藏物质丰富，有利于种子发芽和幼苗生长。

健　是指种子健全完善的程度，通常用病虫感染率表示。

干　是指种子干燥、耐藏程度。可用种子水分表示。

二、种子检验的内容

根据《农作物种子检验规程》(GB/T3543.1～3543.7—1995)(简称《规程》)，种子检验的内容可分为扦样、检测和结果报告三大部分。

扦样是种子检验的首要环节，由于种子检验是破坏性检验，不可能将整批种子全部进行检验，所以只能从种子批中随机抽取一小部分具有代表性的样品供检。检测部分包括净度分析、发芽试验、水分测定、品种真实性和纯度鉴定，这些属于必检项目，生活力的生化测定等其他项目属于非必检项目。结果报告是将按照我国现行标准进行扦样与检测而获得的检验结果汇总、填报和签发。

1．签发结果报告单的条件

签发种子检验结果报告单的机构除需要做好填报的检验事项，还要符合以下条件：①该机构目前从事这项工作；② 被检种属于《规程》所列举的一个种；③ 种子批与《规程》规定的要求相符合；④ 送验样品是按《规程》要求扦取和处理的；⑤检验是按《规程》规定方法进行的。

2．结果报告单

检验项目结束后，检验结果应按 GB/T3543.3～3543.7—1995 中的结果计算和结果报告的有关章条规定填报种子检验结果报告单。完整的检验报告应包括：签发站名称；扦样封缄单位的名称；种子批的正式记号及印章；来样数量、代表数量；扦样日期；检验站收到样品日期；样品编号；检验项目；检验日期。填写结果报告单不能涂改。如果某些项目没有测定而结果报告单上是空白的，那么就在这些空格内填上“未检验”字样。若扦样是另一个检验机构或个人进行的，应在结果报告单上注明只对送验样品负责。

模块二　种子室内检验

一、扦　样

（一）相关概念

扦样是从大量种子中，随机取得一个重量适当、具有代表性的供检样品。扦样是否正确，扦取的样品是否具有代表性，直接影响到检验结果的可靠性。扦样员必须受过专门训练，熟悉种子扦样程序和方法，按要求进行扦样与分样，才有可能保证扦取样品的代表性。

扦样要依据种子种类、种子贮藏方式及种子批大小选用合适的扦样器具。从种子批中扦取若干初次样品，然后将所有的初次样品经充分混合后形成混合样品，再从混合样品中分取规定重量的送验样品，送到检验室。在检验室，从送验样品中分取试验样品，进行各个具体项目的测定。整个过程涉及的相关概念如下。

1．种子批

指同一来源、同一品种、同一年度、同一时期收获和质量基本一致，规定数量之内的种子。

2．初次样品

指从种子批某个扦样点每次扦取到的一小部分种子。

3．次级样品

指通过分样器所获得的部分样品。

4．混合样品

指由同一种子批中所扦取的全部初次样品混合而成的样品。

5．送验样品

指送达检验室的样品，该样品可以是整个混合样品或是从混合样品中分取的一个次级样品。

6．备份样品

指从相同的混合样品中获得的用于送验的另外一个样品，标识为“备份样品”。

7．试验样品

简称试样，指不低于检验规程中所规定重量的、供某一检验项目用的样品，它可以是整个送验样品，也可以是从送验样品中分取的一个次级样品。

8．半试样

指将试验样品分减成规定重量一半的样品。

9．封　缄

是指种子装在容器内，封好后如不启封，无法把种子取出。如果容器本身不具备密封性能，每一容器加正式封印或不易擦洗掉的标记或不能撕去重贴的封条。

（二）扦样的程序

1．准备扦样器具

在进行扦样前必须先备好所用器具，包括扦样器、样品盛放器、送验样品袋、供水分测定的样品容器、扦样单、标签、封签、粗天平等。根据被扦样品的种类、籽粒大小和包装方式选用扦样器。袋装种子用单管扦样器或双管扦样器；散装种子用长柄短筒圆锥形扦样器、双管扦样器、圆锥形扦样器，如图 1-6-1 所示。

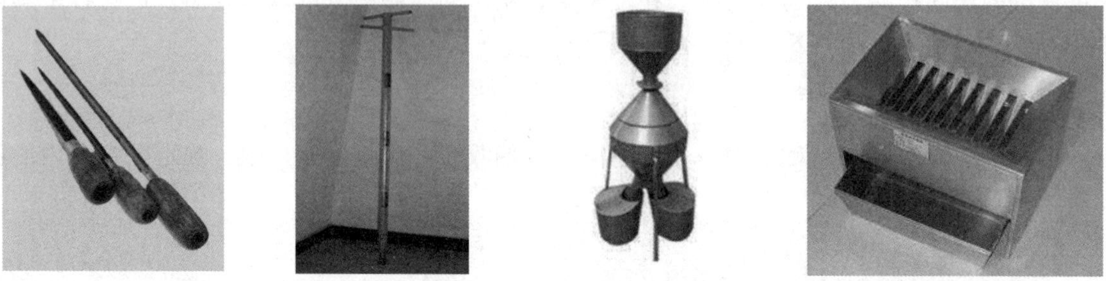

（a）单管扦样器　（b）双管扦样器　（c）钟鼎式分样器　（d）横格式分样器

图 1-6-1　各种不同的扦样器

2．检查种子批

在扦样前，扦样员应向相关单位了解种子批的有关情况，并对被扦的种子批进行检查，确定种子批是否符合《规程》的规定。

种子批有数量方面的限制，因为一批种子数量越大，其均匀程度就越差，要取得一个有代表性的送验样品就越难。扦样员应检查种子批重量，再与《规程》所规定的农作物种子批的最大重量进行比较（其容许差距为 5%）。如果种子批重量超过规定要求，就必须分成两个或若干个种子批，并分别扦样。

被扦的种子批的堆放应便于扦样，扦样员应至少能靠近种子批堆放的两个面进行扦样。如果达不到要求必须移动种子袋。

扦样员还应检查种子袋封口和标识，所有的种子袋都必须封缄，并有统一编号的批号或其他标识。这样才能保证样品能溯源到种子批。此标识必须记录在扦样单或样品袋上。

种子批应尽可能达到均匀一致，如扦样员有怀疑，可按规定的异质性测定方法进行测定。

3．扦取初次样品

扦取初次样品的频率（通常称为点数）根据扦样容器的大小和类型而定，主要有以下几种情况：

（1）袋装种子

袋装种子是指在一定量值范围内的定量包装，其重量规定为 15 ~ 100 kg。表 1-6-1 规定了袋装种子的最低扦样频率。扦样点应均匀分布在种子堆的上、中、下各个部位，在各个扦样点扦取相等的种子数量。

根据种粒形状、大小选用适宜的扦样器。扦样时，先用扦样器尖端拨开包装袋线孔，扦样器凹槽向下，自袋角处尖端与水平面成 30° 角向上倾斜地插入袋内，直至到达袋的中心，再把凹槽反转向上慢慢抽出扦样器，从空心手柄中倒出种子，并将包装袋扦孔拨好。若属塑料编织袋，可用胶布将扦孔贴好。大粒种子可拆开袋口，用双管扦样器扦样，扦样器插入前应关闭孔口，插入后打开孔口，待种子落入孔内，再关闭孔口，抽出扦样器，缝好包装袋拆口。棉花、花生等种子可采用倒包徒手扦样，其方法是：拆开袋缝线，两手掀起袋底两角袋身倾斜 45° 角，徐徐后退 1 m，将全部种子倒在清洁的塑料布或帆布上，使种子保持原袋中的层次，然后在上、中、下三点徒手扦取初次样品。

表 1-6-1　袋装种子的最低扦样频率

种子袋（容器）数	扦样的最低袋（容器）数
1 ~ 5	每袋都扦取，至少扦取 5 个初次样品
6 ~ 14	不少于 5 袋
15 ~ 30	每 3 袋至少扦取 1 袋
31 ~ 49	不少于 10 袋
50 ~ 400	每 5 袋至少扦取 1 袋
401 ~ 560	不少于 80 袋
561 以上	每 7 袋至少扦取 1 袋

（2）小包装种子

小包装种子是指在一定量值范围内装在小容器（如金属罐、塑料袋）中的定量包装，其质量的量值范围规定等于或小于 15 kg。小包装种子扦样采用以 100 kg 重量的种子作为扦样的基本单位，小容器合并组成基本单位，其总重量不超过 100 kg。如 6 个 15 kg 的容器，20 个 5 kg 的容器。将每个基本单位视为一个“袋装”种子，再按规定扦取初次样品。如有一种子批共有 500 个容器，每一容器盛装 5 kg 种子，则可推算共有 25 个基本单位，因此至少应扦取 9 个初次样品。

具有密封性的小包装种子（如瓜菜种子）重量只有 200 g、100 g、50 g，可直接取一小包装袋作为初次样品。

（3）散装种子

散装种子是指大于 100 kg 容器的种子批（如集装箱）或正在装入容器的种子流。对于散装种子或种子流，应根据散装种子数量确定扦样点数，并随机从种子批不同部位和深度扦取初次样品，每个部位扦取的数量应大致相等。使用长柄短筒圆锥形扦样器时，先旋紧螺丝，再以 30° 的斜度插入种堆内，到达一定深度后，用力向上一拉，使活动塞离开进谷门，略微振动，使种子掉入，然后抽出扦样器。双管扦样器垂直插入，操作方法如袋装扦样。利用圆锥形扦样器时应垂直或略微倾斜插入种堆内，压紧铁轴，使套筒盖盖住套筒，达到一定深度后，拉上铁轴，使套筒盖升起，略微振动后抽出扦样器。

表 1-6-2 规定了散装种子扦样点数的最低标准。

表 1-6-2　散装种子的扦样点数

种子批大小（kg）	扦样点数
50 以下	不少于 3 点
51 ~ 1 500	不少于 5 点
1 501 ~ 3 000	每 300 kg 至少扦取 1 点
3 001 ~ 5 000	不少于 10 点
5 001 ~ 20 000	每 500 kg 至少扦取 1 点
20 001 ~ 28 000	不少于 40 点
28 001 ~ 40 000	每 700 kg 至少扦取 1 点

4．配制混合样品

从种子批各个扦样点扦出的所有初次样品经充分混合后就组成一个混合样品。在初次样品混合之前，应比较各初次样品在形态、颜色、光泽、水分、杂质种类和数量及其品质方面有无明显差异，如无显著差异，则可将其合并混合成混合样品。如发现有些初次样品间质量有明显差异，则应把这部分种子从该种子批中分出，作为另一个种子批单独扦取混合样品。

5．送验样品的分取和处理

（1）送验样品的重量规定

针对不同的检验项目，送验样品的数量不同，《规程》中规定了以下 3 种情况下的送验样品的最低重量。

① 水分测定 需磨碎的种类为 100 g，不需磨碎的种类为 50 g。

② 品种纯度测定 按照品种纯度测定的送验样品重量规定（表 1-6-3）。

③ 所有其他项目测定（包括净度分析、其他植物种子数目测定，以及采用净度分析后的净种子作为试样的发芽试验、生活力测定、重量测定、健康测定等）其送验样品的重量按《规程》中送验样品重量规定。

表 1-6-3 品种纯度测定的送验样品重量

种 类	限于实验室测定/g	田间小区及实验室测定/g
豌豆属、菜豆属、蚕豆属、玉米属、大豆属及种子大小类似的其他属	1 000	2 000
水稻属、大麦属、燕麦属、小麦属、黑麦属及种子大小类似的其他属	500	1 000
甜菜属及种子大小类似的其他属	250	500
所有其他属	100	250

当送验样品小于规定重量时，应通知扦样员补足后再进行分析。但某些较为昂贵或稀有品种、杂交种可以例外，允许较少数量的送验样品，如不进行其他植物种子数目测定，送验样品至少应达到《规程》中净度分析试验样品的规定重量，并在结果报告单上加以说明。

（2）送验样品的分取

通常在仓库或现场获得混合样品后称重，.若混合样品的重量与送验样品重量相符，即可将混合样品作为送验样品。若混合样品数量较多时，应使用分样器或分样板从中分出规定数量的送验样品。分样应按照对分递减或随机抽取原则进行。

（3）送验样品的处理

供净度分析等测定项目的送验样品应装入纸袋或布袋，贴好标签，封口；供水分测定的送验样品应装入防潮密封容器中；与发芽试验有关的送验样品可用布袋或纸袋包装，贴好标签，封口。

样品包装封缄后，与填好的种子扦样单一起由扦样员尽快送到种子检验机构，不能将样品交给种子所有者、申请者等其他人员。

6．填写扦样单

扦样单一式两份，一份交检验室，一份交被扦样单位保存。

二、净度分析

（一）种子净度分析的目的

种子净度是指种子清洁干净的程度，具体地讲是指样品中除去杂质和其他植物种子后，留下的本作物（种）净种子重量占分析样品总重量的百分率。

净度分析的目的是通过对样品中净种子、其他植物种子和杂质的分析，推断该种子批的组成情况，为种子清选、质量分级提供依据；同时，分离出净种子为种子质量的进一步分析提供样品。

（二）净度分析各组分的划分

种子净度分析的关键是区分样品中净种子、其他植物种子和无生命的杂质。

1．净种子

净种子是指送验者所叙述的种（包括该种的全部植物学变种和栽培品种）。

在种子构造上凡能明确地鉴别出它们是属于所分析的种（已变成菌核、黑穗病孢子团或者线虫瘿的除外），即使是未成熟的、瘦小的、皱缩的、带病的或发过芽的种子单位都应作为净种子。净种子通常包括完整的种子单位和大于原来种子大小一半的破损种子单位。

在个别的属或种中有一些例外：① 豆科、十字花科其种皮完全脱落的种子单位应列为杂质。② 即使有胚芽和胚根的胚中轴以及超过原来大小一半的附属种皮，豆科种子单位的分离子叶也列为杂质。③ 甜菜属复胚种子超过一定大小的种子单位列为净种子，但单胚品种除外。④ 在燕麦属、高粱属中，附着的不育小花不需除去而列为净种子。

2．其他植物种子

其他植物种子是指净种子以外的任何植物种类的种子单位。其鉴别标准与净种子的标准基本相同。但甜菜属种子单位作为其他植物种子时不必筛选，可用遗传单胚的净种子定义。

3．杂　质

杂质是指除净种子和其他植物种子以外的所有种子单位、其他物质及构造。

（三）净度分析步骤

1．重型混杂物检查

与供检样品在大小或重量上有明显不同的如土块、石块或小粒种子中混有大粒种子等称为重型混杂物。这些混杂物数量少，重量较大，严重影响分析结果，所以若在送验样品中存在重型混杂物时，应先将其挑出并称重，再将其分为其他植物种子和杂质后分别称重。

2. 试验样品的分取

试验样品应估计至少含 2 500 粒种子单位的重量或不少于《规程》中净度分析试样所规定的重量，可用规定重量的一份试样或独立分取的两份半试样（试样重量的一半）进行分析。分取的方法同送验样品的分取。

分取的试验样品按表 1-6-4 中的精度要求称重，以满足计算各种成分百分率达到一位小数的要求。

表 1-6-4 称重与小数位数

试验和半试样及其组分重量/g	称重至下列小数位数
1.0000 以下	4
1.000 ~ 9.999	3
10.00 ~ 99.99	2
100.0 ~ 999.9	1
1 000 或 1 000 以上	0

3. 试样的分析和称重

一般采用人工分析进行分离和鉴定，也可借助一定的仪器。如筛子可用于分离试样中的茎叶碎片、土壤及其他细小颗粒；种子吹风机可用于从较重的种子中分离出较轻的杂质，如皮壳和空小花；放大镜和双目解剖镜可用于鉴定和分离小粒种子单位和碎片；反射光可用于禾本科可育小花和不育小花的分离，以及线虫瘿和真菌体的检查。分离后各组分分别称重(g)，精确至表 1-6-4 所规定的小数位数。

4. 结果计算和数据处理

（1）核查分析过程中试样的重量增失　将各组分重量之和与原试样重量进行比较，核对分析期间物质有无增失。如果增失超过原试样重量的 5%，必须重做；如增失小于原试样重量的 5%，则计算各组分百分率。

（2）计算各组分的重量百分率　各组分百分率的计算应以分析后各种组分的重量之和为分母。各组分重量百分率应精确到 1 位小数（半试样分析时精确到 2 位小数）。

（3）有重型混杂物时的结果换算　送验样品有重型混杂物时，最后净度分析结果应按如下公式计算：

① 净种子

$$P_2 = P_1 \times \frac{M - m}{M} \times 100\%$$

② 其他植物种子

$$OS_2 = OS_1 \times \frac{M - m}{M} \times \frac{m_1}{M} \times 100\%$$

③ 杂质

$$I_2 = I_1 \times \frac{M-m}{M} \times \frac{m_2}{M} \times 100\%$$

式中　M——送验样品的重量，g；

m——重型混杂物的重量，g；

m_1——重型混杂物中的其他植物种子重量，g；

m_2——重型混杂物中的杂质重量，g；

P_1——除去重型混杂物后的净种子重量百分率，%；

I_1——除去重型混杂物后的杂质重量百分率，%；

OS_1——除去重型混杂物后的其他植物种子重量百分率，%。

（4）容许差距　分析后任一组分的相差不得超过表 1-6-5 所规定的重复分析间的容许差距。若所有组分的实际差距都在容许范围内，则计算各组分的平均百分率。

表 1-6-5　同一实验室内同一送验样品净度分析的容许差距（%）（部分）

两次分析结果平均		不同测定之间的容许差距			
		半试样		试样	
50% 以上	50% 以下	无稃壳种子	有稃壳种子	无稃壳种子	有稃壳种子
99.95 ~ 100.00	0.00 ~ 0.04	0.20	0.23	0.1	0.2
99.90 ~ 99.94	0.05 ~ 0.09	0.33	0.34	0.2	0.2
99.85 ~ 99.89	0.10 ~ 0.14	0.40	0.42	0.3	0.3
99.80 ~ 99.84	0.15 ~ 0.19	0.47	0.49	0.3	0.4
99.75 ~ 99.79	0.20 ~ 0.24	0.51	0.55	0.4	0.4
99.70 ~ 99.74	0.25 ~ 0.29	0.55	0.59	0.4	0.4
99.65 ~ 99.69	0.30 ~ 0.34	0.61	0.65	0.4	0.5
99.60 ~ 99.64	0.35 ~ 0.39	0.65	0.69	0.5	0.5
99.55 ~ 99.59	0.40 ~ 0.44	0.68	0.74	0.5	0.5
99.50 ~ 99.54	0.45 ~ 0.49	0.72	0.76	0.5	0.5

（5）最终结果的修正　各种组分的最终结果应保留 1 位小数，其和应为 100.0%，小于 0.05% 的微量组分在计算中应除外。如果其和是 99.9%或 100.1%，应从组分最大值（通常是净种子部分）增减 0.1%。如果修约值大于 0.1%，则应检查计算有无差错。

5．结果报告

净度分析的结果应保留一位小数，各种组分的百分率总和必须为 100.0%。若某一组分少于 0.05%，应填报“微量”。若某种组分的结果为 0，需填“—0.0—”。

当测定某一类杂质或某一种其他植物种子的重量百分率达到或超过 1% 时，该种类应在结果报告单上注明。

三、种子水分测定

种子水分容易发生变化，当进行全面检验时应该首先进行水分测定；如不能及时测定水分，送验样品要密封包装。种子水分的高低直接影响到种子安全包装、贮藏、运输，对保持种子生活力十分重要。

种子水分指按规定程序把种子样品烘干，样品所失去水分的重量占供检样品原始重量的百分比。种子水分包括自由水和束缚水，它们都是水分测定的对象。我国主要作物种子安全贮藏水分的上限为：籼稻 13.5%，粳稻 14%，小麦 12%，大麦、大豆、玉米均为 13.5%，棉籽 12%。测定种子水分可以为种子的安全贮藏和运输等提供依据。

【思考】

禾谷类作物和油料作物种子的安全水分，哪一个更低，为什么？

种子水分的测定方法有烘干法、电子仪器法、蒸馏法等。其中烘干法是标准的种子水分测定方法，又可具体分为：低恒温烘干法、高恒温烘干法、高水分种子预先烘干法。

（一）低恒温烘干法

低恒温烘干法适用于各种作物种子，特别是油分含量高的作物种子，如葱属、花生、芸薹属、辣椒属、大豆、棉属、向日葵、亚麻、萝卜、蓖麻、芝麻、茄子等的种子水分测定。该法必须在相对湿度在 70% 以下的室内进行，否则会影响其结果的准确性。具体操作规程如下：

1. 铝盒烘干称重

将洗净后的铝盒预先烘干、冷却、称重，并记下盒号。

2. 预调烘箱温度

将电烘箱的温度调节到 110 ~ 115 °C 进行预热，之后让其稳定在 (103 ± 2) °C。

3. 制备样品

水分测定送验样品装在防湿容器中，取样时先将密闭容器内的样品充分混合，从中分别取出两个独立的试验样品 15 ~ 25 g，放入磨口瓶中。然后按规定磨碎细度进行样品磨碎，立即装入磨口瓶中备用。烘干前必须磨碎的种子种类及磨碎细度见表 1-6-6。

4. 样品烘干称重

将处理好的样品在磨口瓶内充分混合，从中取试样 2 份，分别放入预先烘干和称重的铝盒内，再进行称重，每份试样重 4.500 ~ 5.000 g，记下盒号、盒重和样品的实际重量。

摊平样品，立即放入预先调好温度的烘箱内，样品盒盖套于盒底，迅速关闭烘箱门，当箱内温度回升至(103 ± 2) °C 时开始计时。烘干 8 h 后，戴好手套，打开箱门，迅速盖上盒盖，取出铝盒放入干燥器内冷却到室温后称重（热样品在 30 s 内可以从空气中吸收水分）。

表 1-6-6　烘干前必须磨碎的种子种类及磨碎细度

种子种类	磨碎细度
燕麦属、水稻、甜荞、苦荞、黑麦、高粱属、小麦属、玉米	至少有 50% 的磨碎成分通过 0.5 mm 筛孔的金属丝筛，而留在 1.0 mm 筛孔的金属丝筛子上不超过 10%
大豆、菜豆属、豌豆、西瓜、巢菜属	需要粗磨，至少有 50% 的磨碎成分通过 4.0 mm 筛孔
棉属、花生、蓖麻	磨碎或切成薄片

5．结果计算

根据烘后失去水分的重量计算种子水分百分率，保留 1 位小数。计算公式如下：

$$\text{种子水分} = \frac{M_1 - M_3}{M_2 - M_1} \times 100\%$$

式中　M_1——样品盒和盖的重量，g；

M_2——样品盒和盖及样品的烘前重量，g；

M_3——样品盒和盖及样品的烘后重量，g。

6．结果报告

若一个样品的两次重复之间的差距不超过 0.2%，其结果可用两次测定值的平均数表示；否则，需重新进行两次测定。结果精确到 0.1%。

（二）高恒温烘干法

首先将烘箱预热至 140 ~ 145 °C，样品在 130 ~ 133 °C 下烘干 1 h。适用于芹菜、石刁柏、燕麦属、甜菜、西瓜、甜瓜属、南瓜属、胡萝卜、大麦、莴苣、苜蓿属、番茄、烟草、水稻、菜豆属、豌豆属、小麦属、菠菜、玉米等的种子水分测定。测定程序及计算水分公式与低恒温烘干法相同。高恒温烘干法测定时，对检验室的空气湿度没有特别要求。

（三）高水分种子预先烘干法

禾谷类作物种子水分超过 18%，豆类和油料作物种子水分超过 16%时，必须采用预先烘干法。因为水分高，种子不易磨碎，故预先把种子初步烘干，然后进行磨碎，测定其水分百分率。

称取 2 份样品各(25.00 ± 0.02) g，置于直径大于 8 cm 的样品盒中，在(103 ± 2) °C 烘箱中预烘 30 min（油料种子在 70 °C 下预烘 1 h），取出后在室温下冷却、称重。然后立即将这 2 份初步烘干的样品分别磨碎，并从磨碎物中各取一份样品按低恒温烘干法或高恒温烘干法继续进行测定。样品的原始水分可用第一次烘干和第二次烘干所得的结果，并按下列公式计算。

$$\text{种子水分} = S_1 + S_2 - S_1 \times S_2$$

式中　S_1——第一次整粒种子烘干后失去的种子水分，%；

　　　S_2——第二次磨碎种子烘干后失去的种子水分，%。

四、发芽试验

（一）发芽试验的目的和意义

发芽试验的目的是测定种子批的最大发芽潜力，据此可以比较不同种子批的质量，也可估测田间播种价值。收购入库时做好发芽试验，可掌握种子的质量状况；种子贮藏期间做好发芽试验，可掌握种子发芽率的变化情况，确保安全贮藏；种子经营时做好发芽试验，可避免销售发芽率低的种子，造成经济损失；播种前做好发芽试验，可选用发芽率高的种子播种，利于苗齐、苗壮。

（二）发芽试验的设备及用品

发芽设备是能为种子发芽提供适宜的温度、湿度和光照条件的设备。发芽设备应达到的要求是：温度控制可靠、准确、稳定，保温、保湿效果良好，调温调湿方便，不同部位温差小，通气良好，光照充足。

1. 发芽箱和发芽室

发芽箱可分为两类：一类是干型，只控制温度不控制湿度，其中又可以分为恒温和变温两种；另一类是湿型，既控制温度又控制湿度。发芽室的构造和原理与发芽箱相似，只不过是容量扩大了，在其四周有发芽架。发芽室也分干型和湿型，干型发芽室放置的培养皿需要加盖保湿。

2. 数种设备

为合理置床和提高工作效率，可以使用数种设备。目前常用的数种设备有活动数种板和真空数种器。

（1）活动数种板　主要适用于大粒种子，如玉米、大豆、菜豆和脱绒棉籽等种子的数种和置床。数种板由固定下板和活动上板组成，其板面刚好与所数种子的发芽容器相适应。使用时可将数种板放在发芽床上，把种子撒在板上，并将板稍微倾斜，以除去多余的种子。当每孔只有一粒种子时移动上板，使上板孔与下板孔对齐，种子就落在发芽床的相应位置。

（2）真空数种器　主要适用于中小粒种子，如水稻、小麦种子的数种和置床。使用时选择与计数种子相应的数种头，在产生真空前，将种子均匀撒在数种头上，然后接通真空泵，倒去多余种子，使每孔只吸一粒种子，将数种头倒转放在发芽床上，再解除真空，种子便落在发芽床的适当位置。

3. 发芽床

发芽床是用来安放种子并供给种子水分和支撑幼苗生长的衬垫物。种子检验规程规定的发芽床有纸床、沙床和土壤床等种类，常用的是纸床和沙床。对各种发芽床的基本要求是保水、通气性好，pH 为 6.0～7.5，无毒、无病菌和具有一定强度。

【思考】

水稻、小麦、玉米、油菜、大豆等作物各适合哪些发芽床？

4．发芽容器

在发芽试验中，发芽床还需要用一定的容器来安放。常用的有发芽盒和发芽皿。发芽容器应透明、保湿、无毒，具有一定的种子发芽和发育空间，确保幼苗充分发育和充足的氧气供应，使用前要清洗和消毒。

（三）发芽试验程序

1．选用发芽床

按《规程》中发芽试验技术规定，选择最适宜的发芽床。中小粒种子可用纸上、中粒种子可用纸间发芽；大粒种子或对水分敏感的小粒种子宜用沙床。

2．数　种

从充分混合的净种子中，随机数取400粒。一般小、中粒种子（如水稻、小麦、油菜）以100粒为一重复，试验为4次重复；大粒种子（如玉米、大豆）以50粒为一重复，试验为8次重复；特大粒种子（如花生）以25粒为一重复，试验为16次重复。

3．种子置床和贴标签

种子要均匀分布在发芽床上，种子之间留有1～5倍间距，以保证幼苗有足够的生长空间，减少幼苗的相互影响，并防止病菌的相互感染。每粒种子应接触水分良好，保证发芽条件一致。

在发芽容器底盘的内侧面贴上标签，注明样品编号、品种名称、重复序号和置床日期等，然后盖好容器盖子或套上塑料袋保湿。

需要注意的是，许多作物种子都存在休眠现象，直接置床发芽，通常不能良好、整齐、快速地发芽。因此，这些种子在移置到规定的发芽条件下培养前需破除休眠，如置床前去壳、加温、机械破皮、硝酸钾浸渍，置床后进行预先冷冻处理等。

4．在规定条件下培养

按《规程》中发芽试验技术规定，选择适宜的发芽温度。一般来说，以选用其中的变温或较低恒温发芽为好。变温即在发芽试验期间一天内较低温度保持16 h，较高温度保持8 h。

需光型种子发芽时必须有光照促进发芽。需暗型种子在发芽初期应放置在黑暗条件下培养。对于大多数种子，最好在光照下培养，因为光照有利于抑制霉菌的生长繁殖和幼苗子叶、初生叶的光合作用，并有利于正常幼苗鉴定，区分黄化和白化的不正常幼苗。

种子发芽期间，应进行适当的检查管理，以保持适宜的发芽条件。如发现有霉菌滋生，应及时取出洗涤去除霉菌。当发霉种子数超过5%时，应及时更换发芽床。

5. 观察记载

试验持续时间按《规程》中发芽试验技术规定。试验前或试验中用于破除休眠处理的时间不作为发芽试验时间计算，如果样品在规定试验时间内只有几粒种子开始发芽，试验时间可延长 7 d 或延长规定时间的一半；若在规定试验时间结束前样品已达到最高发芽率，则该试验可提前结束。

每株幼苗均应按规定的标准进行鉴定，鉴定要在幼苗主要构造已发育到一定时期进行。在初次计数时，应把发育良好的正常幼苗进行记载后从发芽床中捡出；发霉的死种子或严重腐烂的幼苗应及时从发芽床中除去，并随时增加计数；对可疑的或损伤、畸形的幼苗，通常到末次计数时处理。末次计数时，按正常幼苗、不正常幼苗、新鲜不发芽种子、硬实和死种子分类计数和记载。

6. 结果计算和报告

若一个发芽试验 4 次重复（每个重复以 100 粒计，大粒、特大粒种子可合并重复至每个重复 100 粒）的正常幼苗百分率都在最大容许误差内（表 1-6-7），则以其平均数表示发芽百分率。不正常幼苗、新鲜不发芽种子、硬实和死种子的百分率按 4 次重复平均数计算。

填报发芽结果时，需填报正常幼苗、不正常幼苗、新鲜不发芽种子、硬实和死种子的百分率。若其中任何一项结果为 0，则将符号“—0—”填入相应的格中。同时还需填报发芽床的种类和温度、试验持续时间等。

表 1-6-7 同一发芽试验 4 次重复间的最大容许差距

平均发芽率		最大容许误差
50% 以上	50% 以下	
99	2	5
98	3	6
97	4	7
96	5	8
95	6	9
93 ~ 94	7 ~ 8	10
91 ~ 92	9 ~ 10	11
89 ~ 90	11 ~ 12	12
87 ~ 88	13 ~ 14	13
84 ~ 86	15 ~ 17	14
81 ~ 83	18 ~ 20	15
78 ~ 80	21 ~ 23	16
73 ~ 77	24 ~ 28	17
67 ~ 72	29 ~ 34	18
56 ~ 66	35 ~ 45	19
51 ~ 55	46 ~ 50	20

五、品种真实性与品种纯度室内测定

品种真实性和品种纯度是保证良种优良遗传特性充分发挥的前提，是正确评定种子质量的重要指标。品种真实性和品种纯度检验在种子生产、加工、贮藏及经营中具有重要意义和应用价值。

（一）相关概念

品种真实性是指一批种子所属品种、种或属与文件描述是否相符。如果品种真实性有问题，则品种纯度检验就没有意义了。

品种纯度是指品种个体与个体之间在特征特性方面典型一致的程度。用本品种的种子数（或株、穗数）占供检验本作物种子数（或株、穗数）的百分率表示。

$$品种纯度=\frac{供检样品种子数-异品种种子数}{供检样品种子数}\times 100\%$$

（二）品种纯度检验的方法

品种纯度检验的方法很多，根据其所依据的原理不同主要可分为形态鉴定、物理化学法（快速）鉴定、生理生化法鉴定、分子生物学方法鉴定、细胞学方法鉴定。在实际应用中可根据检验目的和要求的不同，本着简单、易行、经济、准确、快速的原则，选择合适的方法。以下主要介绍形态鉴定和物理化学法（快速）鉴定。

1. 品种纯度的形态鉴定

品种纯度的形态鉴定是纯度测定中最基本的方法，又可分为子粒形态鉴定、种苗形态鉴定和植株形态鉴定。在形态鉴定时主要从被检品种的器官或部位的颜色、形状、多少、大小等区别不同品种。

（1）种子形态鉴定

适合于子粒形态性状丰富、子粒较大的作物。随机从送验样品中数取400粒种子，鉴定时需设重复，每个重复不超过100粒种子。根据种子的形态特征，逐粒观察区别本品种和异品种并计数，计算品种纯度。也可借助放大镜、立体解剖镜等观察种子，鉴定时必须备有标准样品或鉴定图片等有关资料。

水稻种子根据谷粒的形状、长宽比、大小、稃壳和稃尖色、稃毛长短及稀密、柱头夹持率等性状进行鉴定。玉米种子根据粒形、粒色、粒顶部形状、顶部颜色及粉质多少、胚的大小及形状、胚部皱褶的有无及多少、花丝遗迹的位置与明显程度、子粒上棱角的有无及明显程度等进行鉴定。小麦种子根据粒色、粒形、质地、种子背部性状（宽窄、光滑与否）、腹沟、绒毛、胚的大小、子粒横切面的模式、子粒的大小等性状进行鉴定。大豆种子可根据种子大小、形状、颜色、光泽、脐色、脐形等性状进行鉴定。十字花科作物种子根据种子大小、形状、颜色、胚根轴隆起的程度、种脐形状、种子表面附属物有无、多少及表面（网脊、网纹、网眼）特性进行鉴定。

（2）生长箱鉴定

生长箱鉴定可用于幼苗和植株的形态鉴定。该方法可保证全部幼苗和植株都生长在同样的条件下，其品种形态特征的差异是遗传基础的表达。生长箱鉴定可采用两种方法：一种方法是给予幼苗加速生长发育的条件，可以鉴定如田间植株一样的许多性状，从而大大缩短鉴定时间；另一种方法是将种子或植株种植在特殊逆境条件下，可对品种进行逆境反应差异的鉴定。

2. 品种纯度的快速鉴定

通常把物理法鉴定、化学法鉴定等在短时间内鉴定品种纯度的方法归为快速鉴定方法。以下主要介绍以国际标准和国家标准为依据的几种品种纯度快速鉴定法。

（1）麦类种子苯酚染色法

数取麦类净种子 400 粒，每重复 100 粒。将种子浸入水中 18 ~ 24 h，用滤纸吸干表面水分，放入垫有经过 1% 苯酚溶液湿润的滤纸的培养皿内（腹沟朝下）。在室温下小麦保持 4 h，燕麦 2 h，大麦 24 h 后即可鉴定染色深浅。小麦观察颖果颜色，大麦、燕麦观察内外稃的颜色。一般染色后颜色可分为不染色、淡褐色、褐色、深褐色、黑色 5 种，与基本颜色不同的种子即为异品种。

（2）大豆种子愈伤木酚染色法

将大豆种皮逐粒剥下，分别放入指形管内，然后注入 1 mL 蒸馏水，在 30 °C 下浸泡 1 h，再在每支试管中加入 10 滴 5% 愈伤木酚溶液，10 min 后每支试管加入 1 滴 0.1% 过氧化氢溶液，1 min 后根据溶液呈现的颜色差异区分本品种和异品种。

（3）种子荧光鉴定法

取净种子 400 粒，100 粒为 1 次重复，分别排在黑板上，放在波长为 360 nm 的紫外分析灯下照射，试样距灯泡最好为 10 ~ 15 cm，照射数秒或数分钟后即可观察，根据发出的荧光鉴别品种或类型。如蔬菜豌豆发出淡蓝或粉红色荧光，谷实豌豆发出褐色荧光；十字花科不同种发出荧光不同，白菜为绿色，萝卜为浅蓝绿色，白芥为鲜红色，黑芥为深蓝色，田芥为浅蓝色。

模块三　种子田间检验

一、田间检验

（一）田间检验的概念和目的

田间检验是指在种子生产过程中，在田间对品种真实性进行验证，对品种纯度进行鉴定，同时对作物的生长状况、异作物、杂草、病虫危害等进行调查，并确定其与特定要求符合性的活动。

田间检验的目的是核查种子田，证实品种特征特性是否名副其实，以及影响收获种子质量的各种情况，从而根据这些检查的质量信息，采取相应的措施，减少剩余遗传分离、自然变异、外来花粉、机械混杂和其他不可预见的因素对种子质量产生的影响，以确保收获时符合规定的要求。

（二）田间检验的项目

田间检验项目根据作物种子生产田的种类不同而不同。一般把种子生产田分为常规种子生产田和杂交种子生产田。生产常规种的种子田主要检查前作、隔离条件、品种真实性、杂株百分率、其他植物植株百分率、种子田其他情况（倒伏、健康等）。生产杂交种的种子田主要检查隔离条件、花粉扩散的适宜条件、雄性不育程度、串粉程度、父母本的真实性、品种纯度、收获方法（适时收获母本或先收父本）。

（三）田间检验的时期和程序

种子田在生长季节期间可以检查多次，但至少应在品种特征特性表现最充分、最明显的时期检查一次。许多作物进行田间检验最适宜的时期是在开花期或者花药开裂前不久，有些作物还需要做营养器官检查。如水稻、玉米、高粱、油菜等杂交种花期必须检验 2～3 次；蔬菜作物在商品器官成熟期必须检验。

田间检验程序可分为以下几步：

1．调查基本情况

种子生产田基本情况调查包括了解情况、隔离情况检查、品种真实性检查、种子生产田的生长状况调查等内容。

田间检验前应全面了解以下情况：生产企业、作物种类、品种名称、种子类别（等级）、农户姓名和联系方式、种子田位置、田块编号、面积、前作情况、种子来源、种子世代、田间管理等。

检查隔离情况　依据种子田及其周边田块的分布图，围绕种子田绕行一圈，核查隔离情况。对于由昆虫或风传粉杂交的作物种，应检查种子田周边与种子田传粉杂交的规定最小隔离距离内的任何作物。若种子田与花粉污染源的隔离距离达不到要求，必须采取措施消灭污染源，或淘汰达不到隔离条件的部分田块。

鉴定品种真实性　为进一步核查品种的真实性，有必要绕田行走核查树立在田间地头的标签或标牌，了解种子来源的详细情况。实地检查不少于 100 个植株或穗，比较品种田间的特征特性与品种描述的特征特性，确认其真实性与品种描述中所给定的品种的特征特性是否一致。

检查种子生产田的生长状况　对于严重倒伏、杂草危害或由于另外一些原因引起生长不良的种子田，不能进行品种纯度评价，而应该淘汰。当种子田处于中间状态时，检验员可以使用田间小区鉴定结果作为田间检验的补充信息，对种子田的状况进行总体评价，确定是否有必要进行品种纯度的详细检查。

2．取　样

同一品种、同一来源、同一繁殖世代，耕作制度和栽培管理措施相同而又连在一起的地块可划分为一个取样区域（样区）。为了正确评定品种纯度，取样方案应能覆盖种子田、有代表性并符合标准要求，还应充分考虑样区大小、样区数目和样区位置及分布。

一般来说，样区大小和频率应与种子田作物生产类别的要求联系起来。对于大于 10 hm^2 的禾谷类常规种子的种子田，可采用大小为长 20 m、宽 1 m，面积为 20 m^2 且与播种方向成直角的样区。对于面积较小的常规种如水稻、小麦、大麦、大豆等，每样区至少含 500 株（穗）。对于宽行种植的高秆作物如玉米、高粱，样区可为行内 500 株。

对于杂交制种田，其父母本可视为不同的“田块”，分别检查计数。如水稻杂交制种田每样区 500 株；玉米和高粱杂交制种田每样区为行内 100 株或相邻两行各 50 株。

样区频率数目可参见表 1-6-8。

表 1-6-8　种子田最低样区频率

面积/hm^2	最低样区频率		
	生产常规种	生产杂交种	
		母本	父本
< 2	5	5	3
3	7	7	4
4	10	10	5
5	12	12	6
6	14	14	7
7	16	16	8
8	18	18	9
9 ~ 10	20	20	10
> 10	在 20 基础上，每公顷递增 2	在 20 基础上，每公顷递增 2	在 10 基础上，每公顷递增 1

3. 检　查

田间检验员应缓慢沿着样区的预定方向前进，以背光行走为宜，尽量避免在阳光强烈、刮风、大雨的天气下进行检查。通常是边设点边检验，直接在田间进行分析鉴定，在熟悉供检品种特征特性的基础上逐株（穗）观察。每点分析结果按本品种、异品种、异作物、杂草、感染病虫株（穗）数分别记载，同时注意观察植株田间生长等是否正常。杂交制种田还应检查记录杂株散粉率及母本雄性不育的质量 。

检验完毕，将各点检验结果汇总，计算各项成分的百分率。田间检验员应及时填写田间检验报告，田间检验报告包括基本情况、检验结果和检验意见。

二、小区种植鉴定

（一）小区种植鉴定的目的和作用

小区种植鉴定的目的一是鉴定种子样品的真实性，二是鉴定种子样品纯度是否符合国家规定标准或种子标签标注值的要求。

小区种植鉴定按其作用可分为前控和后控两种：当种子批用于繁殖生产下一代种子时，该批种子的小区种植鉴定对下一代种子来说就是前控。在种子生产时，如果对生产种子的亲本种子进行小区种植鉴定，那么亲本种子的小区种植鉴定对于生产种子来说就是前控。通过小区种植鉴定来检测生产种子的质量便是后控，比如对收获后的种子进行小区种植鉴定。小区种植鉴定可以监控品种的真实性和品种纯度是否符合种子认证方案的要求，是鉴定品种真实性和测定品种纯度的可靠方法之一，可作为种子贸易中的仲裁检验，但费工、费时。

（二）小区种植鉴定的程序

田间小区种植鉴定应以标准样品作为对照。标准样品可提供全面的、系统的品种特征特性的标准。要求标准样品最好是育种家种子，或是能充分代表品种原有特征特性的原种。

1. 试验地选择

鉴定小区要选择气候环境条件适宜、土壤均匀、肥力一致、前茬无同类和密切相关的种或相似的作物和杂草的田块，并有适宜的栽培管理措施。

2. 小区设计

为便于观察，应将同一品种、类似品种及相关种子批的所有样品连同提供对照的标准样品相邻种植。小区种植鉴定试验设计要便于试验结果的统计分析，以使试验结果达到置信度水平之上。当性状需要测量时，需要一个较正式的试验设计，如随机区组设计。每个样品至少两个重复。

试验设计种植的株数要根据国家种子质量标准的要求而定，一般说来，如品种纯度为 $X\%$，则种植株数 $N = 400/(100 - X)$。例如，标准规定纯度为 99%，种植 400 株即可达到要求。小区种植鉴定应有适当的行距和株距，以保证植株生长良好，能表现原品种特征特性。必要时可用点播或点栽。

3. 小区管理

小区种植鉴定只要求观察品种的特征特性，不要求高产，土壤肥力中等即可。对于易倒伏作物的小区鉴定，尽量少施化肥。使用除草剂和植物生长调节剂必须小心，避免影响植株的特征特性。

4. 鉴定和记载

小区种植鉴定在整个生长季节都可观察，有些种在幼苗期就有可能鉴别出品种真实性和纯度，但成熟期（常规种）、花期（杂交种）和商品器官成熟期（蔬菜种）是品种特征特性表现最明显的时期，必须进行鉴定。对那些与大部分植株特征特性不同的变异株应仔细检查，通常用标签、塑料牌或红绳等标记系在植株上，以便再次观察时区别对待。

5. 结果计算与表示

品种纯度结果表示有以变异株数目表示和以百分率表示两种方法。

（1）以变异株数目表示

《规程》所规定的淘汰值就是以变异株数目表示的。淘汰值是在考虑种子生产者利益和有较少可能判定失误的基础上，把在一个样本内观察到的变异株与质量标准比较，再经充分考虑做出有风险接受或淘汰种子批的决定。

不同纯度标准与不同样本大小的淘汰值见表 1-6-9。如纯度 99.9%，种 4 000 株，其变异株或杂株不应超过 9 株（称为淘汰值）。

表 1-6-9 不同纯度标准与不同样本大小的淘汰值

规定标准/%	不同样本（株数）大小的淘汰值						
	4 000	2 000	1 400	1 000	400	300	200
99.9	9	6	5	4	—	—	—
99.7	19	11	9	7	4	—	—
99.0	52	29	21	16	9	7	6

注：“—”表示样本太少。

（2）以百分率表示

小区种植鉴定的品种纯度也可以用百分率表示。采用下式计算：

$$品种纯度=\frac{本作物的总株数-变异株(非典型株)数}{本作物的总株数}\times 100\%$$

6．结果填报

小区种植鉴定结果除品种纯度外，还应填报所发现的异作物、杂草和其他栽培品种的百分率。其原始记录可参照表 1-6-10 填写。

表 1-6-10 真实性和品种纯度鉴定原始记载表（田间小区）

样品登记号：　　　　　　　　　　　　　　种植地区：

<table>
<tr><th rowspan="2">作物名称</th><th rowspan="2">小区号</th><th rowspan="2">品种或组合名称</th><th rowspan="2">鉴定日期</th><th rowspan="2">鉴定生育期</th><th rowspan="2">供检株数</th><th rowspan="2">本品种株数</th><th colspan="4">杂株种类及株数</th><th rowspan="2">品种纯度/%</th><th rowspan="2">病虫危害株数</th><th rowspan="2">杂草种类</th><th rowspan="2">检验员</th><th rowspan="2">校核人</th><th rowspan="2">审核人</th></tr>
<tr><th></th><th></th><th></th><th></th></tr>
<tr><td></td><td></td><td></td><td></td><td></td><td></td><td></td><td></td><td></td><td></td><td></td><td></td><td></td><td></td><td></td><td></td><td></td></tr>
<tr><td></td><td></td><td></td><td></td><td></td><td></td><td></td><td></td><td></td><td></td><td></td><td></td><td></td><td></td><td></td><td></td><td></td></tr>
<tr><td></td><td></td><td></td><td></td><td></td><td></td><td></td><td></td><td></td><td></td><td></td><td></td><td></td><td></td><td></td><td></td><td></td></tr>
<tr><td colspan="3">检测依据</td><td colspan="14"></td></tr>
<tr><td colspan="3">备注</td><td colspan="14"></td></tr>
</table>

本项目内容小结

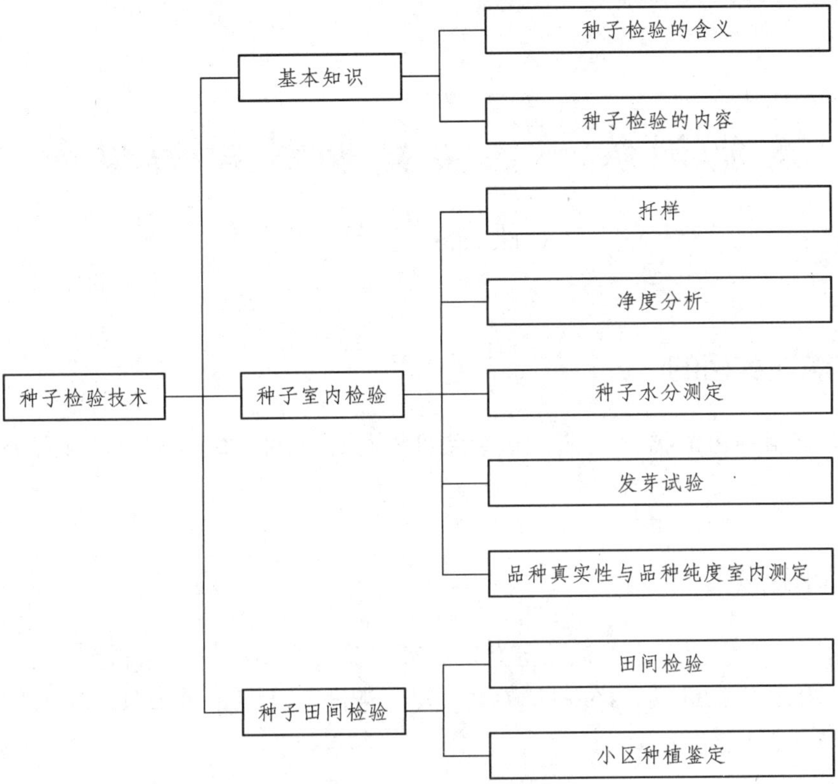

图 1-6-2　项目六内容小结

思考题

1. 名词解释

种子批　扦样　初次样品　混合样品　试验样品

2. 种子检验的内容有哪些？

3. 有一种子批，每一容器盛装 5 kg 的种子，共 600 个容器，应扦取多少容器（袋）？

4. 现对某批水稻种子进行净度分析。从送验样品中分取两份半试样，第一份半试样为 20.51 g，经分析后其中净种子 19.85 g，其他植物种子 0.2000 g，杂质 0.4300 g；第二份半试样为 21.10 g，经分析后其中净种子 19.12 g，其他植物种子 0.3100 g，杂质 0.6100 g。求各组分的重量百分率。

第二部分　技能训练

技能训练一　杂交制种田的播种

（课时：1 天）

一、技能训练目的

使学生学会制种田的播种技术，掌握父母本行比、调节父母本播期和提高播种质量等措施。

二、材料用具

材料：水稻、小麦、玉米、油菜等杂交制种田父母本的种子，标志作物种子。

用具：主要生产农机具，必要的放线工具、测量工具和记录工具，主要农业生产用品（化肥、农药等）。

三、方法步骤

1．开播行比

在精细整地、施足基肥、四周开好排水沟的基础上，按规定行距开播种沟。要求深浅一致，行向正直。

2．查对父母本行种子

根据父母本行比，确定父母本行后，在播种前先检查种子袋标签，将父母本种子分别落实到行。若双亲的播期不同，则在先播的亲本行的两端插上标记，以防重播、漏播。

3．播种父母本，并在父本的行头和行内种标志作物

按规定的父母本行，分别落实专人负责播种。播种时要按规定株距进行，落籽要均匀。盖土深浅一致，细致，并注意勿把种子弹出播种沟外，以免造成混杂。在父本的行头和行内种异作物等标记作物，避免在管理、去杂（玉米去雄）、收获时发生差错。错期播种的晚播行头要插标志。

播种后应分别记载播种期、父母本名称及行比等。

四、作　业

画出制种田父母本行比、分期播种示意图，并总结规格播种、提高杂交制种播种质量的经验教训。

技能训练二　水稻三系的观察

（课时：4 课时）

一、技能训练目的

熟悉水稻三系的形态特征，掌握鉴别水稻三系的方法。

二、材料用具

材料：水稻雄性不育系及保持系、恢复系抽穗开花期植株。
用具：显微镜、镊子、解剖针、碘-碘化钾溶液、载玻片、盖玻片等。

三、方法步骤

1. 田间识别

在水稻三系的抽穗开花期，根据水稻雄性不育系和保持系在分蘖力、抽穗时间、抽穗是否正常和开花习性、花药性状等外部性状，在田间比较鉴别不育系、保持系和恢复系的特点。并选取穗部刚开放部分花的（或即将开放的花）的穗子，分别挂牌标记，以备室内镜检。

2. 室内镜检

在三系稻穗上各选取 2～3 个发育良好，尚未开花的颖花，分别用镊子、解剖针取出其花药，置于不同的载玻片上，夹破压碎，把花药内的花粉挤出，夹去花药壁残渣，滴上一滴碘-碘化钾溶液，盖上盖玻片，置于显微镜下观察其花粉粒。

四、作　业

1. 分别写出你所观察的水稻“三系”的名称及形态特征。
2. 分别绘制显微镜下“三系”花粉的形态图，并表示其着色情况。

技能训练三　杂交水稻制种田花期预测

（课时：4 课时）

一、技能训练目的

学习和掌握杂交水稻制种田花期预测方法（幼穗剥检法）。

二、材料用具

材料：杂交水稻制种田现场。
用具：扩大镜、米尺等。

三、方法步骤

制种田母本移栽后 20 d 起，每隔 3 d 选择有代表性的父母本各 10 株，仔细剥开主茎检查，具体观察父母本主茎幼穗发育进度，预测父母本花期。水稻幼穗发育 8 个时期的形态特征表现为：一期看不见、二期白毛尖，三期毛茸茸，四期谷粒现，五期颖壳分，六期叶枕平，七期穗定型，八期穗将伸。

（1）根据制种田面积，分组分田进行剥检有代表性父母本植株主茎各 10 ~ 20 株。

（2）针对实际剥检幼穗情况，对照幼穗发育外部形态特征，确定为何发育时期，然后判断父、母本花期是否相遇。

四、作　业

1. 将所观察到的父母本幼穗发育时期分别登记，最后确定父母本幼穗分化平均实际时期，并做出判断父、母本花期是否相遇良好。

2. 若花期不遇，如何进行调整？

技能训练四　作物育种场圃实地参观

（课时：1天）

一、技能训练目的

通过参观某种作物杂交育种各试验圃，了解各试验圃的田间设计和工作内容。

二、用具与基地

育种试验地；实验设计和田间规划的资料、米尺、铅笔等。

三、方法步骤

杂交育种工作中，从搜集、研究品种资源到选育出新品种，必须经过一系列的工作阶段，其工作进程，可由以下几个试验圃组成。

1. 原始材料圃和亲本圃

原始材料圃种植国内外搜集来的原始材料，按类型归类种植，每份种几十株。通过原始材料圃：① 进行性状的观察、记载。② 选出具有各种优良性状的材料作为杂交育种的亲本，种在亲本圃。亲本圃采用点播形式，加大行距以便杂交操作。

2. 杂种圃

播种杂种第一代和第二代。这些杂种，遗传性尚未稳定，可塑性大，故必须稀播并采用优良措施，加强培育，以提供进一步选择的优良材料。

3. 选种圃

播种由杂种圃逐年株选的材料。其目的是：① 选出优良单株、系统、系统群；② 使杂种个体遗传性迅速稳定。

4. 鉴定圃

播种由选种圃升级的新品系及对照品种。任务是：① 在接近生产的条件下，初步测产；② 鉴定性状的优劣及其一致性。鉴定圃材料较多，一般采用顺序排列，每材料一区，可重复2～3次。经1～2年试验，好的品系升入品比试验，差的淘汰。

5．品种比较试验圃

播种由鉴定圃升级的材料及对照品种。目的是对选育出的品系进行产量及主要特性的准确鉴定。

在进行品种比较试验的同时，凡经过品比试验证明确属优良的品系，在投入生产之前，尚须进行品种区域试验，生产试验及栽培试验，同时大量繁殖种子。

经过上述试验，选育出比现有推广品种表现优良的品种，通过区域试验，品种审定后，即可在生产上推广。

四、作　业

1. 介绍所参观育种田的基本情况。

2. 结合所学育种和种子生产知识，描述参观点采用的与我们所学理论相同和不同的技术要点。

3. 参观实习收获总结与意见建议。

技能训练五　杂交制种田的播种

（课时：1天）

一、技能训练目的

通过实际设计和实施一种当地主要栽培作物的杂交制种，让学生把种子生产理论与实际种子生产结合起来，达到理论与实践的结合。为当地主要栽培作物开展有性杂交技术，以及杂交后代的处理奠定基础。同时通过生产实践的组织实施，锻炼学生项目工作能力和组织协调能力。

二、材料用具

材料：水稻、玉米、油菜或者其他任一种当地主要栽培作物的亲本材料或者雄性不育系、雄性不育恢复系、雄性不育保持系材料（本试验以小麦为例）。

用具：主要生产农机具，必要的放线工具、测量工具和记录工具，主要农业生产用品：化肥，农药等。

三、方法步骤

（一）小麦亲本及杂种世代的种植概述

在小麦育种过程中，诸如种植资源的收集、研究和利用，杂种后代的选择和处理，以及对新品种（品系）的评价，均要经过一系列的田间试验和室内选择工作，以对其产量潜力、抗病性、抗逆性和适应性进行深入研究。

1．小麦亲本及杂种世代的种植

经过鉴定的种质资源可按类别选作亲本，种于亲本圃中，一般点播或稀条播行距 45 ~ 60 cm，以便于杂交操作为准。骨干亲本和有特殊价值的亲本分期播种，以便彼此花期相遇。选种圃的种植以系谱法为例，F_1 按组合点播，加入亲本行及对照行。在整个生育期内特别是在抽穗期前后进行细致和及时的观察评定。针对组合缺点分别配以品种或杂种 F_1 组成三交或双交，为此 F_1 的种植行距也应较宽，以便于杂交操作为准，株距 10 cm 左右以便于去伪去杂。除有明显缺陷者外，F_1 一般不淘汰组合，按组合收获。F_2 或复交 F_1 按组合点播，每组合 2 000 ~ 6 000 株，株距以利于单株选择又能在一定面积上种植较大群体为宜，一般 6 ~ 10 cm。在优良组合 F_2 中选的优良单株，翌年种成 F_3 株系，点播，一般株距为 4 cm 左右。其后按系谱法继代选择种植，直至选到优良的、表现一致的系统升级进入鉴定圃。选种圃各世代种植的规格、行距及行长最好大体一致，以利于田间规划和进行播种、田间管理等操作。每隔一定的行数要设置对照以便参照对照的表现确定选择杂种单株或品系的标准。对照同时也可作为田间的一种标志，便于育种家观察评定，避免发生错误。这在杂种早代材料数量较多时尤为必要。在进行抗病育种时，要与试验行垂直设置病害诱发行，在诱发行中接种，使试验行在传播机会均等的条件下发病。与此同时在试验行适当位置上设感病对照，以根据感病对照的发病情况确定抗病性的选择标准。在整个选种圃中，施肥及田间管理尽可能一致，才便于做出客观评定。

2．杂交育种的田间试验

杂交育种试验，包括品种间有性杂交、远缘杂交和无性杂交。目前，国内外几乎都以品种间有性杂交育种，作为作物育种的主要方法。无论哪类杂交育种，都大体分为三个试验阶段，即：人工杂交，创造变异；分离选择，稳定变异；鉴定比较，评选优良变异。现在，就着重以常用的品种间杂交育种为例，围绕三个试验阶段，介绍田间试验方法。

（1）杂交亲本区种植

杂交工作可以结合原始材料区进行。但为方便起见，最好专设杂交亲本区，亲本种植的种类和杂交区面积的大小，是根据育种杂交计划而定的。一般情况下，一个亲本组合的母本和父本的种植比例为 1∶2 或 1∶3，即每种植一行母本，父本需种植 2～3 行。

为了便于杂交时的操作，最好以中心亲本（一般作为母本）为单位，将各个组合不同的父本与母本相邻种植，行长不宜过长，小区两端每排留有走道。如果组配一些父本相同，而母本不同的组合，可单种一处，相邻种植不同母本，四周种植同一父本，将母本人工去雄或化学杀雄（乙烯利），使其自然杂交。

为促进亲本植株生育健壮，同时便于操作，父、母本一般都采用宽行（或大小行）稀植方法。不同作物的株行距有所不同，比如，小麦可用行距 25～33 cm，行长 1～2 m，株距 5～10 cm，点播（也可稀条播）

其他作物（如水稻）三系杂交育种类似，育种设计见图 2-5-1。

（2）系谱法（即多次单株选择法）的种植

① 杂种子一代（F_1）的种植

▲播种方法：将每个杂交组合所得到的杂交种子，按组合顺序，分别单粒点播一个小区，一个中心亲本的杂交组合群应排列在一起。一般行长 1～2 m，行距 25～33 cm，粒距 10 cm 左右，扩大营养面积。每个组合前面，播该组合父母本各一行，便于比较亲本性状的遗传和鉴别假杂种。

▲群体大小：每个组合子一代种多少株？如双亲都纯时可少种，一般每组合 20 株左右（按每株收 100 粒种子，子二代种 2 000 株群体计算）；如亲本不纯或种复合杂交种子（如三交、四交），就需酌情多种一些。

② 杂种子二代（F_2）的种植

▲播种方法：按组合顺序点播种植（如子一代分株收获的，子二代就要按组合再分株播种）。重点组合排在前面。因为子二代开始大量分离，为便于田间观察和选株，行距应大些（25～33 cm），行长 1.7～2 m，粒距 7～10 cm。在每一组合前面，仍需播种亲本行，并应每

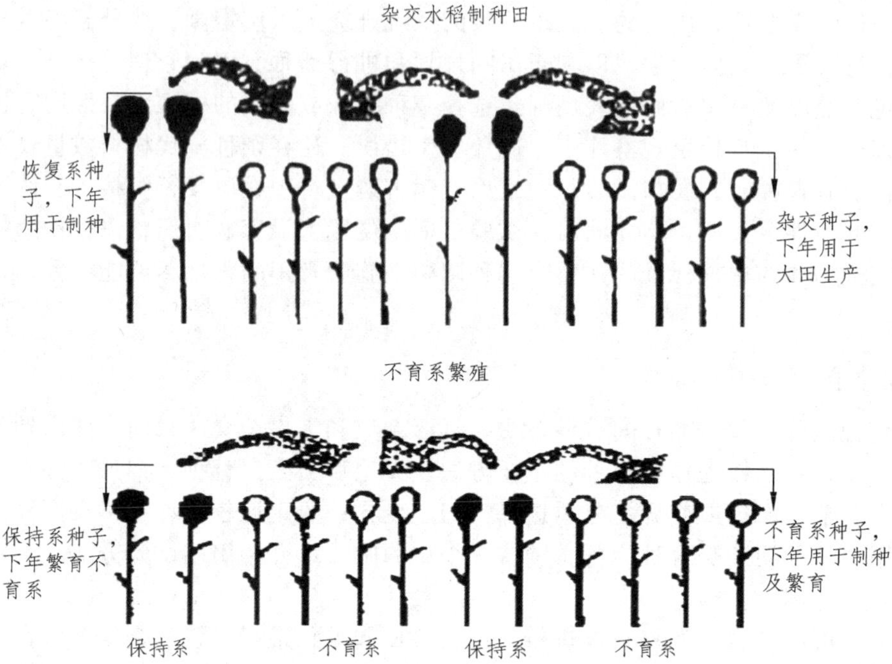

图 2-5-1 “三系”配套利用示意图

隔 9 行或 19 行设一对照品种行。为进行抗锈育种，自 F_2 以后，在试验区周围及走道，需增种感染行（种易感“三锈”品种），进行诱发鉴定。

▲群体大小：子二代是性状分离最大的世代，也是选择的关键世代，必须种植足够的株数，不宜太少。一般每个组合可种 1 000 ~ 3 000 株（多为 2 000 株），重点组合多种一些，一般组合少种一些。育种主要目标性状是隐性遗传、数量性状遗传、连锁遗传的，群体要求较大，要适当多种，以利优良遗传因素（基因）的重新组合；反之，主要目标性状是显性遗传、简单遗传，就可以少种些。如果子一代的杂交组合太多，限于人力物力，一般组合可采取子二代先试探播种，找出表现较好的少数组合，下一年进行陈种“回锅”，进一步从中选拔优良个体。

③ 杂种子三代（F_3）的种植

▲播种方法：将子二代当选的单株分别点种，每个单株一般播种 100 ~ 200 株，每一单株的全部后代称为一个“系统”（或称株行、株系）。重点组合的重点株可多种些，集中排在前面播种，以便重点观察。一般行长 3 ~ 4 m，行距 25 ~ 33 cm，粒距 7 cm 左右。子二代同一组合的各个当选株必须相邻种植。子三代一般不再增设亲本行，但每隔 9 行或 19 行设一对照行。

④ 杂种子四代（F_4）及以后各世代的种植

▲播种方法：为便于田间观察评选，先按组合，次按系统，再按系统中当选单株的株号，依次播成株行，每隔 9 行或 19 行设一对照行。行株距同子三代。

子三代的同一系统中所选出的若干单株，一般在子四代，每株分别顺序点种 100 株左右（突出的多种），每个单株即为一个系统，因而构成“系统群”。即同一组合，同一系统群的不同系统应相邻种植。

（二）本次实习操作方法

（1）先将所有的小麦种子编写档案号码。编号方法：年度（4 位）-品种代码（字母 A ~ Z）-行号（3 位，从 001 开始）-当选株号（3 位，从 001 开始，现在没有选，全部记为 000）。

（2）准备竹片，并按（1）的要求编号，用油漆或墨汁写。

（3）开播种厢：长依地而定，宽 1.5 m。

（4）准备实习所需材料：按“材料和用具”中的要求准备。

（5）播种：以小组为单位，将所有的小麦种子类型全部播完，每个品种播种 2 ~ 3 行（或 5 行）。行距 20 cm，条沟点播，窝距 5 ~ 7 cm，种子尽量分散。播种以后适当盖种，然后掏一施肥沟，撒上尿素和磷肥，撒完以后将肥料盖住。播种以后及时插上竹片，并在记录本上做好记载（画一田间图，在图上标明行和行号）。每两个品种留一个宽 30 cm 的过道，以进行管理和做杂交组合用。

四、作　业

1. 以班为单位，建立合理的组织安排架构，要做到有项目小组进行工作计划，有项目小组负责各阶段的生产技术实施，有项目小组负责观测、记载和数据的收集整理，有项目小组进行去杂去劣和技术监督（把组织管理作为重要考核内容）。

2. 各项目小组的阶段工作计划和总结作为作业之一。

3. 最终“三系”及杂交种子的收获和生产种子的获得，作为终产品，在成绩评价中作为主要评价依据。

技能训练六　玉米杂交制种技术操作规程的制定

（课时：1天）

一、技能训练目的

通过学生尝试制定玉米种子生产技术标准，帮助学生系统整理所学的玉米种子生产专业知识，达到整理思路，理清知识点的目的，最终完全掌握玉米种子生产的技术要求。

二、材料用具

教材、笔记，纸笔，计算机和教室等。

三、方法步骤

（1）亲本种子的生产方法和技术标准。
（2）育种家种子的生产方法与技术标准。
（3）玉米自交系种子的生产方法和技术标准。
（4）亲本单交种的生产方法和技术标准。
（5）生产用杂交种的生产方法和技术标准。
（6）建立玉米种子生产田间管理档案。

四、作　业

把上述主要种子生产技术与方法汇总成玉米杂交种繁育制种技术操作规程，形成文档。以下附录作为本实验参考。

附：中国国标玉米杂交种繁育制种技术操作规程（GB/T 17315—1998）

玉米杂交种繁育制种技术操作规程

（种子苗木）

前　言

为规范玉米杂交种制种技术，保持品种的纯度和优良种性，使其能较长时间地应用于生产，特制定玉米杂交种繁育制种技术操作规程。

本标准由中华人民共和国农业部提出并归口。

本标准的附录A、附录B都是标准的附录。

本标准负责起草单位：全国种子总站、北京市种子管理站、辽宁省种子管理站、黑龙江省种子管理局、陕西省种子管理站、广西壮族自治区农科院玉米所。

本标准主要起草人：孙扬宝、丰宪法、吴彩兰、张兆雄、廖琴。

本标准委托农业部全国农业技术推广服务中心负责解释。

本标准首次发布时间为1998年4月。

1 范　围

本规程适用于全国杂交玉米各类种子的生产，由各级农业行政主管部门和种子管理部门组织实施。

本规程规定了玉米杂交种繁育种子的类别、各类种子的生产方法和田间纯度检查等内容。

2 引用标准

下列标准所包含的条文，通过在本标准中引用而构成为本标准的条文。本标准出版时，所示版本均为有效。所有标准都会被修订，使用本标准的各方应探讨使用下列标准最新版本的可能性。

GB/T 3543.1～3543.7—1995 农作物种子检验规程

GB 4404.1—1996 粮食作物种子 禾谷类

3 定义

本标准采用下列定义。

3.1 亲本种子　parental seed

3.1.1 育种家种子　breeder seed

指育种家育成的遗传性状稳定的最初一批自交系种子。

3.1.2 自交系原种　basic seed of inbred line

由育种家种子直接繁殖出来的或按照原种生产程序生产，并且经过检验达到规定标准的自交系原种种子。

3.1.3 自交系良种　quality seed of inbred line

指直接用于配制生产用杂交种的自交系种子。

3.1.4 亲本姊妹种　parent of intervarietal crossing

指经过鉴定，两个亲缘关系相近的姐妹系间杂交种，是配制改良单交种的亲本种子。

3.1.5 亲本单交种　parent of single cross

指配制三交种、双交种时使用的单交种。

3.2 生产用杂交种　hybrid for production

指各种直接用于生产的杂交玉米一代种子。它主要包括：单交种、三交种、双交种及顶交种。

4 自交系种子生产

自交系原种和良种必须有一定的储备，可以采用一次繁殖、分批使用的方法。

4.1 原种的生产

4.1.1 生产方法

原种生产分两种方法，一种是由育种家种子直接繁殖；另一种是采用“二圃制”

办法，以“选株自交”，穗行比较，淘汰劣行，混收优行的穗行筛选法进行。

4.1.1.1 选株自交

在自交系原种圃内选择符合典型性状的单株套袋自交，制作袋纸以半透明的硫酸纸为宜。花丝未露前先套雌穗，待花丝外露 3.3 cm（1 寸）左右，当天下午套好雄穗，次日上午露水干后开始套袋授粉，一般应一次授粉，个别自交系雄雌不协调的可两次授粉，授粉工作在 3～5 d（天）内结束。收获期按穗单收，彻底干燥，整穗单存，作为穗行圃用种。

4.1.1.2 穗行圃

将上年决选单穗在隔离区内种成穗行圃，每系不少于 50 个穗行，每行种 40 株。生育期间进行系统观察记载，建立田间档案，出苗至散粉前将性状不良或混杂穗行全部淘汰。每行有一株杂株或非典型株即全行淘汰，全行在散粉前彻底拔除。决选优行经室内考种筛选，合格者混合脱粒，作为原种圃用种。

4.1.1.3 原种圃

将上年穗行圃种子在隔离区内种成原种圃，在生长期间分别于出苗期、开花期、收获期进行严格去杂去劣，全部杂株最迟在散粉前拔除。雌穗抽出花丝占 5% 以后，杂株率累计不能超过 0.01%；收获后对果穗进行纯度检查，严格分选，分选后杂穗率不超过 0.01%，方可脱粒，所产种子即为原种。详见附录 A。

4.1.2 生产要求

4.1.2.1 定　点

原种生产（含穗行圃、原种圃、育种家种子直繁田，下同）由种子部门负责安排，每个原种至少要同时安排两个可靠的特约基地进行生产。

4.1.2.2 选　地

原种生产地块必须平坦，地力均匀，土层深厚，土质肥沃，灌排方便，稳产保收。

4.1.2.3 隔　离

原种生产田采用空间隔离时，与其他玉米花粉来源地至少相距 500 m。

4.1.2.4 播　种

原种生产田采取规格播种，播前要进行精选、晒种，将决选穗行的种子混合种植。

4.1.2.5 去　杂

凡不符合原自交系典型性状的植株（穗）均为杂株（穗）。应在苗期、散粉前和脱粒前至少进行三次去杂。

原种生产田中性状不良或混杂的植株最迟在雄穗散粉前全部淘汰。从植株抽出花丝起，不允许有杂株散粉，可疑株率不得超过 0.01%；收获后应对果穗进行严格检查，杂穗率不得超过 0.01%。详见附录 A。

4.1.2.6 收　贮

穗行圃实行当选优行混收脱粒。原种圃所产原种要达到 GB 4404.1 标准，单独贮存，并填写质量档案。包装物内外各加标签，写明种子名称、种子纯度、净度、发芽率、含水量、等级、生产单位、生产时间等。

4.2 自交系良种的生产

4.2.1 定　点

自交系良种的生产，应做到每系至少由两个基点同时进行生产。

4.2.2 选地、隔离

分别同4.1.2.2和4.1.2.3。

4.2.3 播　种

生产单位应做到精细播种，努力提高繁殖系数。

4.2.4 去　杂

在苗期、雄穗散粉前和脱粒前至少进行三次。

全部杂株最迟在散粉前拔除，散粉杂株率累计超过0.1%的繁殖田，所产种子报废；收获后要对果穗进行纯度检查，杂穗率超过0.1%的，种子报废。详见附录A。

5 亲本单交种（含亲本姊妹交种）的配制

5.1 定　点

亲本单交种的配制应安排生产条件好的良种场或特约基地进行。每个亲本单交种应有两个以上单位同时进行配制。

5.2 选地、隔离

分别同4.1.2.2和4.1.2.3。

5.3 播　种

按照育种者的说明并结合当地实践经验进行播种，播种前要进行精选、晒种。特别要注意错期、行比、密度的设置。错期要保证父母本花期相遇良好；行比要根据有利于提高制种产量、保证父本有足够的花粉供应母本和方便田间作业而定。种子田的两边和开花期季风的上风头要在父本播种3～5 d（天）后，再顺行播两行以上的父本作采粉用。对父本行做好标记。

5.4 去　杂

5.4.1 父本去杂

父本的杂株必须在散粉之前拔除。若母本已有5%的植株抽出花丝，而父本散粉杂株数占父本总数的0.2%以上时，种子报废。详见附录A。

5.4.2 母本去杂

母本的杂株在去雄前完全拔除。母本的果穗要在收获后至脱粒前进行穗选，其杂穗率在0.3%以下时，才能脱粒。详见附录A。

5.5 去　雄

母本行的全部雄穗在散粉前及时、干净、彻底拔除，坚持每天至少去雄一遍，风雨无阻，对紧凑型自交系采取带1～2叶去雄的办法。拔除的雄穗埋入地下或带出制种田妥善处理。母本花丝抽出后至萎缩前，如果发现植株上出现花药外露的花在10个以上时，即定为散粉株。在任何一次检查中，发现散粉的母本植株数超过0.2%，或在整个检查过程中三次检查母本散粉株率累计超过0.3%时，所产种子报废。

5.6 人工辅助授粉

为保证制种田授粉良好，应根据情况进行人工辅助授粉。特别要注意开花初期和末期的辅助授粉工作。如发现母本抽丝偏晚，可辅之以剪苞叶和带叶去雄等措施。

授粉结束后，要将父本全部砍除。

5.7 收　贮

配制成功的亲本单交种，一定要严防混杂，单独脱粒，单独收贮，包装物内外各加标签，种子质量达到GB4404.1标准。

6 生产用杂交种的配制

6.1 定　点

生产用杂交种的配制，应选择条件适宜的单位，建立制种基地，并保持相对稳定。

6.2 选　地

制种地块应当土地肥沃、旱涝保收，尽可能做到集中连片。

6.3 隔　离

制种田采用空间隔离时，与其他玉米花粉来源地不应少于300 m，甜、糯玉米和白玉米在400 m以上；采用时间隔离时，错期应在40 d（天）以上。

6.4 播　种

同5.3。

6.5 去　杂

凡异常的父母本植株均应在散粉前拔除干净。若父本的散粉杂株数超过父本植株总数的0.5%，制种田应报废。收获后脱粒前，要对母本果穗进行穗选，剔除杂劣果穗。经检查核准，杂穗率在1.5%以下时，才能脱粒。详见附录A。

6.6 去　雄

方法同5.5。在整个去雄过程中检查累计散粉株率超过1%时，制种田报废。详见附录A。

6.7 人工辅助授粉

同5.6。

6.8 收　贮

配制成功的杂交种，要严防混杂，剔除杂穗，单独收贮，包装物内外各加标签。种子质量达到GB 4404.1标准。

7 田间纯度检查

7.1 检查项目和依据

7.1.1 抽雄前至少要进行两次检查，着重查明隔离条件、种植规格和去杂情况是否符合要求。苗期主要以幼苗叶鞘颜色、叶形、叶色和长势的典型性为检查依据。

7.1.2 开花期至少要检查三次去杂情况，监督制种单位及时、干净、彻底去雄。抽雄开花前主要以株型、叶形、叶色、雄穗形状和分枝多少、护颖色、花药色、花丝色等典型性为检查依据。

7.1.3 收获时、脱粒前和交种前，还要分别检查收获情况、场间去杂情况等。脱粒前主要以穗型、粒形、籽粒大小、颜色、穗轴色等典型性为检查依据。

另外，还要根据抗逆性、生育期等特性进行检查。

7.2 检查结果的处理

每次检查，都应将检查情况记入附录B。发现问题，应会同受检单位负责人（或承包人）进行复查，并责成其在同次检查记录卡片上签字。全部检查结束后，要将检查结果报送主管单位，对报废的种子要将报废的理由及时以书面方式分别通知主管单位和种子生产单位。所生产的各类种子，由各级种子检验机构根据 GB/T 3543.1～3543.7、GB 4404.1 标准进行检验定级。

附录 A

玉米自交系、杂交种田间纯度要求

项目→ 类别↓		母本散粉株数累计不大于母本总数的百分比，%	父本杂株散粉株数累计不大于父本总数的百分比，%	累计杂株率不大于%	杂穗率不大于%
自交系	原　种			0.01	0.01
	良　种			0.10	0.10
亲本单交种	一　级	0.2	0.1		0.2
	二　级	0.3	0.2		0.3
生产用杂交种	一　级	0.5	0.3		1.0
	二　级	1.0	0.5		1.5

注：
1. 杂株：自交系的杂株是指当代田间已散粉的杂株，散粉前已拔除的不计算在内。
2. 杂穗率：自交系的杂穗率指剔除杂穗前的杂穗占总穗数的百分比；杂交种的杂穗率指剔除杂穗后的杂穗占总穗数的百分比。
3. 散粉株：植株上的花药外露的花在 10 个以上时即为散粉株。

附录 B

玉米种子生产田间、场间档案

编号：＿＿＿＿＿生产单位：＿＿＿＿＿户主姓名：＿＿＿＿＿

组合（自交系）：＿＿＿地片：＿＿＿＿面积：＿＿＿隔离情况：＿＿＿

留苗密度：＿＿＿＿株/hm^2　行比：＿＿＿＿收获期：＿＿＿产量：＿＿＿kg/hm^2

次数→ 项目↓		1	2	3	4	5	6	合　计
检查时间，日/月								
杂交种	母本散粉株，%							
	父本杂株散粉，%							
	母本杂穗，%							
自交系	散粉杂株，%							
	可疑株，%							
	杂穗，%							
管理人								
检查人								

技能训练七　甘薯品种的识别

（课时：2 课时）

一、技能训练目的

掌握识别甘薯品种的方法，并初步了解本地区主栽品种的形态特征。

二、材料用具

材料：本地区主栽甘薯品种。
用具：米尺、天平、烘箱。

三、训练项目

对选定甘薯品种进行田间调查和记载，第一次在封垄期，调查株型、叶形、叶色、叶脉、顶叶色、茎色等；第二次在收获前和收获期。调查后，用文字描述本地区主要甘薯品种的特征特性（表 2-7-1 和表 2-7-2）。

表 2-7-1　甘薯性状识别和性状描述

性状识别		性状描述
叶部性状	顶叶色	绿、紫、褐、边缘带褐
	叶　形	心脏形、肾形、三角形、掌形
	叶　色	淡绿、绿、浓绿、褐绿
	叶脉色	以叶背主脉为准。分绿、绿带紫、紫
秧蔓性状	茎　色	绿、紫、褐
	主蔓长度	指最长蔓的长度。春蔓 150 cm 以下为短；151～250 cm 为中；251～350 cm 为长，350 cm 以上为特长。夏秋薯则每类相应减少 50 cm
	节间长	从顶端下第 10 节开始，量 10 个节长度取平均值
	茎　粗	量主蔓中部，划分为粗、中、细三类，以 6.1 mm 以上为粗，4.1～6.0 mm 为中，4.0 mm 以下为细
	分枝数	中后期 30 cm 长以上的分枝数
薯块性状	薯皮色	白、浅黄、黄、红、紫
	薯肉色	白、浅黄、黄、橘红、紫
	薯　形	球形、纺锤形、圆筒形
	薯块大小	大（250 g 以上）、中（100～250 g）、小（小于 100 g）

表 2-7-2　甘薯品种识别调查记载表

品种	株型	叶色	叶形	叶脉色	顶叶色	茎色	主茎长/cm	节间长/cm	茎粗/mm	分枝数	薯皮色	薯肉色	薯形	薯块大小/（个/株）		
														大	中	小

技能训练八　主要作物优良品种的识别

（课时：根据作物 2～4 天）

一、技能训练目的

使学生掌握品种识别的方法，初步了解本地主要优良品种的特征，为今后做好原种和大田用种生产工作打下基础。

二、材料用具

材料：当地推广的小麦、水稻、大豆、玉米等作物品种。
用具：米尺、天平等。

三、方法步骤

以每 4 个学生为一组，在主要作物品种的开花期和成熟期，每种作物选取当地的推广品种 2～3 个，每品种取 10 株，按下述内容逐项观察记载，以掌握各品种的主要形态特征及其相互的主要区别。

1．小麦品种的识别

具体特征特性调查项目参考表 2-8-1，调查结果填入表 2-8-2。

表 2-8-1　小麦品种识别性状及标准

性状识别		性状描述
植株性状	幼苗生长习性	直立、匍匐和半匍匐 3 种。出苗后一个半月左右调查
	株　型	抽穗后根据主茎与分蘖茎间的夹角分 3 类："紧凑"（夹角小于 15°）、"松散"（夹角大于 30°）、"中等"（介于两者之间）
	株　高	分蘖节或地面至穗顶（不含芒）的高度，以"cm"表示
	叶　色	拔节后调查，分深绿、绿、浅绿 3 种，蜡质多的品种可记为"蓝绿"
	耐寒性	在返青前调查，分 5 级。 0 级：无冻害 1 级：叶尖受冻发黄干枯 2 级：叶片冻死一半，但基部仍有绿色 3 级：地上部分枯萎或部分分蘖冻死 4 级：地上全部枯萎、植株冻死
	落黄性	根据穗、茎、叶落黄情况分好、中、差 3 级

续表

性状识别		性状描述
穗部性状	穗型（图 2-8-1）	纺锤型：穗的中部稍大，上部和下部逐渐变小 长方型：穗子上、中、下粗细相近 圆锥型：穗子下粗上细，呈圆锥形 棍棒型：穗子下部较细，上部较粗（因小穗着生紧密），呈大头状 椭圆型：穗短，中部大，两头稍小，近似椭圆 分枝型：小穗上有分枝
	穗　长	主穗基部小穗节至顶端（不含芒）的长度，以“cm”表示
	芒长短	无芒：完全无芒或很短（3 mm 以下） 顶芒：穗顶部小穗有少数短芒（5 mm 以下） 短芒：穗的上下均有芒，芒长 40 mm 以下 长芒：小穗外颖都有芒，芒长 40 mm 以上
	芒色	分白（黄）、黑、红色 3 种
	穗层整齐度	分整齐、中等、不整齐 3 种
粒部性状	粒形（图 2-8-2）	长圆形：籽粒细长，上、中、下宽度相差不大 卵圆形：下部宽、顶部狭窄 椭圆形：中部宽，上部和下部窄 圆形：籽粒短，上、下的宽度比中部稍窄
	粒　长	长粒：粒长大于 8 mm 中粒：粒长在 6～8 mm 短粒：粒长小于 6 mm
	粒　色	分白（白到淡黄）、红（淡褐色、红褐色和玫瑰色）2 种
	粒　质	角质（硬质）：横断面角质部分超过 70% 半角质（半硬质）：横断面角质部分在 30%～70% 粉质（软质）：横断面角质部分低于 30%
	籽粒饱满度	分饱满、半饱满、秕 3 种
	千粒重	随机数取两个 1 000 粒种子，分别称重，求其平均数，以“g”表示

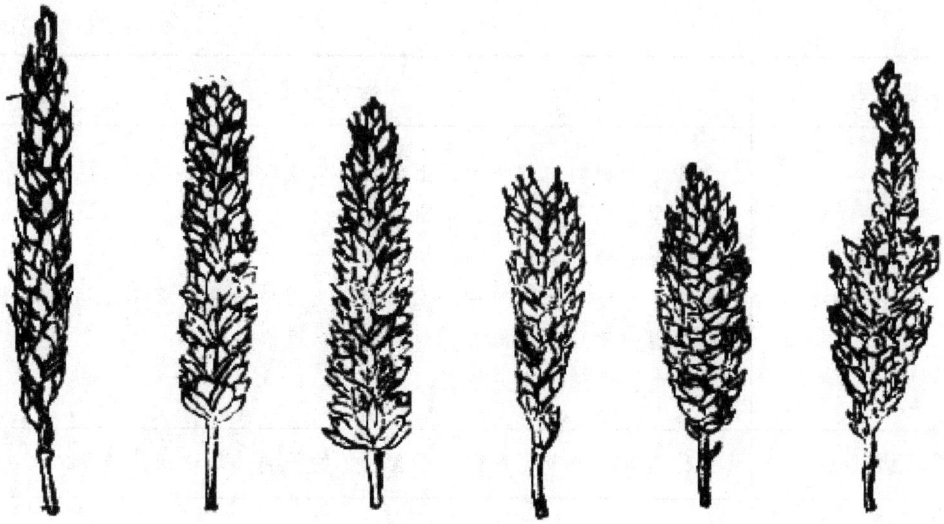

纺锤型　长方型　圆锥型　棍棒型　椭圆型　分枝型

图 2-8-1　小麦穗型

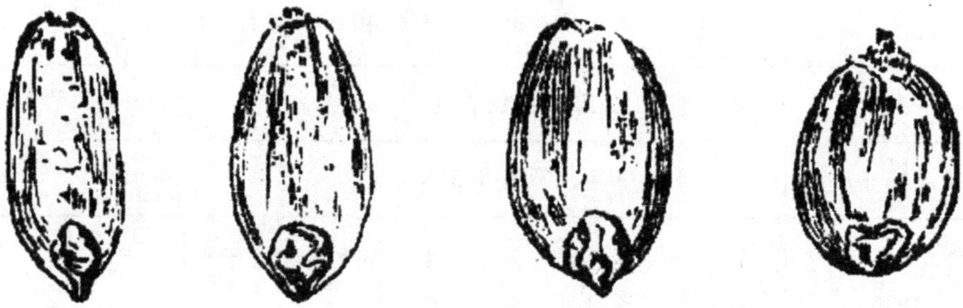

长圆形　卵圆形　椭圆形　圆形

图 2-8-2　小麦籽粒形状

表 2-8-2　小麦品种识别调查记载表

品种	株高/cm	穗型	穗长/cm	小穗密度	穗色	芒的长短	芒色	粒形	粒长	粒色	粒质	千粒重/g

2．水稻品种的识别

具体特征特性调查项目参考表 2-8-3，调查结果填入表 2-8-4。

表 2-8-3　水稻品种识别性状及标准

性状识别		性状描述
植株性状	植株色泽	分绿色与紫色。植株表现紫色有：叶鞘、叶片、叶脉、叶耳、叶舌、叶缘
	植株高度	从地面至穗顶（不包括芒）的高度，以“cm”表示

续表

性状识别		性状描述
植株性状	叶片的长短、宽窄、叶色深浅	剑叶长短及其与主穗所成角度
	叶姿	分弯、中、直3级。弯：叶片由茎部起弯垂超过半圆形；直：叶片直生挺立；中：介于两者之间
	叶色	分为浓绿、绿、淡绿三级，在移栽前1～2 d和本田分蘖盛期各观察记载一次
	叶鞘色	分为绿、淡红、红、紫色等，在分蘖盛期观察记载
	株　型	分紧凑、松散、中等3级
	抽穗期及成熟期	田间观察记载
穗部性状	穗型	按小穗和枝梗及枝梗之间的密集程度，分紧凑、中等、松散三级；按穗的弯曲程度，分直立、弧形、中等三级
	穗长	25 cm以上为长，20 cm以下为短，介乎两者之间为中
	穗粒数	150粒以上为多，100粒以下为少，介乎两者之间为中
	稃、稃尖色	分黄、红、紫色等
芒性状	芒有无	主穗中有芒数在10%以下的为无芒，在10%以上的为有芒
	芒的长短	顶芒：芒长在10 mm以下 短芒：芒长在11～30 mm 中芒：30～60 mm 长芒：60 mm以上
谷粒性状	谷粒形状	依据粒长与宽之比值分 细长粒：长为宽的3倍以上 中长粒：长为宽的2～3倍 短粒：长为宽的2倍以下
	千粒重	随机数取两个1 000粒种子，分别称重，求其平均数，以“g”表示
米粒性状	米质	根据米的透明度和腹白大小，分为5级 1级：米粒全透明 2级：腹白小于1/3 3级：腹白在1/3～2/3 4级：腹白大于2/3 5级：米粒全白
	糙米色泽	分白色和红色两种
	粒形	分卵圆形、短圆形、椭圆形、直背形4种

表 2-8-4　水稻品种识别调查记载表

品种名称	株高/cm	株型	叶姿	穗型	穗长/cm	穗粒数	稃尖色	芒有无	芒长短/cm	谷粒形状	千粒重/g	糙米色	米质

3．大豆品种的识别

具体特征特性调查项目参考表 2-8-5，调查结果填入表 2-8-6。

表 2-8-5　大豆品种识别性状及标准

性状识别		性状描述
植株性状	子叶色	黄、绿 2 种
	幼茎色	紫、淡紫、绿 3 种
	叶　形	卵圆、长圆、长 3 种
	茸毛色	灰、棕 2 种
	叶　色	开花期观察，有淡绿、绿、深绿 3 级
	株高	由地面或子叶节量至主茎顶端生长点的高度，以“cm”表示
	结荚高度	从子叶节量至最低结荚的高度，以“cm”表示
	节　数	主茎的节数
	分枝数	主茎上 2 个以上节结荚的分枝数
	生育期	指出苗至成熟天数。分早、中和晚熟 3 类
花及荚性状	花　色	紫、白 2 种
	荚熟色	淡褐、半褐、暗褐、黑 4 种
	结荚习性	成熟期观察，分无限结荚习性、亚有限结荚习性、有限结荚习性 3 类
	裂荚性	不裂、易裂、裂 3 种
粒部性状	粒　色	白黄、黄、深黄、绿、褐、黑、双色
	脐　色	白黄、黄、淡褐、褐、深褐、蓝、黑
	粒　形	圆、椭圆、扁圆 3 种
	籽粒光泽	有、无 2 种
	百粒重	随机数取两个 100 粒种子，分别称重，求其平均数，以“g”表示

表 2-8-6　大豆品种识别调查记载表

品种	生育期	株高/cm	结荚高度/cm	叶形	叶色	茸毛色	花色	分枝数	结荚习性	主茎荚数					荚熟色	粒色	粒形	脐色	籽粒光泽	百粒重/g
										一粒荚	二粒荚	三粒荚	四粒荚	总数						

4．玉米自交系的识别

具体特征特性调查项目参考表 2-8-7，调查结果填入表 2-8-8。

表 2-8-7　玉米自交系识别性状及标准

性状识别		性状描述
幼苗期	叶鞘色	分绿色、红色、紫色
	叶　色	分浅绿、深绿
	叶缘及叶脉色	分绿色、紫色
抽穗开花期	抽雄期	全田植株雄穗尖端露出顶叶的日期。达 10% 为始期，达 60% 为盛期
	雄穗分枝数	分多、中、少
	雄穗颖壳颜色	分绿色、褐色、紫色
	吐丝期	植株已抽出花丝达 10% 为始期，达 60% 为盛期
	花丝颜色	在吐丝后 3～4 d 观察，分绿色、紫色等
	果穗发育类型	长苞叶短果穗型：苞叶比果穗长 短苞叶长果穗型：苞叶略短于果穗 普通型：介于上述两者之间
成熟期	株　高	在乳熟期调查 10 株，从地面量到雄穗顶端，以“cm”表示
	穗　型	分圆柱型、长锥型、短锥型等
	穗　长	选有代表性植株 10～20 株，测定每株第一果穗的长度，再平均，以“cm”表示
	穗　粗	取上述干果穗，量最粗部位的直径平均，再平均，以“cm”表示
	秃尖长度	取上述干果穗，量其秃尖长度，再平均，以“cm”表示
	穗行数	取上述干果穗，数其每穗中部籽粒行数，再平均
	穗粒重	取上述干果穗脱粒称重，再平均，以“g”表示
	穗轴粗	取上述干果穗轴，量其中部直径，再平均，以“cm”表示
	轴　色	分紫色、红色、淡红色、白色等
	粒　型	分硬粒型、马齿型、半马齿型 3 种
	粒　色	分白色、黄色、浅黄色、橘黄色、浅紫色、紫红色等
	百粒重	随机数取两个 100 粒称重，再平均，以“g”表示

表 2-8-8　玉米自交系及杂交种形态识别调查记载表

品种	叶色	叶鞘色	叶缘及叶脉色	抽雄期	雄穗分枝数	雄穗颖壳颜色	吐丝期	花丝颜色	株高/cm	穗型	穗长/cm	穗粗/cm	秃尖长度/cm	穗行数	粒型	粒色	轴色	百粒重/g

四、作　业

要求每个学生将各主要作物品种的主要形态特征的观察结果记载在有关表格内，并用文字描述其主要特征及其相互间的主要区别。

技能训练九　种子净度分析

（课时：2课时）

一、技能训练目的

掌握种子净度分析技术，能正确识别净种子、其他植物种子和杂质。

二、材料用具

送验样品一份、净度分析工作台、分样器、分样板、套筛、感量 0.1 的台秤、感量 0.01 和 0.001 的天平、小碟或小盘、镊子、小刮板、放大镜、小毛刷、吹风机等。

三、方法步骤

1．重型混杂物检查

从送验样品中挑出重型混杂物，称重得出重型混杂物的重量，并将其分为属于其他植物种子的和杂质的重型混杂物，再分别称重。

2．试验样品的分取

用分样器从送验样品中分取试样一份或半试样两份，称出其重量。

3．试样的分析、分离、称重

通过筛理，将分离物分别倒在净度分析工作台上，采用人工或借助一定的仪器（放大镜、双目解剖镜、种子吹风机等），将试样分为净种子、其他植物种子和杂质，并分别放入相应的容器并称重。

4．结果计算

计算包括重量增失百分率、各组分的重量百分率、核对容许差距和百分率的修约。

5．其他植物种子数目测定

将取出试样或半试样后剩余的送验样品按要求取出相应数量或全部倒在检验桌上或样品盘内，逐粒进行观察，找出所有的其他植物种子或指定种的种子并计数每个种的种子数，再加上试样或半试样中相应的种子数。结果以单位试样重量内所含种子粒数来表示。

四、技能训练报告

填写净度分析结果报告单（表 2-9-1），并写明计算过程。

表 2-9-1　净度分析结果报告单

样品编号

作物名称：	学名：		
成　分	净种子	其他植物种子	杂　质
百分率			
其他植物种子名称及数目或每千克含量（注明学名）			
备　注			

检验员：　　　　年　　月　　日

技能训练十　种子的发芽试验

（课时：2课时）

一、技能训练目的

掌握主要作物种子的标准发芽技术规定、发芽方法、幼苗鉴定标准和结果计算方法。

二、材料用具

材料：水稻、大豆等作物种子。

用具：发芽皿、发芽纸、消毒沙、光照发芽箱。

三、方法步骤

1．水稻种子发芽方法

（1）选用发芽床：水稻种子发芽技术规定可选用 TP、BP 或 S。本试验选用方形透明塑料发芽皿，垫入两层发芽纸，充分湿润。

（2）数种置床：每皿播入 100 粒净种子，4 次重复，在发芽皿的内侧面贴上标签，注明置床日期、样品编号、品种名称及重复序号等，然后盖好盖子。新收获的休眠种子需 40 °C 预先加热 5 d，或用 0.1 mo1/L HNO_3 浸种 24 h。

（3）在规定条件下培养：水稻种子的发芽温度可选用 20 ~ 30 °C 的变温或 25 °C 的恒温，在光照下培养。

（4）检查管理：种子发芽期间，应进行适当的检查管理，以保持适宜的发芽条件。

（5）观察记载：初次计数时间为 5 d，应把发霉的死种子或严重腐烂的幼苗及时从发芽床中除去。末次计数时间为 14 d，按正常幼苗、不正常幼苗、新鲜不发芽种子、硬实或死种子分类计数和记载。

2．大豆种子发芽方法

大豆种子发芽技术规定为：发芽床 BP 或 S，温度 20 ~ 30 °C 变温或 25 °C 恒温，计数时间分别为 5 d 和 8 d。本试验选用长方形透明塑料发芽皿，把已调到适宜水分（饱和含水量的 80%）的湿沙装入发芽皿内，厚度 2 ~ 3 cm，播上 50 粒种子，覆盖上 1 ~ 2 cm 的湿沙，共 8 个重复，放入规定条件下培养。

四、技能训练报告

填写发芽试验结果记载表 2-10-1。

表 2-10-1 发芽试验结果记载表

<table>
<tr><td>样品编号</td><td></td><td></td><td colspan="2"></td><td colspan="2"></td><td colspan="2">置床日期</td><td colspan="2"></td><td></td><td></td></tr>
<tr><td>作物名称</td><td></td><td></td><td colspan="2">品种名称</td><td colspan="4"></td><td colspan="3">每重复置床种子数</td><td></td></tr>
<tr><td>发芽前处理</td><td></td><td></td><td colspan="2">发芽床</td><td colspan="2"></td><td colspan="2">发芽温度</td><td colspan="2"></td><td>持续时间</td><td></td></tr>
<tr><td colspan="13">试验结果</td></tr>
<tr><td colspan="2">重　复</td><td colspan="2">Ⅰ</td><td colspan="2">Ⅱ</td><td colspan="2">Ⅲ</td><td colspan="2">Ⅳ</td><td colspan="2"></td><td>平均值</td></tr>
<tr><td colspan="2">正常幼苗/%</td><td colspan="2"></td><td colspan="2"></td><td colspan="2"></td><td colspan="2"></td><td colspan="2"></td><td></td></tr>
<tr><td colspan="2">不正常幼苗/%</td><td colspan="2"></td><td colspan="2"></td><td colspan="2"></td><td colspan="2"></td><td colspan="2"></td><td></td></tr>
<tr><td colspan="2">硬实种子/%</td><td colspan="2"></td><td colspan="2"></td><td colspan="2"></td><td colspan="2"></td><td colspan="2"></td><td></td></tr>
<tr><td colspan="2">新鲜不发芽种子/%</td><td colspan="2"></td><td colspan="2"></td><td colspan="2"></td><td colspan="2"></td><td colspan="2"></td><td></td></tr>
<tr><td colspan="2">死种子/%</td><td colspan="2"></td><td colspan="2"></td><td colspan="2"></td><td colspan="2"></td><td colspan="2"></td><td></td></tr>
<tr><td colspan="2">附加说明</td><td colspan="11"></td></tr>
</table>

技能训练十一　种子水分测定

（课时：2 课时）

一、技能训练目的

了解电烘箱的结构、原理和使用方法；掌握低恒温烘干法和高恒温烘干法测定种子水分的方法及操作技术。

二、材料用具

材料　水稻、大豆、小麦、玉米等作物种子。

用具　电烘箱、感量为 1/1 000 天平、粗天平、样品盒、粉碎机、手套、角匙、干燥器等。

三、方法步骤

1．低恒温烘干法

预调烘箱温度：将电烘箱的温度调节到 110 ~ 115 °C 进行预热，之后让其稳定在(103 ± 2) °C。

（2）铝盒烘干称重：把待用铝盒（含盒盖）洗净后，置于(103 ± 2) °C 的烘箱内烘干 1 h，取出后置于干燥器内冷却，用感量 1/1 000 的天平称重，记下盒号和重量。

（3）制备样品：把粉碎机调节到要求的细度，从送验样品中取出 15 ~ 25 g 种子按规定磨碎细度进行样品磨碎。禾谷类种子磨碎物至少 50% 通过 0.5 mm 的金属丝筛，而留在 1.0 mm 金属丝筛上的不超过 10%；豆类种子需要粗磨，至少有 50% 的磨碎成分通过 4.0 mm 筛孔。

（4）称取试样：称取试样两份，分别放入经过预先烘干的铝盒内进行称重，每份试样重 4.500 ~ 5.000g，记下盒号、盒重和样品的实际重量。

（5）样品烘干：摊平样品，立即放入预先调好温度的烘箱内，样品盒盖套于盒底，迅速关闭烘箱门，当箱内温度回升至(103 ± 2) °C 时开始计时。

（6）烘干样品称重：烘干 8 h 后，戴好手套，打开箱门，迅速盖上盒盖，取出铝盒放入干燥器内冷却到室温后称重，并记录。

（7）结果计算：根据烘后失去水的重量计算种子水分百分率，保留 1 位小数。计算公式如下：

$$种子水分=\frac{M_2-M_3}{M_2-M_1}\times 100\%$$

式中 M_1——样品盒和盖的重量，g；

M_2——样品盒和盖及样品的烘前重量，g；

M_3——样品盒和盖及样品的烘后重量，g。

（8）结果报告：若一个样品的两次重复之间的差距不超过 0.2%，其结果可用两次测定值的平均数表示。否则，需重新进行两次测定。结果精确到 0.1%。

2．高恒温烘干法

把烘箱的温度调节到 140 ~ 145 °C。样品盒的准备、样品的磨碎、称取样品等与低恒温烘干法相同。把样品盒迅速放入烘箱内，此时箱内温度很快下降，在 5 ~ 10 min 回升至 130 °C 时，开始计算时间，保持 130 ~ 133 °C，不超过 ± 2 °C，烘干 1 h。ISTA 规定烘干时间为：玉米 4 h，其他禾谷类 2 h，其他作物 1 h。到达时间后取出，将盒盖盖好，迅速放入干燥器内，经 15 ~ 20 min 冷却，然后称重，记下结果。结果计算同低恒温烘干法。

四、技能训练报告

将测定结果记载于表 2-11-1。

表 2-11-1　种子水分测定标准法记载表

测定方法	作物	样品	盒重/g	试样重/g	试样 + 盒重/g		烘失水分	
					烘前	烘后	失重/g	水分/%
低恒温烘干法		1						
		2						
		平均						
高恒温烘干法		1						
		2						
		平均						

技能训练十二　种子田的去杂去劣

（课时：4 课时）

一、技能训练目的

掌握农作物常规品种种子田去杂去劣的方法。

二、材料用具

小麦、水稻、大豆或其他作物的种子田。

三、方法步骤

小麦：根据成熟早晚、株高、茎色、穗型、壳色、小穗紧密度、芒的有无与长短等性状，鉴别并拔出异品种、异作物及感病的植株。

水稻：根据成熟早晚、株高、剑叶长短、宽窄和着生角度、穗型、粒型和大小、颖壳和颖尖色、芒的有无和长短、颜色等性状，鉴别并拔出异品种、异作物及感病的植株。

大豆：根据成熟早晚、株高、株型、结荚习性、荚形、荚色、绒毛色、叶型等性状，鉴别并拔出异品种、异作物及感病的植株。

拔出的杂株、劣株和异作物植株，杂草等应带出种子田另做处理。

技能训练十三　主要作物有性杂交技术

（课时：根据季节和作物，2～4 天）

一、技能训练目的

通过实际操作，使学生在了解主要作物花器构造和开花习性的基础上，掌握其有性杂交技术。

二、材料用具

材料：水稻、小麦、玉米、油菜各种作物的亲本品种若干个。

用具：镊子，小剪刀，羊皮纸袋，回形针（或大头针），放大镜，小毛笔，小酒杯，小玻璃烧杯，脱脂棉，70% 酒精，纸牌，铅笔，麦秸管等。

三、实习方式

本实习要根据教学时间和生产季节情况，灵活安排 4 d 以上，主要安排在校内实验田中进行；根据季节，分别安排水稻、小麦、玉米和油菜的杂交与自交试验。

四、方法步骤

（一）小麦有性杂交技术

1．小麦花器构造和开花习性

小麦为自花授粉作物。复穗状花序由许多相互对生的小穗组成。每个小穗由两片护颖保护，小穗中又包括 5～7 朵小花。每朵小花有内、外颖各 1 个（内颖薄而透明，外颖厚而绿；有的品种有芒着生），3 个雄蕊，1 个雌蕊和 2 个白色透明的鳞片。雌蕊分柱头和子房两部分，上为两个羽毛状柱头，成熟时羽毛状柱头分开以接受花粉；下为白色的卵圆形子房，受精后发育成一粒种子。每个雄蕊由花药和花丝组成，花粉囊充满着花粉粒，成熟时花粉囊破裂，散发花粉（图 2-13-1）。

小麦开花按一定顺序进行。以一个植株来看：一般先主茎穗后分蘖穗；以一个穗（花序）来看，穗子的中上部小穗先开，然后依次向上、向下开放；以一个小穗来看，基部两侧小花先开，然后依次向内开放。全穗开花完毕需 5～7 d，以第二、三天开花最多。

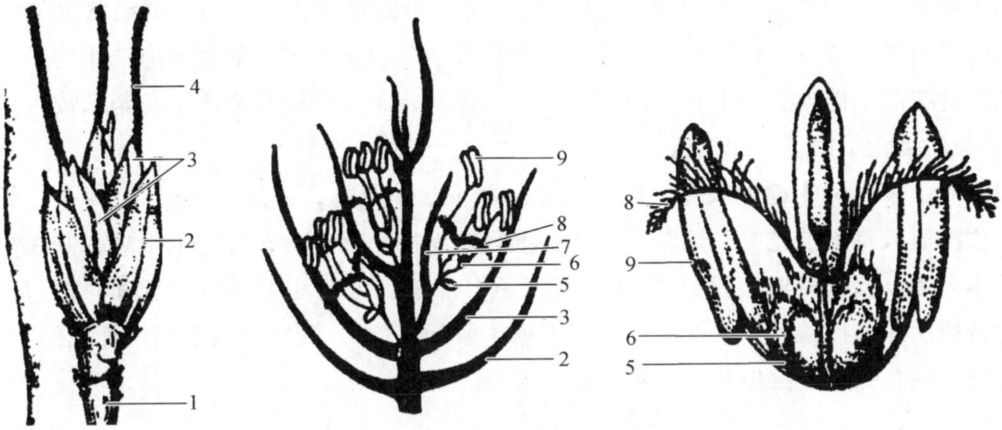

图 2-13-1　小麦的小穗和花

1—穗轴；2—护颖；3—外颖；4—芒；5—鳞片；6—子房；7—内颖；8—柱头；9—花药

小麦开花时，由于鳞片吸水膨胀，内外颖逐渐开放，柱头上分泌黏液，花丝伸长，花药冲开内外颖时破裂散粉，花粉落于柱头上而授粉。一个小花开放时间为 15 ~ 20 min。

小麦一般昼夜均能开花，但以白天开花较多。白天开花有两个高峰，即上午 8:00 ~ 10 :00 和下午 3:00 ~ 5:00，因品种、温湿度不同而异。开花最低温度为 9 ~ 11 °C，以 22 ~ 25 °C 时开花最多。雨水过多，日照不足，温度超过 30 °C 的气候对开花不利。

小麦开花时，柱头就有接受花粉而受精的能力。授粉 1 h 后，花粉开始萌发，经 35 ~ 40 h 即完成受精。在正常温、湿度条件下，柱头保持受精能力达 7 ~ 8 d 之久，但以开花后第 2 ~ 3 d 受精能力最强。为了保证较高的杂交结实率，必须选择新鲜的花粉和生活力旺盛的柱头进行杂交授粉。

若亲本品种多，花期相差大时，应调节亲本品种的花期。可将全部亲本分期播种，每 7 ~ 10 d 播一期，播 2 ~ 3 期。对低温要求严格的迟花品种需进行春化处理。增加光照或延长黑暗时间，也可提早或延迟某些亲本的开花期。还可利用早熟亲本的分蘖穗等，以保证每一杂交组合双亲的花期相遇和足够的穗数。

2．杂交技术

（1）选穗　在杂交亲本圃中，选择具有母本品种典型性、生长发育健壮并且刚抽出叶鞘 3.3 cm 左右的主茎穗作为去雄穗。穗的中上部花药黄绿色时为去雄适期。

（2）整穗　选定母本穗后，先剪去穗子上部和下部发育较迟的小穗，只留中部 10 ~ 12 个小穗（穗轴两侧各留 5 ~ 6 个），并将每个小穗中部的小花用镊子夹去，只留基部的两朵小花。剪去有芒品种麦芒的大部分，适当保留一点短芒，以利去雄和授粉操作的方便。

（3）去雄　将整好的穗子进行去雄，一般采用摘药去雄法。具体做法：用左手拇指和中指夹住整个麦穗，以食指逐个将花的内外颖壳轻轻压开，右手用镊子伸入小花内把 3 个花药夹出来，最好一次去净，注意不伤柱头和内外颖，不留花药，不夹破花药。如果一旦夹破花药，这时应摘除这朵花，并用酒精棉球擦洗镊子尖端，以杀死附在上面的花粉。去雄应按顺序自上而下逐朵花进行，不要遗漏。去雄后立即套上纸袋，用大头针将纸袋别好，并挂上纸牌，用铅笔写明母本品种名称和去雄日期。

（4）授粉　一般在去雄后第 2～3 d 进行授粉。当去雄的花朵柱头呈羽毛状分叉，并带有光泽时授粉最为合适。也可根据去雄迟早和天气情况而定。采粉的父本应选用穗子中上部个别已开过花的小穗周围的小花，用镊子压开其内外颖，夹出鲜黄成熟的花药，放入采粉器（小酒杯或小纸盒）中，立即授粉。

授粉时，取下母本穗上纸袋，用小毛笔蘸取少量的花粉，或用小镊子夹 1～2 个成熟的花药，依次放入每个小花中，把花药在柱头上轻轻涂擦。授粉后，仍套上纸袋，并在纸牌上添上父本名称，授粉日期。授粉 7～10 d 后，可以摘去纸袋，以后注意管理和保护。也可采用采穗授粉法。即授粉时，采下选用的父本穗（留穗下节），依次剪去小花内外颖的 1/3，并捻动穗轴，促花开放，露出花药散粉，即行授粉。

3．作　业

每个学生杂交 3～5 穗，将杂交结果填入表 2-13-1，并连同杂交穗子或种子交老师保存，以备下年或下季播种。

表 2-13-1　小麦有性杂交结果

杂交组合	杂交数量		杂交结实率		结实率/%	杂交者姓名
	穗	小花	穗	粒		

（二）水稻有性杂交技术

1．水稻花器构造和开花习性

水稻为雌雄同花的自花授粉作物。圆锥状花序。水稻的花为颖花，着生于小枝梗的顶端，每个颖花由 2 个护颖，1 个内颖，1 个外颖，2 个鳞片（浆片），1 个雌蕊（上部为柱头、下部为子房）和 6 个雄蕊（下部为花丝，上部为花药）组成（图 2-13-2）

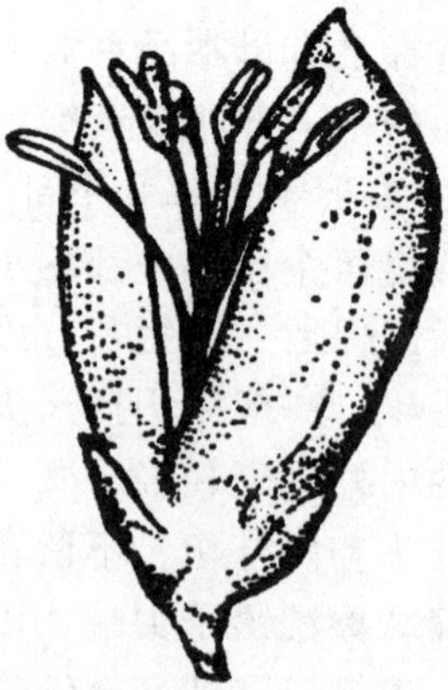

（a）开花时的颖花外形

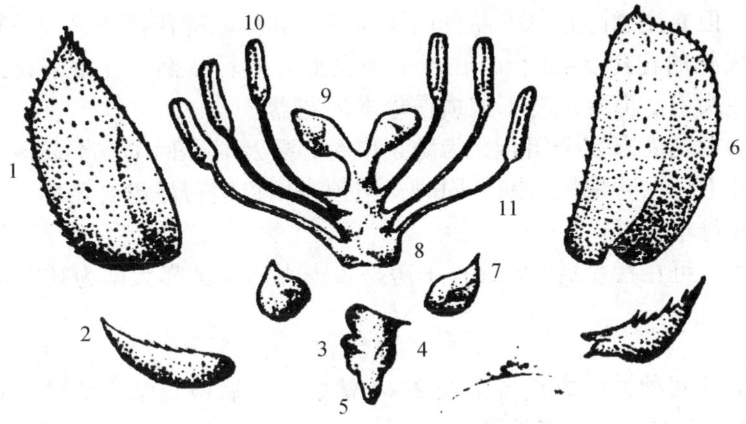

（b）开花时的颖花内观

图 2-13-2　水稻颖花的构造

1—内颖；2—护颖；3—副护颖；4—小花梗；5—小穗梗；6—外颖；7—浆片；8—子房；9—柱头；10—花药；11—花丝

稻穗从叶鞘抽出当天，或抽出后 1 ~ 2 d 就开花。水稻的开花顺序一般先主穗，后分蘖。以一个稻穗来说，上部枝梗上的颖花先开，以后依次向下。同枝梗各颖花间，顶端颖花先开，接着由最下位的 1 个颖花顺次向上，顶端向下数的第 2 朵颖花开花最迟。一个颖花的开放时间，从内外颖张开到闭合，一般为 0.5 ~ 1 h，因品种、气候不同而异。

水稻开花最适宜的温度为 25 ~ 30 °C，最适宜的相对湿度为 70% ~ 80%。在夏季晴天，早稻一般在上午 8:30 至下午 1:00 开花，以 10:00 ~ 11:00 开花最盛。晚稻 9 月上、中旬抽穗，一般在上午 9:00 至下午 2:00 开花，上午 10:00 ~ 12:00 开花最盛。

2．杂交技术

（1）选穗　选取母本品种中植株生长健壮，无病虫害，稻穗已抽出叶鞘 3/4 ~ 2/3，穗尖已开过几朵颖花的稻穗。

（2）去雄　杂交时要选穗中、上部的颖花去雄。去雄方法有很多种，下面介绍温水去雄和剪颖去雄两种。

温水去雄　就是在水稻自然开花前半小时把热水瓶的温水调节为 45 °C，把选好的稻穗和热水瓶相对倾斜，将穗子全部浸入温水中，但应注意不能折断穗颈和稻秆。处理 5 min，如水温已下降为 42 ~ 44 °C，则处理 8 ~ 10 min。移去热水瓶，稻穗稍晾干即有部分颖花陆续开花。这些开放的颖花的花粉已被温水杀死。温水处理后的稻穗上未开花颖花（包括前一天已开过的颖花）要全部剪去，并立即用羊皮纸袋套上，以防串粉。

剪颖去雄　一般在杂交前一天下午 4:00 ~ 5:00 后或杂交当天早上 6:00 ~ 7:00 之前，选择已抽出 1/3 的母本稻穗，将其上雄蕊伸长已达颖壳 1/2 以上的成熟颖花，用剪刀将颖壳上部剪去 1/3 ~ 1/4，再用镊子除去雄蕊。去雄后随即套袋，挂上纸牌。

（3）授粉　母本整穗去雄后，要授予父本花粉。授粉的方法有两种，一种是抖落花粉法。即将自然开花的父本稻穗轻轻剪下，把母本稻穗去雄后套上的纸袋拿下，父本穗置于母本穗上方，用手振动使花粉落在母本柱头上，连续 2 ~ 3 次。父、母本靠近则不必将父本穗剪下，可就近振动授粉。但要注意防止母本品种内授粉或与其他品种传授。另一种是插入花粉法。用镊子夹取父本成熟的花药 2～3 个，在母本颖壳上方轻轻摩擦，并留下花药在颖花内，使花粉散落在母本柱头上。但要注意不能损伤母本的花器。

授粉后稻穗的颖花尚未完全闭合，为防止串粉，要及时套回羊皮纸袋，袋口用回形针夹紧，并附着在剑叶上，以防穗梗折断。同时，把预先用铅笔写好组合名称、杂交日期、杂交者姓名的纸牌挂在母本株上。

杂交是否成功，可在授粉后 3 d 检查子房是否膨大，如已膨大即为结实种子。

3．作　业

每个学生用上述两种去雄方法各杂交 2～3 穗，一周后检查结实情况，并将结果填入表 2-13-2，比较两种去雄方法的杂交效果。

表 2-13-2　水稻有性杂交结果

去雄方法	杂交数量		杂交结实率		结实率/%	杂交者姓名
	穗	颖花	穗	粒		
温水去雄 剪颖去雄						

（三）玉米自交与杂交技术

1．玉米的花器构造

玉米是雌雄同株异花植物。雄花着生在植株顶端，雌花由叶腋的腋芽发育而成。

玉米的雄花通常称雄穗，为圆锥花序，由主轴和分枝构成。主轴顶部和分枝着生许多对小穗，有柄小穗位于上方，无柄小穗位于下方。每个小穗由 2 片护颖和 2 朵小花组成。两朵小花位于两片护颖之间。每朵小花有内外颖各 1 片，3 枚雄蕊和 1 片退化了的雄蕊。雄蕊的花丝很短，花药 2 室（图 2-13-3）。

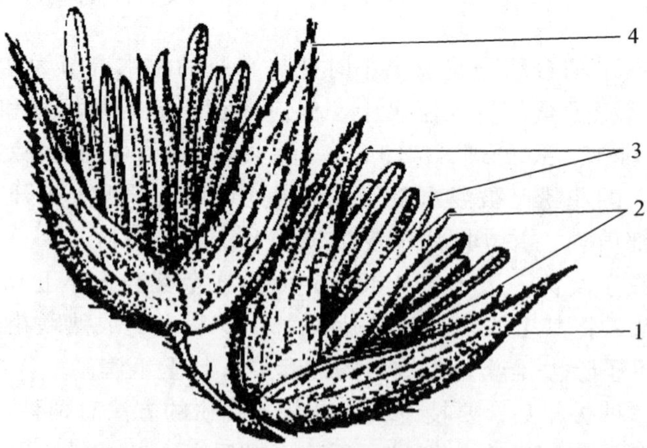

图 2-13-3　玉米雄花小穗构造

1—第一颖；2—第一花；3—第二花；4—第二颖

雌花又称雌穗，为肉穗状花序，由穗柄、苞叶、穗轴和雌小穗组成。穗轴上着生许多纵行排列的成对无柄雌小穗。每个小穗有 2 朵花，其中一朵已退化。正常的花由内颖、外颖、雌蕊组成。雌蕊由子房和花柱组成。花柱细长呈丝状，俗称花丝，顶端二裂称柱头，上着生有茸毛，并能分泌黏液，粘住花粉。花丝每个部位均有接受花粉的能力（图 2-13-4）。

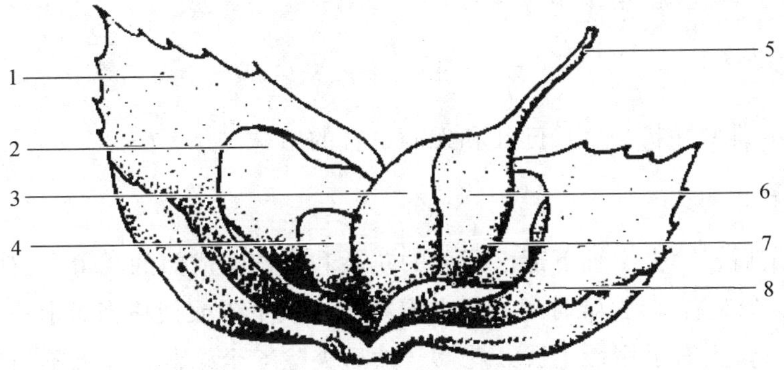

图 2-13-4　玉米雌花构造

1—第一颖；2—退化花的外颖；3—结实花的内颖；4—退化花的内颖；5—花柱；6—子房；7—结实花的外颖；8—第二颖

2．玉米的开花习性

同一植株的雄穗比雌穗一般早抽 2～4 d。雄穗抽出 2～3 d 开始开花散粉，开花顺序是主轴中上部开始，依次向上向下开放。侧枝开花顺序也是如此。雄穗开花一般上午 7:00 开始，8:00～10:00 开花最多，午后开花显著减少。开花适温为 25～28 °C，相对湿度为 70%～90%；温度低于 18 °C，高于 38 °C，花不开放；相对湿度低于 60%，开花很少。在温度 28～30 °C 和相对湿度 65%～80% 的田间条件下，花粉生活力能保持 5～6 h，8 h 后生活力下降，24 h 则完全丧失生活力。一个雄花序始花至终花需 5～8 d。

雌穗吐丝顺序是中下部的花丝先伸出，依次是下部和上部。一个果穗开始吐丝至结束约需 5～7 d。花丝从露出苞叶开始至第 10 d 均有受精能力，但以第 2～4 d 受精力最强。

3．自交方法

（1）雌穗套袋　当选定的单株雌穗抽出叶鞘而花丝尚未吐露之前，用羊皮纸袋套上雌穗，并用回形针把袋口夹紧，以免昆虫入内或被风吹掉。

（2）雄穗套袋　当套袋雌穗的花丝从苞叶吐出 3 cm 左右时，在授粉前一天下午，用较大的羊皮纸袋（30 cm × 16 cm）套上雄穗，并把纸袋口外折成三角形，用回形针别紧，防止花粉漏出。

（3）采粉授粉　雄穗套袋后第二天上午露水干后，一般在 8:00～10:00 进行采粉。一手拿雄穗穗柄，把雄穗轻轻弯下并不断抖动，使新鲜花粉振落袋内，然后取下纸袋，叠牢袋口，将花粉汇集于袋角处。与此同时，迅速把雌穗套袋取出，将采集的本株花粉授到花丝上，随即套回纸袋，照旧用回形针别紧。授粉后挂上纸牌，写上品种名称，自交符号和自交日期，操作者姓名。

4．杂交方法

玉米杂交方法与自交相似，不同处是从父本自交系的雄穗采粉，授给母本自交系的雌穗。

当母本的雌穗即将吐丝时，把雌穗套袋的同时拔去雄穗。授粉的前一天下午，选择父本自交系优良单株，将其雄穗套袋，第二天上午 8:00～10:00 采粉并给母本授粉。母本雌穗接受父本花粉后仍套回纸袋。挂牌写明杂交亲本名称、杂交符号（X）及杂交日期，操作者姓名。

（四）油菜自交与杂交技术

1．选亲本株

选取具有亲本典型性状、生长健壮和无病虫害的植株。

2．整序去雄

亲本植株选定后，除去主轴下部已开放的花朵和上部未成熟的花蕾，留中部即将开放的花蕾 8～10 个（3 个左右）。去雄时间一般在授粉前一天下午或授粉当天上午开花前进行。去雄时用左手固定花蕾，右手用镊子拨开花瓣，然后夹除 6 个雄蕊，注意不损伤雌蕊。整个花序去雄后，立即套上隔离纸袋，并挂上纸牌，标明母本名称和去雄日期。

3．油菜杂交

常采用去雄的当天立即授粉（蕾期去雄的应在去雄后第二天授粉），一般授粉以上午 8:00～10:00 为佳。授粉时，应选花瓣张开，刚破裂的花药用镊子夹住，对已去雄的母本柱头逐个轻轻涂抹，使花粉附着在柱头上。也可从刚开放的花朵，用镊子取下花药，贮放在小烧杯中，待温度稍高，花药破裂后授粉。授粉后，写明父本名称和授粉日期。油菜开花时，蜜蜂很多，为了防止父本花粉混杂，父本的花序在开花前一天也应进行套袋隔离。

4．检　查

杂交后 3～4 d 检查如已受精，要将套袋向上移动，以免花序冲破纸袋。一周后去袋，成熟时按组合分收，并脱粒保存。

考虑：自交怎么做？要不要整序？要不要去雄？用哪一株的雄花授粉？

要求：一人做两个花序，一个杂交，一个自交。

袋上用铅笔写明：班级、学号、姓名、母本 × 父本。

5．注意事项

（1）注意观察花器构造。

（2）注意把持花器，不抖动，授粉和去雄时别伤害雌雄性器官。

6．实验作业

每人杂交 1 个花序，5～8 朵花，分析并将结果记载入表 2-13-3（一周后记录并交报告）。

表 2-13-3　油菜有性杂交结果

母本品种	父本品种	杂交花数	成功花数	成功率/%

五、作　业

每个学生自交和杂交各 2～3 个果穗，果穗成熟后检查结实情况，并写出实习体会和经验教训。

参考文献

[1] 徐大胜，张彭良. 遗传与作物育种[M]. 成都：四川大学出版社，2011.
[2] 颜启传. 种子学[M]. 北京：中国农业出版社，2000.
[3] 西北农学院. 作物育种学[M]. 北京：农业出版社，1983.
[4] 浙江农业大学. 遗传学[M]. 北京：农业出版社，1990.
[5] 贺浩华，高书国. 种子生产技术[M]. 北京：中国农业科技出版社，1996.
[6] 刘宜柏，董洪平，丁为群. 作物遗传育种原理[M]. 北京：中国农业科技出版社，1999.
[7] 潘家驹. 作物育种学总论[M]. 北京：中国农业出版社，1994.
[8] 张天真. 作物育种学总论[M]. 北京：中国农业出版社，2003.
[9] 盖钧镒. 作物育种学各论[M]. 北京：中国农业出版社，1997.
[10] 西南农业大学，四川农业大学. 作物育种学各论[M]. 北京：农业出版社，1992.
[11] 王建华，张春庆. 种子生产学[M]. 北京：高等教育出版社，2006.
[12] 崔大方. 植物分类学[M]. 北京：中国农业出版社，2010.
[13] 张振贤. 蔬菜栽培学[M]. 北京：中国农业大学出版社，2003.
[14] 曹雯梅，刘松涛. 作物种子生产[M]. 北京：中国农业大学出版社，2010.
[15] 张鲁刚. 白菜甘蓝类蔬菜制种技术[M]. 北京：金盾出版社，2005.
[16] 沈火林，李昌伟. 根菜类蔬菜制种技术[M]. 北京：金盾出版社，2005.
[17] 巩振辉，张菊平. 茄果类蔬菜制种技术[M]. 北京：金盾出版社，2004.
[18] 郝建平，时侠清. 种子生产与经营管理[M]. 北京：中国农业出版社，2004.
[19] 洪德林. 种子生产学实验技术[M]. 北京：科学出版社，2014.
[20] 胡晋. 种子生产学[M]. 北京：中国农业出版社，2013.
[21] 胡万生. 露地黄瓜采种技术及病虫害防治[J]. 吉林蔬菜，2014（8）：4-5.
[22] 孙新政. 园艺植物种子生产[M]. 北京：中国农业出版社，2006.
[23] 李雪峰，梁成亮. 杂交辣椒制种技术研究及应用现状[J]. 湖南农业科学，2012（22）：20-22.
[24] 谷茂. 作物种子生产与管理[M]. 北京：中国农业出版社，2002.
[25] 沈火林，乔志霞. 瓜类蔬菜制种技术[M]. 北京：金盾出版社，2005.
[26] 马德伟，刘海河，张彦萍. 西葫芦保护地栽培技术[M]. 北京：金盾出版社，2006.
[27] 马玉光，梁宗栋，贾秀锦. 西葫芦制种技术要点[J]. 中国瓜菜，2007（1）：40-41.
[28] 李小川，武青山. 春夏季露地西葫芦杂交制种技术[J]. 农业与技术，2013（7）：135.
[29] 张东琴. 西葫芦一代杂交种繁育技术规范[J]. 农业科技通讯，2010（12）：193-194.
[30] 欧行奇. 小麦种子生产理论与技术[M]. 北京：中国农业科学技术出版社，2006.
[31] 肖文静. 国内外杂交小麦研究概况及发展趋势[J]. 北京农业，2014（9）：58-60.

[32] 中华人民共和国国家质量监督检验检疫总局. GB/T 17317—2011. 小麦原种生产技术操作规程[S]. 北京：中国标准出版社，2011.
[33] 杨木军. 温光敏两系法杂交小麦技术体系的研究与应用[D]. 南京：南京大学，2006.
[34] 中华人民共和国国家质量监督检验检疫总局. GB/T 17316—2011. 水稻原种生产技术操作规程[S]. 北京：中国标准出版社，2011.
[35] 陈学珍. 良种繁育技术[M]. 北京：中央广播电视大学出版社，2006.
[36] 霍志军. 种子生产与管理[M]. 北京：中国农业大学出版社，2012.
[37] 程式华，曹立勇，占小登. 杂交水稻制种技术[M]. 北京：金盾出版社，2005.
[38] 张旭，陈友订. 水稻光温生态与品种选育利用[M]. 北京：中国农业出版社，2000.